"十四五"职业教育国家规划教材

高等职业教育建筑工程技术专业系列教材

总主编 /李 辉
执行总主编 /吴明军

建筑材料与检测

（第3版）

主 编 刘晓敏
副主编 岳文志 田海燕 张红兵
参 编 孙华峰 李小玲 徐杨军
　　　 劳德平

重庆大学出版社

内容提要

本书为"十四五"职业教育国家规划教材。全书内容包括建筑材料与检测入门、建筑材料的基本性质与检测、气硬性胶凝材料认识、水泥技术性质检测、普通混凝土骨料检测、普通混凝土性能检测、建筑砂浆性能检测、砌墙砖和砌块检测、建筑钢材检测、防水材料检测、绝热材料和吸声材料认识、建筑装饰材料认识。本书内容突出实践性,以建筑材料检测任务引领相关材料知识学习。

本书既可作为高职建筑工程技术、工程监理、工程造价等相关专业的教学用书,还可作为岗位培训教材使用,或供土建工程技术人员参考。

图书在版编目(CIP)数据

建筑材料与检测 / 刘晓敏主编. -- 3 版. -- 重庆 :
重庆大学出版社, 2024.4(2025.4 重印)
高等职业教育建筑工程技术专业系列教材
ISBN 978-7-5689-4493-9

Ⅰ. ①建… Ⅱ. ①刘… Ⅲ. ①建筑材料—检测—高等
职业教育—教材 Ⅳ. ①TU502

中国国家版本馆 CIP 数据核字(2024)第 100649 号

高等职业教育建筑工程技术专业系列教材
建筑材料与检测
(第 3 版)

主 编 刘晓敏
副主编 岳文志 田海燕 张红兵
策划编辑:林青山 刘颖果
责任编辑:范春青 版式设计:林青山
责任校对:刘志刚 责任印制:赵 晟

*

重庆大学出版社出版发行
出版人:陈晓阳
社址:重庆市沙坪坝区大学城西路 21 号
邮编:401331
电话:(023) 88617190 88617185(中小学)
传真:(023) 88617186 88617166
网址:http://www.cqup.com.cn
邮箱:fxk@ cqup.com.cn(营销中心)
全国新华书店经销
重庆巍承印务有限公司印刷

*

开本:787mm×1092mm 1/16 印张:19.25 字数:482 千
2015 年 9 月第 1 版 2024 年 4 月第 3 版 2025 年 4 月第 12 次印刷
印数:22 501—26 000
ISBN 978-7-5689-4493-9 定价:49.00 元

编委会名单

序　言

进入 21 世纪,高等职业教育建筑工程技术专业办学在全国呈现出点多面广的格局。截至 2021 年,我国已有 890 多所院校开设了高职建筑工程技术专业,在校生达到 20 多万人。如何培养面向企业、面向社会的建筑工程技术技能型人才,是广大建筑工程技术专业教育工作者一直在思考的问题。建筑工程技术专业作为教育部、住房和城乡建设部确定的国家技能型紧缺人才培养专业,也被许多示范高职院校选为探索构建"工作过程系统化的行动导向教学模式"课程体系建设的专业,这些都促进了该专业的教学改革和发展,其教育背景以及理念都发生了很大变化。

为了满足建筑工程技术专业职业教育改革和发展的需要,重庆大学出版社在历经多年深入高职高专院校调研基础上,组织编写了这套"高等职业教育建筑工程技术专业系列教材"。本系列教材由四川建筑职业技术学院吴泽教授担任顾问,全国住房和城乡建设职业教育教学指导委员会副主任委员李辉教授、四川建筑职业技术学院吴明军教授分别担任总主编和执行总主编,以国家级示范高职院校,或建筑工程技术专业为国家级特色专业、省级特色专业的院校为编著主体,全国共 20 多所高职高专院校建筑工程技术专业骨干教师参与完成,极大地保障了教材的品质。

本系列教材精心设计该专业课程体系,共包含两大模块:通用的"公共模块"和各具特色的"体系方向模块"。公共模块包含专业基础课程、公共专业课程、实训课程三个小模块;体系方向模块包括传统体系专业课程、教改体系专业课程两个小模块。各院校可根据自身教改和教学条件实际情况,选择组合各具特色的教学体系,即传统教学体系(公共模块+传统体系专业课)和教改教学体系(公共模块+教改体系专业课)。

本系列教材在编写过程中,力求突出以下特色:

(1)依据《高等职业学校专业教学标准(试行)》中"高等职业学校建筑工程技术专业教学标准"和"实训导则"编写,紧贴当前高职教育的教学改革要求。

(2)教材编写以项目教学为主导,以职业能力培养为核心,适应高等职业教育教学改革的发展方向。

（3）教改教材的编写以实际工程项目或专门设计的教学项目为载体展开，突出"职业工作的真实过程和职业能力的形成过程"，强调"理实"一体化。

（4）实训教材的编写突出职业教育实践性操作技能训练，强化本专业的基本技能的实训力度，培养职业岗位需求的实际操作能力，为停课进行的实训专周教学服务。

（5）每本教材都有企业专家参与大纲审定、教材编写以及审稿等工作，确保教学内容更贴近建筑工程实际。

我们相信，本系列教材的出版将为高等职业教育建筑工程技术专业的教学改革和健康发展起到积极的促进作用！

全国住房和城乡建设职业教育教学指导委员会副主任委员

前 言
（第 3 版）

本教材第 1 版于 2015 年出版，入选"十二五"职业教育国家规划教材；教材第 2 版于 2023 年入选"十四五"职业教育国家规划教材，并在 2024 年完成了本次修订再版。本教材坚持正确的政治方向和价值导向，深入推动习近平新时代中国特色社会主义思想和党的二十大精神进教材，将绿色环保、高质量发展、数字化建设等理念融入教材。落实立德树人根本任务，深入挖掘课程中思想政治教育元素，培养学生热爱祖国、爱岗敬业、勇于实践、追求卓越的优秀品质。

教材以学生为中心，注重学生职业综合素质和实践技能的培养，突破传统《建筑材料》教材将理论与实践分开的模式，总体设计体现理实一体化的编写思路，以实践为主线，将理论融于实践。教材采用单元式进行编排，每个单元有明确的学习目标，以建筑材料检测任务引领建筑材料基本知识的学习，实现了"做中学"。教材内容按照《高等职业教育建筑工程技术专业教学标准》《建筑与市政工程施工现场专业人员职业标准》、《材料试验员》及建筑材料与检测相关标准规范要求编写，反映建筑材料新标准、新技术、新材料和新工艺。书中放入大量实物图片，形象直观，文字表达力求浅显易懂，适合高职学生学习。新版教材融入了更多的数字教学资源，按新形态立体化教材编写，让学生乐学、易学。同时，启动教材配套数字版教材的开发建设。

本次教材改版由黄冈职业技术学院刘晓敏教授（"湖北名师工作室"主持人）担任主编，黄冈职业技术学院岳文志、田海燕、张红兵担任副主编。具体编写分工如下：刘晓敏编写建筑材料与检测入门和单元 1、单元 6；岳文志（黄冈职业技术学院）编写单元 7、单元 8；田海燕（黄冈职业技术学院）和劳德平（黄冈职业技术学院）编写单元 4、单元 5；张红兵（黄冈职业技术学院）编写单元 9；孙华峰（黄冈职业技术学院）和徐杨军（武汉建工新兴建材绿色产业科技有限公司）编写单元 10、单元 11；李小玲（长江工程职业技术学院）编写单元 2、单元 3。全书由刘晓敏统稿。

由于编者水平和经验有限，教材中难免存在疏漏和错误之处，恳请读者批评指正。

编 者

《建筑材料与检测》各单元任务设计一览表

单元	内容	重点任务
	建筑材料与检测入门	任务一:建筑材料检测管理与数据处理
1	建筑材料的基本性质检测	任务一:建筑材料的基本性质检测
2	气硬性胶凝材料认识	任务一:气硬性胶凝材料的应用
3	水泥技术性质检测	任务一:硅酸盐水泥技术性质检测
		任务二:水泥的取样、验收和保管
4	普通混凝土骨料检测	任务一:普通混凝土骨料检测
5	普通混凝土性能检测	任务一:混凝土的质量控制与强度评定
		任务二:普通混凝土配合比设计
		任务三:普通混凝土性能检测
6	建筑砂浆性能检测	任务一:砌筑砂浆的性能检测和配合比设计
7	砌墙砖和砌块检测	任务一:砌墙砖和砌块检测
8	建筑钢材检测	任务一:钢材的技术性质检测
		任务二:钢材的冷加工及热处理
		任务三:建筑钢材的标准与选用
		任务四:钢材的锈蚀与防止
9	防水材料检测	任务一:石油沥青技术性能检测
		任务二:沥青防水卷材检测
		任务三:防水涂料性能检测*
10	绝热材料和吸声材料认识	任务一:常见绝热材料的认识
		任务二:常见吸声材料的认识
11	建筑装饰材料认识	任务一:建筑装饰石材、建筑装饰陶瓷、建筑装饰涂料、建筑装饰木材的认识
		任务二:建筑玻璃、金属装饰材料、建筑塑料装饰制品的认识

目　录

课程介绍

建筑材料与检测入门

单元导读

- **基本要求** 掌握建筑材料的定义、分类;了解建筑材料在建筑工程中的地位和作用以及建筑材料的发展方向;了解建筑材料的技术标准;掌握见证取样、送样制度和检测数字处理方法。
- **重点** 建筑材料的分类,见证取样、送样制度,检测数字处理。
- **难点** 建筑材料技术标准,检测数字处理。

0.1 建筑材料的定义和分类

0.1.1 建筑材料的定义

建筑材料是建筑物或构筑物所用材料及制品的总称。从广义上讲,建筑材料包括构成建筑工程实体的材料、施工过程中所用的材料(脚手架、模板等)以及各种建筑器材(水、电、暖设备等)。本课程中涉及的建筑材料主要是构成建筑工程实体的材料,也就是从地基基础、承重构件(梁、板、柱等)到地面、墙体、屋面等所用的材料。

0.1.2 建筑材料的分类

建筑材料种类繁多,因此,我们常从不同角度对它进行分类。通常按建筑材料的化学成分和使用功能分类。

1)按化学成分分类

根据建筑材料的化学成分不同,可分为无机材料、有机材料和由这两类材料复合而成的

1

复合材料三大类,如表 0.1 所示。

表 0.1　建筑材料的分类

无机材料	金属材料	黑色金属:铁、碳素钢、合金钢
		有色金属:铝、锌、铜及其合金
	非金属材料	石材(天然石材、人造石材)
		烧结制品(烧结砖、陶瓷面砖)
		熔融制品(玻璃、岩棉、矿棉)
		胶凝材料(石灰、石膏、水玻璃、水泥)
		混凝土、砂浆
		硅酸盐制品(砌块、蒸养砖)
有机材料	植物材料	木材、竹材及制品
	高分子材料	沥青、塑料、有机涂料、合成橡胶、胶黏剂
复合材料	金属非金属复合材料 无机有机复合材料	钢纤维混凝土、铝塑板、涂塑钢板 沥青混凝土、塑料颗粒保温砂浆、聚合物混凝土

2)按使用功能分类

按建筑材料的使用功能,可将其分为结构材料、围护材料和功能材料三大类。

(1)结构材料

结构材料主要指构成建筑物受力构件和结构所用的材料,如梁、板、柱、基础、框架等构件或结构所使用的材料。其主要技术性能要求是具有较好的强度和耐久性。常用的结构材料有混凝土、钢材、石材等。

(2)围护材料

围护材料是用于建筑物围护结构的材料,如墙体、门窗、屋面等部位使用的材料。常用的围护材料有砖、砌块、板材等。围护材料不仅要求具有一定的强度和耐久性,而且更重要的是应具有良好的绝热性,符合节能要求。

(3)功能材料

功能材料主要是指担负某些建筑功能的非承重用材料,如防水材料、装饰材料、绝热材料、吸声隔声材料、密封材料等。

0.2　建筑材料在建筑工程中的地位和作用

建筑材料是建筑工程的物质基础。不论是高达 420.5 m 的上海金茂大厦,还是普通的一幢临时建筑,都是由各种散体建筑材料经过缜密的设计和复杂的施工最终构建而成的。建筑材料的物质性还体现在其使用的巨量性,一幢单体建筑一般重达几百至数千吨甚至可达数万、几十万吨,这就要求建筑材料的生产、运输、使用等方面与其他门类材料不同。

建筑材料的质量直接影响建筑物的安全性和耐久性。建筑物是建筑材料按照一定的设计意图、采取相应的施工技术建成的。建筑材料是建筑物的重要组成部分,直接影响建筑结构的安全性和耐久性,因此,正确、合理地选择和使用建筑材料,是保证工程质量的重要手段之一。

建筑材料的正确、节约、合理运用直接影响到建筑工程的造价和投资。在我国,一般建筑工程的材料费用要占到总投资的50%~60%,特殊工程这一比例还要提高。对于中国这样一个发展中国家,对建筑材料特性的深入了解和认识,最大限度地发挥其效能,进而达到最大的经济效益,无疑具有非常重要的意义。

建筑物的各种使用功能,必须由相应的建筑材料来实现。例如,现代高层建筑和大跨度结构需要轻质高强材料,地下结构、屋面工程、隧道工程等需要抗渗性好的防水材料,建筑节能需要高效的绝热材料,严寒地区需要抗冻性好的材料,绚丽多彩的建筑外观需要品种多样的装饰材料等。

建筑材料的发展是促进建筑形式创新的重要因素。例如,水泥、钢筋和混凝土的出现,使建筑结构从传统的砖石结构向钢筋混凝土结构转变;无毒建筑塑料的研制和使用,可代替镀锌钢管用于建筑给水工程;轻质大板、空心砌块取代传统烧结黏土砖,不仅可减轻墙体自重,而且还可改善墙体的绝热性能。

材料、建筑、结构、施工四者是密切相关的。从根本上来说,材料是基础,材料决定了建筑的形式和施工的方法。新材料的出现,可以促使建筑形式的变化、结构设计方法的改进和施工技术的革新。

0.3　建筑材料的发展概况和发展方向

0.3.1　建筑材料的发展概况

人类从事建筑最原始最直接的原因是为了居住。人类经历了由穴居野外到建造房屋的过程。最初所谓的房屋是用树木搭成的,四周采用筑土垒石的方法做成墙体,因此,最早使用的建筑材料主要为土、石材和木材。

在劳动过程中,人脑逐渐发达,人类制造出的工具越来越先进。铜器、铁器工具的出现,加速了建筑材料的发展。在中国西周(前1046—前711年)早期的陕西凤雏遗址中,发现了采用三合土制作的抹面,表明那时已经开始使用石灰。在秦汉时期,中国烧制砖瓦的技术日臻成熟,出现了秦砖汉瓦。

中国古代劳动人民采用土、石材、木材、砖瓦等建筑材料,建造了一些著名的建筑物和构筑物。例如,秦朝的万里长城,是采用砖石、石灰等材料修建而成,被誉为世界的建筑奇迹之一;建成于隋朝的河北赵州桥,是以石材建筑桥梁的代表作;重建成于唐代的山西五台山佛光寺,是采用独特的斗拱式木结构,距今已1 000多年,木材仍未腐烂,且保存完好,堪称建筑典范;还有宏阔显赫的故宫、圣洁高耸的天坛、诗情画意的苏州园林、清幽别致的峨眉山寺等建筑,无不闪耀着中国古代和近代劳动人民智慧的光芒。

在欧洲,公元前2世纪已采用天然火山灰、石灰、碎石等拌制天然混凝土用于建筑。1824年,英国人约瑟夫·阿斯普丁(J.Aspdin)发明了"波特兰水泥";1852年,法国人让·朗波特

（R.Lambot）采用钢丝网和水泥制成了世界第一艘小水泥船,钢材也开始大量运用于建筑工程中,出现了钢筋混凝土;1872 年,在美国纽约出现了第一座钢筋混凝土房屋。20 世纪中叶,预应力技术得到了较大发展,出现了预应力混凝土结构的大跨度厂房、公共建筑和桥梁。

1949 年前,中国建材工业发展十分缓慢。19 世纪 60 年代,在上海、汉阳等地相继建成了炼铁厂;1882 年建成了中国玻璃厂;1895 年建成了中国的第一家水泥厂——启新洋灰公司,开始了水泥的生产。1949 年,全国的水泥产量不足 30 万 t。

新中国成立后,随着各项建设事业的蓬勃发展,为了满足大规模经济建设的需要,建材工业得到了迅猛发展。尤其是改革开放以来,为了满足现代建设工程需要,单在水泥生产方面,就陆续在全国建成了数十家年产水泥量 500 万 t 以上的水泥厂。水泥的生产也由原来单一的品种向多品种发展,目前已能生产数十个品种的水泥。2005 年,全国水泥产量已达 10.38 亿 t,占世界水泥产量的 45.73%。此外,大量性能优异、质量良好的功能材料,如绝热、吸声、防水、耐火材料等也应运而生。近年来,随着人们生活水平的不断提高,新型建筑装饰材料,如新型玻璃、陶瓷、卫生洁具、塑料、铝合金、铜合金等,更是层出不穷、日新月异。

0.3.2　建筑材料的发展方向

随着现代高新技术的不断发展,新材料作为高新技术的基础和先导,其应用范围极其广泛。新材料技术同信息技术、生物技术一起成为 21 世纪最重要、最具发展潜力的领域。而建筑材料作为材料科学的一个分支,必将得到飞速的发展。

（1）传统建筑材料的性能向轻质、高强、多功能的方向发展

借助现代高科技手段、先进的仪器设备和测试技术,从宏观和微观两方面,对材料的组成、形成、构造与材料性能之间的关系、规律性和影响因素进行研究,可以对传统的建筑材料按照要求进行改性处理,或者按指定性能配制出某些高性能的材料。例如,大规模生产新型干法水泥,研制出轻质高强的混凝土、新型墙体材料等。

（2）化学建材将大规模应用于建筑工程

化学建材主要包括建筑塑料、建筑涂料、建筑防水材料、密封材料、绝热材料、隔声材料、特种陶瓷、建筑胶黏剂等。化学建材具有很多优点,可以部分代替钢材、木材,且具有较好的装饰性。在现代建筑中,应用塑料门窗、塑料管道等代替了部分钢材和木材;利用纳米科技生产出的高档墙体涂料、新型防水材料将逐渐在工程中推广、应用。

（3）从使用单体材料向使用复合材料发展

在建筑工程中,已开始越来越多地使用诸如把金属材料和高分子材料结合在一起的复合材料。研究和使用纤维混凝土、聚合物混凝土、轻质混凝土、高强度合金材料等一系列新型、高性能复合材料,将促进建筑技术更快更好地发展。

（4）绿色建筑材料将大量生产和使用

绿色建材又称生态建材、环保建材或健康建材。绿色材料是在人类认识到生态环境保护的重要战略意义下提出来的,是国内外材料科学与工程研究发展的必然趋势。绿色建材的环保性主要体现在以下几个方面:

①原材料尽可能少用天然资源,尽量使用工业废料、废渣、废液;

②生产采用低能耗、无污染的制造工艺和技术;

③在原材料配制和生产过程中,不使用有害或有毒物质;

④材料在使用结束或废弃后,再生利用率高或者在自然界中能够自然降解,不形成对环境有害的物质。

这类材料的特点是消耗的资源和能源少,对生态和环境污染小,再生利用率高,而且从材料制造、使用、废弃直到再生循环利用的整个寿命过程,都与生态环境相协调。目前,绿色建材的研究热点和发展方向包括再生聚合物(塑料)的设计、材料环境协调性评价的理论体系、降低材料环境负荷的新工艺、新技术和新方法等。

0.4 建筑材料技术标准

建筑材料的技术标准是生产和使用单位检验、确定产品质量是否合格的技术文件。为了保证材料质量、现代化生产和科学管理,必须对材料产品的技术要求制定统一的执行标准。其内容主要包括产品规格、分类、技术要求、检验方法、验收规则、标识、运输和储存注意事项等。

根据技术标准的发布单位与适用范围,可分为国家标准、行业标准、地方标准和企业标准。

1)国家标准

国家标准是由国家标准化管理委员会发布的需要在全国范围内统一技术要求所制定的标准,在全国范围内适用,其他各级标准不得与之相抵触。

2)行业标准

行业标准是指没有国家标准而又需要在全国某个行业范围内统一技术要求所制定的标准,是对国家标准的补充,是专业性、技术性较强的标准。行业标准的制定不得与国家标准相抵触,国家标准公布实施后,相应的行业标准即行废止。

3)地方标准

地方标准是指没有国家标准和行业标准而又需要在省、自治区、直辖市范围内统一技术要求所制定的标准。地方标准在本行政区域内适用,不得与国家标准和行业标准相抵触。国家标准、行业标准公布实施后,相应的地方标准即行废止。

4)企业标准

企业标准仅限于企业内部适用,是在没有国家标准和行业标准时,企业为了控制生产质量而制定的技术标准。

技术标准可分为强制性标准与推荐性标准。强制性标准是在全国范围内的所有该类产品的技术性质不得低于此标准规定的技术指标;推荐性标准表示非强制性,意味着可以执行其他标准。如《建设用砂》(GB/T 14684—2022)是推荐性标准。四级标准代号如表0.2所示。

表 0.2　四级标准代号

	标准种类	代　号		表示方法
1	国家标准	GB	国家强制性标准	由标准名称、部门代号、标准编号、颁布年份等组成,如《通用硅酸盐水泥》(GB 175—2023)
		GB/T	国家推荐性标准	
2	行业标准	JC	建材行业标准	
		JGJ	住建部行业标准	
		YB	冶金行业标准	
		JT	交通标准	
		SD	水电标准	
3	地方标准	DB	地方强制性标准	
		DB/T	地方推荐性标准	
4	企业标准	QB	适用于本企业	

我国对外开放和加入世贸组织后,常涉及一些与建筑材料关系密切的国际或外国标准,主要有:国际标准,代号为 ISO;美国材料试验学会标准,代号为 ASTM;日本工业标准,代号为 JIS;德国工业标准,代号为 DIN;英国标准,代号为 BS;法国标准,代号为 NF 等。

0.5　建筑材料检测管理与数据处理

0.5.1　建筑材料检测的目的

建筑工程材料检测是指根据标准及其性能的要求,采用相应的试验手段和方法进行各种试验的过程。

检测试验工作的主要目的是取得代表质量特征的有关数据,科学地评价工程质量。根据各种试验检测的数据能够合理地使用原材料,达到既保证工程质量又降低工程造价的目的;通过试验研究能够推广和发展新材料、新技术。

建筑材料的检测主要分为生产单位检测和施工单位检测两个方面。生产单位检测的目的是通过测定材料的主要质量指标,判定材料的各项性能是否达到相应的技术标准规定,以评定产品的质量等级,判定产品质量是否合格,以确定产品能否出厂。施工单位的检测采用规定的抽样方法,抽取一定数量的材料送交具有相关资质的检测机构进行检测。其目的是通过测定材料的主要质量指标,判定材料的各个性能是否符合质量要求,即是否合格,以确定该批建筑材料可否用于工程中。

0.5.2　建筑材料检测的步骤

1) 取样

所选式样必须有代表性,各种材料的取样方法在有关技术标准或规范中均有规定。

2) 按规定的方法进行检测

在材料检测过程中,仪器设备及检测操作等检测条件,必须符合标准检测方法中的有关规定,以保证获得准确的试验结果。认真记录检测过程中所得的数据,在检测过程中应注意观察出现的各种现象。

3) 检测数据处理,分析试验结果

计算结果与测量结果准确度相一致,数据运算按有效数字法则进行。检测结果分析包括结果的可靠度、结果与标准的对比和结论。

0.5.3 见证取样制度

1) 基本文件规定

根据住房和城乡建设部文件规定,见证取样和送样是指在建设单位或工程监理单位人员的见证下,由施工单位的现场检测人员对工程中的材料及构件进行现场取样,并送至经过省级以上建设行政主管部门对其资质认可和质量技术监督部门对其计量认证的质量检测单位进行检测。

2) 见证取样管理规定

①建设单位向工程质量安全监督和工程检测中心递交见证单位和见证人员授权书,授权书上应写明本工程现场委托的见证人员姓名。

②施工单位取样人员在现场取样和制作试件时,见证人员须在旁见证。

③见证人员应对索取试样进行监护,并和施工单位取样人员一起将试样送至检测单位。

④检测单位在接受委托检测任务时,须由送检单位填写委托检测单,见证人员应在委托单上签名。各检测单位对无见证人员签名的委托单以及无见证人送的试样,一律拒收。

⑤凡未注明见证单位和见证人的试样报告,不得作为质量保证资料和竣工验收资料,由质量安全监督站重新指定法定检测单位重新检测。

3) 见证取样的范围

①施工中所用的原材料及构件,如水泥、砂石、钢筋、砌块、防水材料、外加剂等。

②混凝土试块及砂浆试块。

③承重结构的钢筋及连接头的试件。

④国家规定的必须实行见证取样和送样的其他材料及试块。

4) 见证人员的规则

①取样时,见证人员必须旁站见证。

②见证人员必须对试样进行监护。

③见证人员必须和施工单位人员一起将试样送至检测单位,并在委托单上签名,出示"见证人员证书"。

④见证人员必须对试样的代表性和真实性负责。

0.5.4 检测数据处理

1) 平均值

(1)算术平均值

这是最常用的一种方法,用来了解一批数据的平均水平,度量这些数据的中间位置。

$$\overline{X} = \frac{X_1 + X_2 + \cdots + X_n}{n} = \frac{\sum\limits_{i=1}^{n} X_i}{n}$$

式中　$\overline{X}$——算术平均值；

　　　$X_1, X_2, \cdots, X_n$——各次测量值；

　　　$\sum X$——各检测数据的总和；

　　　n——检测数据个数。

例如，有 3 个混凝土试件的立方体抗压强度分别为 26.5，28.3，27.1 MPa，则该组混凝土的立方体抗压强度的平均值为

$$\overline{X} = \frac{X_1 + X_2 + \cdots + X_n}{n} = \frac{\sum\limits_{i=1}^{n} X_i}{n} = \frac{26.5 + 28.3 + 27.1}{3} \text{MPa} = 27.3 \text{ MPa}$$

（2）均方根平均值

均方根平均值对数据大小跳动反应较为灵敏，计算如下：

$$\overline{X}_{均} = \sqrt{\frac{X_1^2 + X_2^2 + \cdots + X_n^2}{n}} = \sqrt{\frac{\sum\limits_{i=1}^{n} X_i^2}{n}}$$

式中　$\overline{X}_{均}$——各检测数据的均方根平均值；

　　　$X_1^2, X_2^2, \cdots, X_n^2$——各次测量值；

　　　$\sum X^2$——各检测数据平方的总和；

　　　n——检测数据个数。

例如，有 3 个混凝土试件的立方体抗压强度分别为 26.5，28.3，27.1 MPa，则该组混凝土的立方体抗压强度的均方根平均值为

$$\overline{X}_{均} = \sqrt{\frac{X_1^2 + X_2^2 + \cdots + X_n^2}{n}} = \sqrt{\frac{\sum\limits_{i=1}^{n} X_i^2}{n}} = \sqrt{\frac{26.5^2 + 28.3^2 + 27.1^2}{3}} \text{MPa} = 27.31 \text{ MPa}$$

（3）加权平均值

加权平均值是各检测数据与其对应数的算术平均值。计算公式如下：

$$m = \frac{X_1 g_1 + X_2 g_2 + \cdots + X_n g_n}{g_1 + g_2 + \cdots + g_n} = \frac{\sum Xg}{\sum g}$$

式中　m——加权平均值；

　　　$X_1, X_2, \cdots, X_n$——各检测数据值；

　　　$\sum Xg$——各检测数据和它的对应数乘积的总和；

　　　$\sum g$——各对应数的总和。

例如，有 3 个混凝土试件的立方体抗压强度分别为 26.5，28.3，27.1 MPa，则该组混凝土的立方体抗压强度的加权平均值为

$$m = \frac{X_1g_1 + X_2g_2 + \cdots + X_ng_n}{g_1 + g_2 + \cdots + g_n} = \frac{\sum Xg}{\sum g} = \frac{26.5 \times 1 + 28.3 \times 1 + 27.1 \times 1}{1 + 1 + 1}\text{MPa}$$

$$= 27.3 \text{ MPa}$$

2）误差计算

（1）范围误差

范围误差也称极差，是检测值中最大值与最小值之差。

例如，有 3 个混凝土试件的立方体抗压强度分别为 26.5,28.3,27.1 MPa,则该组混凝土的立方体抗压强度的范围误差（极差）为

$$28.3 \text{ MPa} - 26.5 \text{ MPa} = 1.8 \text{ MPa}$$

（2）算术平均误差

算术平均误差的计算公式为

$$\delta = \frac{|X_1 - \bar{X}| + |X_2 - \bar{X}| + |X_3 - \bar{X}| + \cdots + |X_n - \bar{X}|}{n} = \frac{\sum |X - \bar{X}|}{n}$$

式中　　δ——算术平均误差;

　　　　$X_1,X_2,\cdots,X_n$——各检测数据值;

　　　　$\bar{X}$——检测数据值的算术平均值。

例如，有 3 个混凝土试件的立方体抗压强度分别为 26.5,28.3,27.1 MPa,则其算术平均误差为

$$\delta = \frac{|X_1 - \bar{X}| + |X_2 - \bar{X}| + |X_3 - \bar{X}|}{n}$$

$$= \frac{|26.5 - 27.3| + |28.3 - 27.3| + |27.1 - 27.3|}{3}\text{MPa} = 0.67 \text{ MPa}$$

（3）标准差（均方根差）

均方根差是衡量波动性（离散性大小）的指标。标准差的计算公式为

$$S = \sqrt{\frac{(X_1 - \bar{X})^2 + (X_2 - \bar{X})^2 + (X_3 - \bar{X})^2 + \cdots + (X_n - \bar{X})^2}{n-1}}$$

$$= \sqrt{\frac{\sum (X - \bar{X})^2}{n-1}}$$

式中　　S——标准差（均方根差）;

　　　　$X_1,X_2,\cdots,X_n$——各检测数据值;

　　　　$\bar{X}$——检测数据值的算术平均值;

　　　　n——检测数据个数。

例如，有 1 组（10 块）烧结普通砖试块进行抗压强度检测,测得的抗压强度分别为19.28,17.03,16.01,13.26,17.25,18.77,16.30,20.29,15.94,18.12 MPa,则该组砖的抗压强度标准差为

$$S = \sqrt{\frac{(X_1 - \overline{X})^2 + (X_2 - \overline{X})^2 + (X_3 - \overline{X})^2 + \cdots + (X_n - \overline{X})^2}{n-1}} = \sqrt{\frac{\sum (X - \overline{X})^2}{n-1}}$$

$$= \sqrt{\frac{(19.28 - 17.23)^2 + (17.03 - 17.23)^2 + (16.01 - 17.23)^2 + \cdots + (18.12 - 17.23)^2}{10-1}} \text{MPa}$$

$$= 2.03 \text{ MPa}$$

3) 变异系数

标准差是表示绝对波动大小的指标,当测量较大的量值时,绝对误差一般较大;当测量较小的量值时,绝对误差一般较小。因此要考虑相对波动的大小,即用平均值的百分率来表示标准差,即变异系数。其计算式为

$$C_V = \frac{S}{\overline{X}}$$

式中　C_V——变异系数;

　　　S——标准差;

　　　$\overline{X}$——检测数据的算术平均值。

例如,有 1 组(10 块)烧结普通砖试块进行抗压强度检测,测得的抗压强度分别为19.28,17.03,16.01,13.26,17.25,18.77,16.30,20.29,15.94,18.12 MPa。该组砖的抗压强度标准差为 2.03 MPa,算术平均值为 17.23 MPa,则变异系数为

$$C_V = \frac{S}{\overline{X}} = \frac{2.03}{17.23} = 0.18$$

4) 数字修约

①在拟取舍的数字中,保留数后边(右边)第一位数小于5(不包括5)时,则舍去。保留数的末位数字不变。

例如,将 14.243 1 修约到保留 1 位小数,修约后为 14.2。

②在拟取舍的数字中,保留数后边(右边)第一位数字大于5(不包括5)时,则进1。保留数的末位数字加1。

例如,将 26.484 3 修约到保留 1 位小数,修约后为 26.5。

③在拟取舍的数字中,保留数后边(右边)第一位数字等于5,后边的数字并非全部为0时,则进1,即保留数末位数字加1。

例如,将 1.050 1 修约到保留 1 位小数,修约后为 1.1。

④在拟取舍的数字中,保留数后边(右边)第一个数字等于5,后边的数字全部为0时,保留数的末尾数为奇数时则进1。若保留数的末尾数为偶数时(包括"0")则不进。

例如,将下列数字修约到保留 1 位小数。

修约前为 0.350 0,修约后为 0.4;修约前为 1.050 0,修约后为 1.0。

⑤所拟取舍的数字,若为 2 位以上的数字,不得连续进行多次(包括 2 次)修约;应根据保留数后面(右边)第一个数字的大小,按上述规定一次修约出结果。

例如,13.256 7 修约成整数为 13。

0.6　课程的内容、任务和学习方法

0.6.1　课程的内容和任务

本课程主要讲述常用建筑材料的品种、规格、技术性能、质量标准、检测方法、选用及保管等基本内容。重点要求掌握材料的技术性能与合理选用，并具备对常用建筑材料的主要技术指标进行检测的能力。

本课程是一门实践性较强的专业技术课程。通过课程的学习，学生在今后的工作实践中能合理选择、正确使用建筑材料，亦为进一步学习其他专业课程打下基础。

0.6.2　课程的学习方法

为了学好本课程，建议采用以下学习方法：

①抓住重点内容，即常用建筑材料的技术性能与选用、检测标准与方法等。

②采用对比的学习方法。不同的材料具有不同的性质，而同一类材料不同品种，既存在共性，又有各自的特性。因此，要抓住每类材料中有代表性的一般性质，运用对比的方法掌握材料的特性。例如，6 种通用水泥既有共性，也有个性，工程中恰恰是根据各自的特性将其应用到适宜的环境中。

③认真做好材料的检测。建筑材料的检测是根据标准对其性能的要求，采用相应的试验手段和方法进行各种试验的过程，因此建筑材料检测是本课程的重点内容之一。学生必须掌握常用建筑材料的检测方法。

④在学习过程中，注意与实践相结合。通过参观实习，密切联系工程施工中材料的应用情况；也可利用互联网，了解建筑材料的发展动态，能够熟悉材料性能和应用，更好地掌握和使用材料。

单元小结

①建筑材料的定义：建筑材料是建筑物或构筑物所用材料及制品的总称。本课程中涉及的建筑材料主要是构成建筑工程实体的材料。

②建筑材料的分类：根据材料的化学成分不同，可分为无机材料、有机材料和复合材料三大类；按建筑材料的使用功能，可将其分为结构材料、围护材料和功能材料三大类。

③建筑材料与建筑工程的关系：建筑材料是建筑工程的物质基础。建筑材料的正确、节约、合理运用直接影响到建筑工程的造价和投资。材料、建筑、结构、施工四者是密切相关的。

④建筑材料的发展方向：材料的性能轻质、高强、多功能；化学建材大规模应用；复合材料使用；绿色建材大量使用。

⑤建筑材料技术标准：根据技术标准的发布单位与适用范围，可分为国家标准、行业标准、地方标准和企业标准。

⑥建筑材料检测的步骤:取样;按规定的方法进行检测;检测数据处理,分析实验结果。

⑦检测数据处理:平均值、误差计算、变异系数、数字修约。

⑧课程学习要求:掌握材料的技术性能与合理选用,并具备对常用建筑材料的主要技术指标进行检测的能力。

职业能力训练

一、填空题

1.建筑材料按化学成分可分为＿＿＿＿＿＿＿、＿＿＿＿＿＿＿和＿＿＿＿＿＿＿三大类。

2.建筑材料按使用功能可分为＿＿＿＿＿＿＿、＿＿＿＿＿＿＿和＿＿＿＿＿＿＿三大类。

3.无机材料可分为＿＿＿＿＿＿＿和＿＿＿＿＿＿＿两大类。

4.根据我国技术标准的发布单位与适用范围,标准可分为＿＿＿＿＿＿＿、＿＿＿＿＿＿＿、＿＿＿＿＿＿＿和＿＿＿＿＿＿＿。

5.国际标准的代号为＿＿＿＿＿＿＿。

二、名词解释

1.建筑材料

2.国家强制性标准

3.结构材料

三、多项选择题

1.以下属于无机材料的是(　　　　)。

　A.合金钢　　　　　　　B.人造石材　　　　　　C.水泥

　D.沥青　　　　　　　　E.塑料

2.以下属于我国技术标准的是(　　　　)。

　A.国家强制性标准　　　B.企业标准　　　　　　C.地方标准

　D.行业标准　　　　　　E.国家推荐性标准

3.以下属于外国标准的是(　　　　)。

　A.ISO　　　　　　　　　B.ASTM　　　　　　　　C.JIS

　D.DIN　　　　　　　　　E.BS

4.以下对《通用硅酸盐水泥》(GB 175—2023)表述正确的是(　　　　)。

　A.颁布年份为2023年　　B.属于行业标准

　C.属于国家强制性标准　D.属于国家推荐性标准

　E.通用硅酸盐水泥是标准名称

四、简述题

1.将下列数字修约为4位有效数字:0.526647,10.23500,18.085002,3517.46,250.65000。

2.建筑材料有哪些分类方法?按化学成分和使用功能分别分为哪几类?

3.简述建筑材料的发展方向并说明发展绿色建筑材料的原因。

4.建筑材料的标准分为哪几级?如何表示?

5.简述本课程的主要内容和作用。

单元 1
建筑材料的基本性质与检测

单元导读

- **基本要求** 掌握材料的基本物理性质、力学性质、表示方法及相关的影响因素;了解材料的耐久性,能进行材料的基本性质试验。
- **重点** 材料的基本物理性质、力学性质及检测试验方法。
- **难点** 材料与水有关的性能、热工性能、声学性能;材料的硬度、耐磨性;材料耐久性的影响因素。

1.1 材料的基本物理性质

1.1.1 材料与质量有关的性能

1)密度、表观密度和堆积密度

（1）密度

密度是指材料在绝对密实状态下单位体积的质量,按下式计算:

$$\rho = \frac{m}{V} \tag{1.1}$$

式中　ρ——密度,g/cm^3;

　　　m——材料在干燥状态下的质量,g;

　　　V——材料在绝对密实状态下的体积,cm^3。

绝对密实状态下的体积,指不包括材料内部孔隙在内的固体物质的体积。测定材料密度时,可采取不同的方法。对钢材、玻璃、铸铁等接近于绝对密实的材料,可用排液法;而绝大多数材料(地砖、混凝土等)内部都含有一定孔隙,故测定其密度时,应把材料磨成细粉(至粒径小于0.2 mm)以排除其内部孔隙,干燥后用李氏瓶(图1.1)通过排液法测定其实际体积,再计算其密度;水泥、石膏粉等材料本身是粉末态,就可以直接采用排液法测定。多孔材料示意图如图1.2所示。

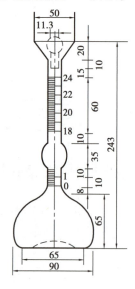

图1.1 李氏瓶

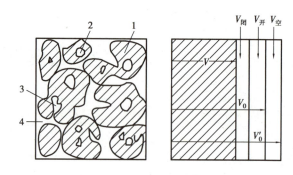

图1.2 材料孔(空)隙及体积示意图

1—固体物质;2—闭口孔隙;3—开口孔隙;4—颗粒间隙

在测量某些较致密的不规则的散粒材料(如卵石、砂等)的密度时,常直接用排水法测其绝对体积的近似值(因颗粒内部的封闭孔隙体积没有排除),这时所测得的密度为近似密度,即视密度(ρ')。

(2)表观密度

表观密度是指材料在自然状态下单位体积的质量,按下式计算:

$$\rho_0 = \frac{m}{V_0}\tag{1.2}$$

式中　ρ_0——表观密度,g/cm^3 或 kg/m^3;

　　　m——材料的质量,g 或 kg;

　　　V_0——材料在自然状态下的体积,或称表观体积,cm^3 或 m^3。

自然状态下的体积即表观体积,包含材料内部孔隙(包含开口孔隙和闭口孔隙)在内。对于外形规则的材料,其几何体积即为表观体积;对于外形不规则的材料,可用排水(液)法测定,但在测定前,待测材料表面应用薄蜡层密封,以免测液进入材料内部孔隙而影响测定值。

(3)堆积密度

堆积密度是指散粒(粉状、粒状或纤维状)材料在自然堆积状态下单位体积的质量,按下式计算:

$$\rho'_0 = \frac{m}{V'_0}\tag{1.3}$$

式中　ρ_0'——堆积密度,kg/m^3;

　　　m——材料的质量,kg;

　　　V_0'——材料的堆积体积,m^3。

　　自然堆积状态下的体积即堆积体积,包含颗粒内部的孔隙及颗粒之间的空隙。测定散粒状材料的堆积密度时,材料的质量是指填充在一定容积的容器内的材料质量,其堆积体积是指所用容器的容积。

　　在建筑工程中,计算材料用量、构件自重、配料及确定堆放空间时,经常要用到材料的密度、表观密度和堆积密度等参数。常用建筑材料的有关参数见表1.1。

表 1.1　常用建筑材料的密度、表观密度、堆积密度和孔隙率

材　料	密度 ρ/(g·cm^{-3})	表观密度 ρ_0/(kg·m^{-3})	堆积密度 ρ_0'/(kg·m^{-3})	孔隙率/%
石灰岩	2.60	1 800~2 600	—	—
花岗岩	2.6~2.9	2 500~2 800	—	0.5~3.0
碎石(石灰岩)	2.60	—	1 400~1 700	—
砂	2.60	—	1 450~1 650	—
黏土	2.60	—	1 600~1 800	—
普通黏土砖	2.5~2.8	1 600~1 800	—	20~40
黏土空心砖	2.50	1 000~1 400	—	—
水泥	3.10	—	1 200~1 300	—
普通混凝土	—	2 100~2 600	—	5~20
轻骨料混凝土	—	800~1 900	—	—
木材	1.55	400~800	—	55~75
钢材	7.85	7 850	—	0
泡沫塑料	—	20~50	—	—
玻璃	2.55	—	—	—

2)材料的密实度与孔隙率

(1)密实度

密实度是指材料体积内被固体物质所充实的程度,也就是固体物质的体积占总体积的比例。密实度反映了材料的致密程度,用 D 表示:

$$D = \frac{V}{V_0} \times 100\% = \frac{\rho_0}{\rho} \times 100\% \tag{1.4}$$

含有孔隙的固体材料的密实度均小于1。材料的很多性能如强度、吸水性、耐久性、导热性等均与其密实度有关。

(2)孔隙率

孔隙率是指材料体积内孔隙总体积(V_P)占材料总体积(V_0)的百分率。因 $V_P = V_0 - V$,则 P 值可用下式计算:

$$P = \frac{V_0 - V}{V_0} \times 100\% = \left(1 - \frac{V}{V_0}\right) \times 100\% = \left(1 - \frac{\rho_0}{\rho}\right) \times 100\% \quad (1.5)$$

孔隙率与密实度的关系为

$$P + D = 1 \quad (1.6)$$

式(1.6)表明,材料的总体积是由该材料的固体物质与其所包含的孔隙所组成。

(3)材料的孔隙

材料内部孔隙一般由自然形成或在生产、制造过程中产生,主要形成原因包括:材料内部混入水(如混凝土、砂浆、石膏制品),自然冷却作用(如浮石、火山渣),外加剂作用(如加气混凝土、泡沫塑料),焙烧作用(如膨胀珍珠岩颗粒、烧结砖)等。

材料的孔隙构造特征对建筑材料的各种基本性质具有重要影响,一般可由孔隙率、孔隙连通性和孔隙直径3个指标来描述。

孔隙率的大小及孔隙本身的特征与材料的许多重要性质(强度、吸水性、抗渗性、抗冻性和导热性等)都有密切关系。一般而言,孔隙率较小,且连通孔较少的材料,其吸水性较小,强度较高,抗渗性和抗冻性较好,绝热效果好。

孔隙按其连通性可分为连通孔和封闭孔。连通孔是指孔隙之间、孔隙和外界之间都连通的孔隙(如木材、矿渣);封闭孔是指孔隙之间、孔隙和外界之间都不连通的孔隙(如发泡聚苯乙烯、陶粒);介于两者之间的孔称为半连通孔或半封闭孔。一般情况下,连通孔对材料的吸水性、吸声性影响较大,而封闭孔对材料的保温隔热性能影响较大。

孔隙按其直径的大小可分为粗大孔、毛细孔、微孔3类。粗大孔指直径大于毫米级的孔隙,这类孔隙对材料的密度、强度等性能影响较大,如矿渣。毛细孔指直径在微米至毫米级的孔隙,对水具有强烈的毛细作用,主要影响材料的吸水性、抗冻性等性能,这类孔在多数材料内都存在,如混凝土、石膏等。微孔的直径在微米级以下,其直径微小,对材料的性能反而影响不大,如瓷质及炻质陶瓷。几种常用建筑材料的孔隙率见表1.1。

3)材料的填充率与空隙率

(1)填充率

填充率是指散粒材料在某容器的堆积体积中,被其颗粒填充的程度,以 D' 表示,可用式(1.7)计算:

$$D' = \frac{V_0}{V_0'} \times 100\% = \frac{\rho_0'}{\rho_0} \times 100\% \quad (1.7)$$

(2)空隙率

空隙率是指散粒材料在某容器的堆积体积中,颗粒之间的空隙体积(V_a)占堆积体积的百分率,以 P' 表示,因 $V_a = V_0' - V_0$,则 P' 值可用下式计算:

$$P' = \frac{V_0' - V_0}{V_0'} \times 100\% = \left(1 - \frac{V_0}{V_0'}\right) \times 100\% = \left(1 - \frac{\rho_0'}{\rho_0}\right) \times 100\% = 1 - D' \quad (1.8)$$

即

$$D' + P' = 1 \quad (1.9)$$

空隙率反映了散粒材料的颗粒之间的相互填充的致密程度,对于混凝土的粗、细骨料,空隙率越小,说明其颗粒大小搭配得越合理,用其配制的混凝土越密实,水泥也越节约。配制混凝土时,砂、石空隙率可作为控制混凝土骨料级配与计算含砂率的依据。

1.1.2 材料与水有关的性能

1)亲水性与憎水性

材料在空气中与水接触时,根据其是否能被水润湿,可将材料分为亲水性和憎水性(或称疏水性)两大类。

材料在空气中与水接触时能被水润湿的性质称为亲水性。具有这种性质的材料称为亲水性材料,如砖、混凝土、木材等。材料在空气中与水接触时不能被水润湿的性质,称为憎水性。具有这种性质的材料称为疏水性材料,如沥青、石蜡等。

在材料、水和空气的交点处,沿水的表面且限于材料和水接触面所形成的夹角 θ 称为"润湿角"。如图 1.3 所示,当 $\theta \leq 90°$,材料分子与水分子之间互相的吸引力大于水分子之间的内聚力时,称为亲水性材料;当 $\theta > 90°$,材料分子与水分子之间互相的吸引力小于水分子之间的内聚力时,称为憎水性材料。

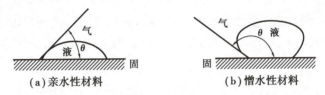

图 1.3 材料的润湿示意图

大多数建筑材料,如石料、砖及砌块、混凝土、木材等都属于亲水性材料,表面均能被水润湿,且能通过毛细管作用将水吸入材料的毛细管内部。沥青、石蜡等属于憎水性材料,表面不能被水润湿。该类材料一般能阻止水分渗入毛细管中,因而能降低材料的吸水性。憎水性材料不仅可用作防水材料,而且还可用于亲水性材料的表面处理,以降低其吸水性。

2)吸水性

材料在浸水状态下吸入水分的能力称为吸水性。吸水性的大小用吸水率表示。吸水率有质量吸水率和体积吸水率之分。

①质量吸水率:材料吸水饱和时,其所吸收水分的质量占材料干燥时质量的百分率,可按下式计算:

$$W_质 = \frac{m_湿 - m_干}{m_干} \times 100\% \tag{1.10}$$

式中 $W_质$——材料的质量吸水率,%;
$m_湿$——材料吸水饱和后的质量,g;
$m_干$——材料烘干到恒重的质量,g。

②体积吸水率:是指材料体积内被水充实的程度,即材料吸水饱和时,所吸收水分的体积占干燥材料自然体积的百分率,可按下式计算:

$$W_体 = \frac{V_水}{V_0} \times 100\% = \frac{m_湿 - m_干}{V_0} \cdot \frac{1}{\rho_{H_2O}} \times 100\% \tag{1.11}$$

式中　$W_{体}$——材料的体积吸水率,%;

　　　$V_{水}$——材料在吸水饱和时水的体积,cm^3;

　　　V_0——干燥材料在自然状态下的体积,cm^3;

　　　ρ_{H_2O}——水的密度,g/cm^3,在 4 ℃时 $\rho_{H_2O}=1\ g/cm^3$。

质量吸水率与体积吸水率存在如下关系:

$$W_{体} = W_{质} \cdot \rho_0 \frac{1}{\rho_{H_2O}} = W_{质} \cdot \rho_0 \tag{1.12}$$

式中　ρ_0——材料干燥状态的表观密度。

材料吸水性不仅取决于材料本身是亲水的还是憎水的,也与其孔隙率的大小及孔隙的特征有关。封闭的孔隙实际上是不吸水的,只有那些开口而尤以毛细管连通的孔才是吸水最强的。粗大开口的孔隙,水分又不易存留,难以吸足水分,故材料的体积吸水率常小于孔隙率。这类材料常用质量吸水率表示它的吸水性。而对于某些轻质材料,如加气混凝土、软木等,由于具有很多开口而微小的孔隙,所以其质量吸水率往往超过 100%,即湿质量为干质量的几倍。在这种情况下,最好用体积吸水率表示其吸水性。

材料在吸水后,原有的许多性能会发生改变,如强度降低、表观密度加大、保温性变差,甚至有的材料会因吸水发生化学反应而变质。因此,吸水率大对材料性能是不利的。

3) 吸湿性

材料在潮湿的空气中吸收空气中水分的性质,称为吸湿性。吸湿性的大小用含水率表示。

材料所含水的质量占材料干燥质量的百分数,称为材料的含水率,可按下式计算:

$$W_{含} = \frac{m_{含} - m_{干}}{m_{干}} \times 100\% \tag{1.13}$$

式中　$W_{含}$——材料的含水率,%;

　　　$m_{含}$——材料含水时的质量,g;

　　　$m_{干}$——材料干燥至恒重时的质量,g。

材料的含水率大小除与材料本身的特性有关外,还与周围环境的温度、湿度有关。气温越低、相对湿度越大,材料的含水率也就越大。当材料吸水达到饱和状态时的含水率即为吸水率。

4) 耐水性

材料长期在饱和水作用下而不破坏,其强度也不显著降低的性质称为耐水性。材料的耐水性用软化系数表示,可按下式计算:

$$K_{软} = \frac{f_{饱}}{f_{干}} \tag{1.14}$$

式中　$K_{软}$——材料的软化系数;

　　　$f_{饱}$——材料在水饱和状态下的抗压强度,MPa;

　　　$f_{干}$——材料在干燥状态下的抗压强度,MPa。

材料的软化系数反映材料吸水后强度降低的程度,其值为 0~1。$K_{软}$ 越小,耐水性越差,故 $K_{软}$ 值可作为处于严重受水侵蚀或潮湿环境下的重要结构物选择材料时的主要依据。处于水中的重要结构物,其材料的 $K_{软}$ 值应不小于 0.85;次要的或受潮较轻的结构物,其 $K_{软}$ 值应不小于 0.75；对于经常处于干燥环境的结构物，可不必考虑 $K_软$。通常认为，$K_软 \geqslant 0.85$ 的材料是耐水材料。

5) 抗渗性

材料抵抗压力水渗透的性质，称为抗渗性（或不透水性），可用渗透系数 K 表示。

达西定律表明，在一定时间内，透过材料试件的水量与试件的断面积及水头差（液压）成正比，与试件的厚度成反比，即

$$W = K \frac{h}{d} At \text{ 或 } K = \frac{Wd}{Ath} \tag{1.15}$$

式中　K——渗透系数，cm/h；

W——透过材料试件的水量，cm^3；

t——透水时间，h；

A——透水面积，cm^2；

h——静水压力水头，cm；

d——试件厚度，cm。

渗透系数反映了材料抵抗压力水渗透的性质，渗透系数越大，材料的抗渗性越差。

建筑中大量使用的砂浆、混凝土等材料，其抗渗性用抗渗等级表示。抗渗等级用材料抵抗的最大水压力来表示，如 P6，P8，P10，P12 等，分别表示材料可抵抗 0.6，0.8，1.0，1.2 MPa 的水压力而不渗水。抗渗等级越大，材料的抗渗性越好。

材料抗渗性的好坏与材料的孔隙率和孔隙特征有密切关系。孔隙率很小而且是封闭孔隙的材料具有较高的抗渗性。对于地下建筑及水工构筑物，因常受到压力水的作用，故要求材料具有一定的抗渗性；对于防水材料，则要求具有更高的抗渗性。材料抵抗其他液体渗透的性质，也属于抗渗性。

6) 抗冻性

材料在吸水饱和状态下，能经受多次冻结和融化作用（冻融循环）而不破坏，同时也不严重降低强度，质量也不显著减少的性质，称为抗冻性。一般建筑材料（如混凝土）的抗冻性常用抗冻等级 F 表示。抗冻等级是以规定的试件、在规定试验条件下，测得其强度降低不超过规定值，并无明显损坏和剥落时所能经受的冻融循环次数来确定，用符号"F"加数字表示，其中数字为最大冻融循环次数。例如，抗冻等级 F10 表示在标准试验条件下，材料强度下降不大于 25%，质量损失不大于 5%，所能经受的冻融循环的次数最多为 10 次。

材料经多次冻融循环后，表面将出现裂纹、剥落等现象，造成质量损失、强度降低。这是由于材料内部孔隙中的水分结冰时体积增大，对孔壁产生很大压力，冰融化时压力又骤然消失所致。无论是冻结还是融化过程，都会使材料冻融交界层间产生明显的压力差，并作用于孔壁使之受损。对于冬季室外计算温度低于 -10 ℃ 的地区，工程中使用的材料必须进行抗冻试验。

材料抗冻等级的选择，是根据建筑物的种类、材料的使用条件和部位、当地的气候条件等因素决定的。例如，烧结普通砖、陶瓷面砖、轻混凝土等墙体材料，一般要求抗冻等级较高。冰冻对材料的破坏作用，是由于材料孔隙内的水结冰时体积膨胀（约增大 9%）而引起孔壁受力破裂所致。所以，材料抗冻性的高低，决定于材料的吸水饱和程度和材料对结冰时体积膨胀所产生的压力的抵抗能力。

抗冻性良好的材料对抵抗温度变化、干湿交替等破坏作用的性能也较强。所以，抗冻性

常作为考查材料耐久性的一个指标。处于温暖地区的建筑物,虽无冰冻作用,但为了抵抗大气的作用,确保建筑物的耐久性,有时对材料也提出一定的抗冻性要求。

1.1.3 材料的热工性能

在建筑中,建筑材料除了需满足必要的强度及其他性能的要求外,为了节约建筑物的使用能耗,以及为生产和生活创造适宜的条件,常要求材料具有一定的热性质,以维持室内温度。常考虑的热性质有材料的导热性、热容量和热变形性等。

1)导热性

材料传导热量的能力,称为导热性。材料导热能力的大小可用导热系数(λ)表示。导热系数在数值上等于厚度为 1 m 的材料,当其相对两侧表面的温度差为 1 K 时,经单位面积($1\ m^2$)单位时间(1 s)所通过的热量。导热性可用下式表示:

$$\lambda = \frac{Q\delta}{At(T_2 - T_1)} \tag{1.16}$$

式中　λ——导热系数,W/(m·K);

　　　Q——传导的热量,J;

　　　A——热传导面积,m^2;

　　　δ——材料厚度,m;

　　　t——热传导时间,s;

　　　$T_2 - T_1$——材料两侧温差,K。

材料的导热系数越小,其绝热性能就越好。各种建筑材料的导热系数差别很大,大致为 0.035~3.5 W/(m·K)。典型材料导热系数见表 1.2。材料的导热系数与其内部孔隙构造有密切关系。由于密闭空气的导热系数很小,仅 0.023 W/(m·K),所以,材料的孔隙率较大者其导热系数较小,但如孔隙粗大而贯通,由于对流作用的影响,材料的导热系数反而增高。材料受潮或受冻后,其导热系数会大大提高。这是由于水和冰的导热系数比空气的导热系数高很多,分别为 0.58 W/(m·K)和 2.20 W/(m·K)。因此,绝热材料应经常处于干燥状态,以利于发挥材料的绝热效能。

表 1.2　几种典型材料及物质的热工性质

材料名称	钢材	混凝土	松　木	烧结普通砖	花岗石	密闭空气	水
比热/[J·(g·K)$^{-1}$]	0.48	0.84	2.72	0.88	0.92	1.00	4.18
导热系数/[W·(m·K)$^{-1}$]	58	1.51	1.17~0.35	0.80	3.49	0.023	0.58

2)热容量

材料加热时吸收热量,冷却时放出热量的性质,称为热容量。热容量大小用比热容(也称热容量系数,简称比热)表示。比热容表示 1 g 材料,温度升高或降低 1 K 时所吸收或放出的热量。材料吸收或放出的热量和比热可分别由式(1.17)和式(1.18)计算:

$$Q = cm(T_2 - T_1) \tag{1.17}$$

$$C = \frac{Q}{m(T_2 - T_1)} \tag{1.18}$$

式中 Q——材料吸收或放出的热量,J;

c——材料的比热,J/(g·K);

m——材料的质量,g;

T_2-T_1——材料受热或冷却前后的温差,K。

比热是反映材料的吸热或放热能力大小的物理量。不同材料的比热不同,即使是同一种材料,由于所处物态不同,比热也不同。例如,水的比热为 4.18 J/(g·K),而结冰后比热则是 2.09 J/(g·K)。比热与质量的乘积为材料的热容量值。采用热容量大的材料对保持室内温度具有重大意义。如果采用热容量大的材料作维护结构材料,能在热流变动或采暖设备供热不均匀时缓和室内的温度波动,不会使人有忽冷忽热的感觉。

常用建筑材料的比热见表 1.2。

3)材料的保温隔热性能

在建筑工程中,常把 $1/\lambda$ 称为材料的热阻,用 R 表示,单位为(m·K)/W。导热系数 λ 和热阻 R 都是评定建筑材料保温隔热性能的重要指标。人们常习惯把防止室内热量的散失称为保温,把防止外部热量的进入称为隔热,将保温隔热统称为绝热。

材料的导热系数越小,其热阻值越大,则材料的导热性能越差,其保温隔热性能越好,所以常将 $\lambda \leq 0.175$ W/(m·K)的材料称为绝热材料。

4)热变形性

材料的热变形性,是指材料在温度变化时其尺寸的变化,一般材料均具有热胀冷缩这一自然属性。材料的热变形性常用长度方向变化的线膨胀系数表示,土木工程总体上要求材料的热变形不要太大,对于像金属、塑料等热膨胀系数大的材料,因温度和日照都易引起伸缩,成为构件产生位移的原因,在构件接合和组合时都必须予以注意。在有隔热保温要求的工程设计时,应尽量选用热容量(或比热)大、导热系数小的材料。

1.1.4 材料的声学性能

1)材料的吸声性能

物体振动时,迫使邻近空气随着振动而形成声波,当声波接触到材料表面时,一部分被反射,一部分穿透材料,而其余部分则在材料内部的孔隙中引起空气分子与孔壁的摩擦和黏滞阻力,使相当一部分声能转化为热能而被吸收。被材料吸收的声能(包括穿透材料的声能)与原先传递给材料的全部声能之比,是评定材料吸声性能好坏的主要指标,称为吸声系数,用下式表示:

$$\alpha = \frac{E}{E_0} \tag{1.19}$$

式中 α——材料的吸声系数;

E——被材料吸收(包括透过)的声能;

E_0——传递给材料的全部入射声能。

假如入射声能的 70% 被吸收,30% 被反射,则该材料的吸声系数 α 就等于 0.7。当入射声能 100% 被吸收而无反射时,吸声系数等于 1。一般材料的吸声系数为 0~1。吸声系数越大,则吸声效果越好。只有悬挂的空间吸声体,由于有效吸声面积大于计算面积,可获得吸声系数大于 1 的情况。

吸声材料能抑制噪声和减弱声波的反射作用。为了改善声波在室内传播的质量,保持良好的音响效果和减少噪声的危害,在进行音乐厅、电影院、大会堂、播音室等内部装饰时,应使用适当的吸声材料。在噪声大的厂房内有时也采用吸声材料。一般来讲,对同一种多孔材料,表观密度增大时(即空隙率减小时),对低频声波的吸声效果有所提高,而高频声波的吸声效果则有所降低。增加多孔材料的厚度,可提高对低频声波的吸声效果,而对高频声波则没有多大影响。材料内部孔隙越多、越细小,吸声效果越好。如果孔隙太大,则效果较差。如果材料总的孔隙大部分为单独的封闭气泡(如聚氯乙烯泡沫塑料),则因声波不能进入,从吸声机理上来讲,就不属多孔性吸声材料。当多孔材料表面涂刷油漆或材料吸湿时,则因材料表面的孔隙被水分或涂料所堵塞,使其吸声效果大大降低。

2)材料的隔声性能

材料能减弱或隔断声波传递的性能称为隔声性能。人们要隔绝的声音按其传播途径有空气声(通过空气传播的声音)和固体声(通过固体的撞击或振动传播的声音)两种。两者隔声的原理不同。对空气声的隔绝,主要是依据声学中的“质量定律”,即材料的密度越大,越不易受声波作用而产生振动,其声波通过材料传递的速度迅速减弱,其隔声效果越好。所以,应选用密度大的材料(如钢筋混凝土、实心砖等)作为隔绝空气声的材料。

对固体声隔绝的最有效措施是断绝其声波继续传递的途径。即在产生和传递固体声波的结构(如梁、框架与楼板、隔墙,以及它们的交接处等)层中加入具有一定弹性的衬垫材料,以阻止或减弱固体声波的继续传播。

结构的隔声性能用隔声量表示,隔声量是指入射与透过材料声能相差的分贝(dB)数。隔声量越大,隔声性能越好。

1.2 材料的力学性能

材料的力学性能,主要是指材料在外力(荷载)作用下,有关抵抗破坏和变形的能力的性质。

1.2.1 材料的强度、强度等级和比强度

1)强度

材料可抵抗因外力(荷载)作用而引起破坏的最大能力,即为该材料的强度。其值以材料受力破坏时,单位受力面积上所承受的力表示,其通式可写为:

$$f = \frac{P}{A}$$

(1.20)

式中　f——材料的强度，MPa；

　　　P——破坏荷载，N；

　　　A——受荷面积，mm^2。

材料在建筑物上所受的外力，主要有拉力、压力、弯曲及剪力等。材料抵抗这些外力破坏的能力，分别称为抗拉、抗压、抗弯和抗剪等强度。这些强度一般是通过静力试验来测定的，因而总称为静力强度。图1.4列出了材料基本强度的分类和测定。

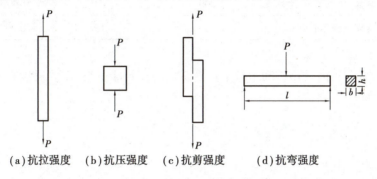

　　（a）抗拉强度　（b）抗压强度　（c）抗剪强度　　（d）抗弯强度

图1.4　材料静力强度分类

材料抗拉、抗压和抗剪等强度按式（1.20）计算；抗弯（折）强度的计算，按受力情况、截面形状等不同，方法各异。如当跨中受一集中荷载的矩形截面的试件，其抗弯（折）强度按下式计算：

$$f_m = \frac{3PL}{2bh^2}$$　　　　　　　　　　　　（1.21）

式中　f_m——抗弯（折）强度，MPa；

　　　P——受弯时破坏荷载，N；

　　　L——两支点间的距离，mm；

　　　b,h——分别为材料截面宽度和高度，mm。

材料的静力强度，实际上只是在特定条件下测定的强度值。试验测出的强度值，除受材料的组成、结构等内在因素的影响外，还与试验条件有密切关系，如试件的形状、尺寸、表面状态、含水率、温度及试验时的加荷速度等。为了使试验结果比较准确而且具有互相比较的意义，测定材料强度时，必须严格按照统一的标准试验方法进行。

2）强度等级

大部分建筑材料，根据其极限强度的大小，可划分为若干不同的强度等级。如水泥砂浆按抗压强度分为 M30，M25，M20，M15，M10，M7.5，M5 共7个强度等级；普通水泥按抗压强度分为 32.5～62.5 MPa 强度等级。将建筑材料划分为若干强度等级，对掌握材料性能、合理选用材料、正确进行设计和控制工程质量十分重要。

3）比强度

为了对不同的材料强度进行比较，可以采用比强度。比强度是按单位质量计算的材料强度，其值等于材料的强度与其表观密度之比，它是衡量材料轻质高强的一个主要指标。优质结构材料的比强度应高。几种典型材料的强度比较情况见表1.3。

表 1.3　几种典型材料的强度比较

材　　料	表观密度/(kg·m⁻³)	强度/MPa	比强度
低碳钢(抗拉)	7 850	400	0.051
普通混凝土(抗压)	2 400	40	0.017
松木(顺纹抗拉)	500	100	0.200
玻璃钢(抗压)	2 000	450	0.225
烧结普通砖(抗压)	1 700	10	0.006

由表 1.3 数据可知,玻璃钢和木材是轻质高强的高效能材料,而普通混凝土为质量大而强度较低的材料。

1.2.2　材料的弹性和塑性

材料在外力作用下产生变形,当外力取消后,材料变形即可消失并能完全恢复原来形状的性质,称为弹性。这种当外力取消后瞬间内即可完全消失的变形,称为弹性变形。这种变形属于可逆变形,其数值的大小与外力成正比。其比例系数 E 称为弹性模量。在弹性变形范围内,弹性模量 E 为常数,其值等于应力与应变的比值。弹性模量是衡量材料抵抗变形能力的一个指标,E 越大,材料越不易变形。

在外力作用下材料产生变形,如果取消外力,仍保持变形后的形状尺寸,且不产生裂缝的性质,称为塑性。这种不能消失的变形,称为塑性变形(或永久变形)。

许多材料受力不大时,仅产生弹性变形;受力超过一定限度后,即产生塑性变形。如建筑钢材,当外力值小于弹性极限时,仅产生弹性变形;若外力大于弹性极限后,则除了弹性变形外,还产生塑性变形。有的材料在受力时,弹性变形和塑性变形同时产生,如果取消外力,则弹性变形可以消失,而其塑性变形则不能消失,称为弹塑性材料。普通混凝土硬化后可看作典型的弹塑性材料。材料的应力应变曲线如图 1.5 所示。

1.2.3　材料的脆性和韧性

在外力作用下,当外力达到一定限度后,材料突然破坏而又无明显的塑性变形的性质,称为脆性,如图 1.6 所示的铸铁的脆性破坏。脆性材料抵抗冲击荷载或振动作用的能力很差,其抗压强度比抗拉强度高得多,如混凝土、玻璃、砖、石、陶瓷等。

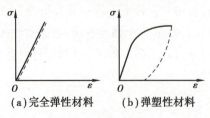

(a)完全弹性材料　　(b)弹塑性材料

图 1.5　材料的应力应变曲线

图 1.6　铸铁的脆性破坏

在冲击、振动荷载作用下,材料能吸收较大的能量,产生一定的变形而不致被破坏的性能,称为韧性。如建筑钢材、木材等属于韧性较好的材料。在建筑工程中,对于要承受冲击荷载和有抗震要求的结构,其所用的材料,都要考虑材料的冲击韧性。

1.2.4   材料的硬度和耐磨性

硬度是材料表面能抵抗其他较硬物体压入或刻划的能力。不同材料的硬度其测定方法不同。按刻划法,矿物硬度分为10级(莫氏硬度),其硬度递增的顺序依次为:滑石、石膏、方解石、萤石、磷灰石、正长石、石英、黄玉、刚玉、金刚石。木材、混凝土、钢材等的硬度常用钢球压入法测定(布氏硬度 HB)。一般来说,硬度大的材料耐磨性较强,但不易加工。耐磨性是材料表面抵抗磨损的能力。在建筑工程中,用于道路、地面、踏步等部位的材料,均应考虑其硬度和耐磨性。一般来说,强度较高且密实的材料,其硬度较大,耐磨性较好。

1.3   材料的耐久性

建筑材料除应满足各项物理、力学的功能要求外,还必须经久耐用,反映这一要求的性质即耐久性。耐久性是指材料在内部和外部多种因素作用下,长久地保持其使用性能的性质。

影响材料耐久性的因素是多种多样的,除材料内在原因使其组成、构造、性能发生变化以外,还要长期受到使用条件及各种自然因素的作用。这些作用可概括为以下几个方面:

①物理作用:包括环境温度、湿度的交替变化,即冷热、干湿、冻融等循环作用。材料在经受这些作用后,将发生膨胀、收缩或产生内应力,长期的反复作用将使材料变形、开裂甚至破坏。

②化学作用:包括大气和环境水中的酸、碱、盐或其他有害物质对材料的侵蚀作用,以及日光、紫外线等对材料的作用,使材料发生腐蚀、碳化、老化等而逐渐丧失使用功能。

③机械作用:包括荷载的持续作用,交变荷载对材料引起的疲劳、冲击、磨损等。

④生物作用:包括菌类、昆虫等的侵害作用,导致材料发生腐朽、虫蛀等而破坏。

一般矿物质材料,如石材、砖瓦、陶瓷、混凝土等,暴露在大气中时,主要受到大气的物理作用;当材料处于水位变化区或水中时,还受到环境水的化学侵蚀作用。金属材料在大气中易被锈蚀。沥青及高分子材料,在阳光、空气及辐射的作用下,会逐渐老化、变质而破坏。影响材料耐久性的外部因素,往往通过其内部因素而发生作用。与材料耐久性有关的内部因素,主要是材料的化学组成、结构和构造的特点。当材料含有易与其他外部介质发生化学反应的成分时,就会因其抗渗性和耐腐蚀能力差而引起破坏。

对材料耐久性最可靠的判断,是对其在使用条件下进行长期的观察和测定,但这需要很长的时间,往往满足不了工程的需要。所以常常根据使用要求,用一些实验室可测定又能基本反映其耐久性特性的短时试验指标来表达。如常用软化系数来反映材料的耐水性;用实验室的冻融循环(数小时一次)试验得出的抗冻等级来说明材料的抗冻性;采用较短时间的化学介质浸渍来反映实际环境中的水泥石长期腐蚀现象等。

为了提高材料的耐久性,以利于延长建筑物的使用寿命和减少维修费用,可根据使用情况和材料特点,采取相应的措施。如设法减轻大气或周围介质对材料的破坏作用(降低湿度,排除侵蚀性物质等),提高材料本身对外界作用的抵抗能力(提高材料的密实度,采取防腐措施等),也可用其他方法(覆面、抹灰、刷涂料等)保护主体材料免受破坏。

1.4 建筑材料基本性质检测

1.4.1 检测任务

两层砖混结构房屋,采用红砖砌筑,C30 普通混凝土。请测定该批砖的密度和表观密度,粗、细骨料砂石的表观密度、堆积密度和含水率指标。

1)砖的密度测定

(1)主要仪器

仪器主要有密度瓶(李氏瓶)、烘箱、量筒、天平、干燥器、温度计、漏斗和小勺等。

(2)试样制备

将红砖试样研碎,通过 900 孔/cm² 的筛,除去筛余物,放在 105~110 ℃ 的烘箱中,烘干至恒质量,再放入干燥器中冷却至室温。

(3)测定步骤

①将不与砖试样反应的液体倒入密度瓶中,使液面达到凸颈下部 0~1 mL 刻度。

②将密度瓶置于盛水的玻璃容器中,使刻度部分完全进入水中,并用支架夹住以防止密度瓶浮起或歪斜。容器中的水温应保持在(20±2)℃。经过 30 min,读出密度瓶内液体凹液面的刻度值 v_1。

③用天平秤取 60~90 g 砖试样,用小勺和漏斗将试样送入密度瓶中,防止在密度瓶喉部发生堵塞,直至液面上升到 20 mL 刻度左右为止;再称剩余的试样质量,计算出装入瓶内的试样质量 m。

④将密度瓶倾斜一定角度并沿瓶轴旋转,使试样粉末中的气泡逸出,再将密度瓶放入盛水的玻璃器皿中;经过 30 min,待瓶中液体温度与水温相同后,读出密度瓶内液体凹液面的刻度值 v_2。

(4)测定结果

①密度 ρ 按下式计算:

$$\rho = \frac{m}{V}$$

式中　m——密度瓶中试样粉末的质量,g;

　　　V——装入密度瓶中试样粉末的绝对体积,cm³。

②以两次试验结果的平均值作为密度的测定结果,两次测定结果的差值不得大于 0.02 g/cm³。

2)砖的表观密度测定

(1)主要仪器

仪器主要有游标卡尺、天平、干燥器、烘箱、温度计、漏斗和小勺等。

砖的表观密度测定

（2）测定步骤

①将红砖放入（105±5）℃的烘箱中烘干至恒质量，取出在干燥器内冷却至室温，用天平称其质量 m。

②用游标卡尺量出红砖试件的尺寸，长、宽、高各方向上需测量3处，分别取其平均值 a，b，c，则表观密度 $V_0 = abc$。

（3）测定结果

①表观密度 ρ_0 按下式计算：

$$\rho_0 = \frac{m}{V_0}$$

式中　m——红砖在干燥状态下的质量，g 或 kg；

　　　V_0——红砖在自然状态下的体积，或称表观体积，cm^3 或 m^3。

②以3次试验结果的平均值作为密度的测定结果，3次测定结果的差值不得大于 $0.02\ g/cm^3$；如试件结构不均匀，应以5个试件结果的算术平均值作为试验结果，并注明最大值和最小值。

3）砂的堆积密度测定

（1）主要仪器

鼓风烘箱：能使温度控制在（105±5）℃；

天平：称量 10 kg，感量 1 g；

容量筒：圆柱形金属筒，内径 108 mm，净高 109 mm，壁厚 2 mm，筒底厚约 5 mm，容积为 1 L；

方孔筛：孔径为 4.75 mm 的筛 1 只；

垫棒：直径 10 mm，长 500 mm 的圆钢；

其他工具：直尺、漏斗或料勺、搪瓷盘、毛刷等。

砂的堆积密度测定

（2）试样制备

试样制备可参照前述的取样与处理方法。

（3）试验步骤

①用搪瓷盘装取试样约 3 L，放在烘箱中于（105±5）℃下烘干至恒质量，待冷却至室温后，筛除大于 4.75 mm 的颗粒，分为大致相等的两份备用。

②松散堆积密度：取试样一份，用漏斗或料勺从容量筒中心上方 50 mm 处徐徐倒入，让试样以自由落体落下，当容量筒上部试样呈堆体且容量筒四周溢满时，即停止加料。然后用直尺沿筒口中心线向两边刮平（试验过程应防止触动容量筒），称出试样和容量筒的总质量，精确至 1 g。

③紧密堆积密度：取试样一份分两次装入容量筒。装完第一层后，在筒底垫放一根直径为 10 mm 的圆钢，将筒按住，左右交替击地面各 25 次；然后装入第二层，第二层装满后用同样的方法颠实（但筒底所垫钢筋的方向与第一层时的方向垂直）；再加试样直至超过筒口，然后用直尺沿筒口中心向两边刮平，称出试样和容量筒的总质量，精确至 1 g。

（4）结果计算与评定

①砂的表观密度按下式计算（精确至 $10\ kg/m^3$）：

$$\rho_2 = \left(\frac{G_0}{G_0 + G_2 - G_1} \right) \times \rho_{水}$$

式中 ρ_2——表观密度，kg/m^3；

$\rho_{水}$——水的密度，$1\ 000\ kg/m^3$；

G_0——烘干试样的质量，g；

G_1——试样、水及容量瓶的总质量，g；

G_2——水及容量瓶的总质量，g。

表观密度取两次试验结果的算术平均值，精确至 $10\ kg/m^3$；如两次试验结果之差大于 $20\ kg/m^3$，需重新试验。

②松散或紧密堆积密度按下式计算（精确至 $10\ kg/m^3$）：

$$\rho_1 = \frac{G_1 - G_2}{V}$$

式中 ρ_1——松散堆积密度或紧密堆积密度，kg/m^3；

G_1——容量筒和试样总质量，g；

G_2——容量筒质量，g；

V——容量筒的容积，L。

堆积密度取两次试验结果的算术平均值，精确至 $10\ kg/m^3$。

③空隙率按下式计算（精确至1%）：

$$V_0 = \left(1 - \frac{\rho_1}{\rho_2} \right) \times 100$$

式中 V_0——空隙率，%；

ρ_1——试样的松散（或紧密）堆积密度，kg/m^3；

ρ_2——试样表观密度，kg/m^3。

空隙率取两次试验结果的算术平均值，精确至1%。

4）砂的含水率试验（标准法）

（1）主要仪器

烘箱：温度控制范围为（105±5）℃；

天平：称量 $1\ 000$ g，感量1 g；

容器：如浅盘等。

砂的含水量试验
（标准法）

（2）试验步骤

含水率试验（标准法）应按下列步骤进行：

由密封的样品中取重约500 g的试样各两份，分别放入已知质量 m_1 的干燥容器中称重，记下每盘试样与容器的总质量 m_2。将容器连同试样放入温度为（105±5）℃的烘箱中烘干至恒重，称量烘干后的试样与容器的总质量 m_3。

（3）结果计算

砂的含水率（标准法）按下式计算（精确至0.1%）：

$$w_{含} = \frac{m_2 - m_1}{m_3 - m_1} \times 100\%$$

式中　m_1——容器质量,g;

　　　m_2——未烘干的试样与容器的总质量,g;

　　　m_3——烘干后的试样与容器的总质量,g。

以两次试验结果的算术平均值作为测定值。

工程案例 1

聚氨酯泡沫

[现象]带有 10 cm 厚普通保温材料绝热层的冷藏柜,可用容积为 330 L,若用聚氨酯泡沫,绝热层厚度可减小到 5.5 cm,可用容积增加到 450 L,增加 35%。

[原因分析]硬质聚氨酯泡沫是一种性能良好的保温材料,固相所占体积仅 5% 左右,闭孔中的气体导热系数极小,聚氨酯材料的导热系数低于几乎所有其他保温材料。与其他保温材料相比,达到同样保温效果时的绝热层厚度可减小 30%~80%,容积增加 20%~50%。为便于比较,现将相同环境条件下常用保温材料的导热系数和达到同样保温效果时所需绝热材料厚度列于表 1.4。

表 1.4　绝热材料厚度比较

序号	材料名称	导热系数/[W·(m·k)$^{-1}$]	保温层厚度/mm
1	硬质聚氨酯泡沫	0.020	25
2	聚苯乙烯	0.035	40
3	矿岩棉	0.040	45
4	轻软木	0.050	45
5	纤维板	0.050	45
6	膨胀硅酸盐	0.050	45
7	混凝土块	0.050	45
8	软木	0.050	45
9	普通砖	0.050	45

单元小结

本单元重点讨论了建筑材料的基本物理性质、力学性质、表示方法、相关的影响因素及检测试验方法,介绍了材料的耐久性及建筑材料基本性质试验。

材料的基本物理性质包括与质量有关的性能、与水有关的性能、材料的热工性能及材料的声学性能等;材料的力学性能包括材料的强度、弹性、塑性、脆性、韧性、硬度和耐磨性。

职业能力训练

一、填空题

1.吸水性的大小用_____表示,吸湿性的大小用_____表示。

2.材料的抗冻性用材料在吸水饱和状态下所能抵抗的_____来表示。

3.水可以在材料表面展开,即材料表面可以被水浸润,这种性质称为_____。

4.材料的表观密度是指材料在_____状态下单位体积的质量。

5.材料与水接触,按能否被水润湿分为_____和_____两大类。

6.孔隙率越大,材料的导热系数越_____,其材料的绝热性能越_____。

7.材料与水有关的性质有亲水性与憎水性、吸水性、_____、_____、_____和_____。

二、名词解释

1.材料的空隙率

2.堆积密度

3.材料的强度

4.材料的耐久性

三、单项选择题

1.孔隙率增大,材料的(　　)降低。

A.密度　　　　B.表观密度　　　　C.憎水性　　　　D.抗冻性

2.材料在水中吸收水分的性质称为(　　)。

A.吸水性　　　B.吸湿性　　　　C.耐水性　　　　D.渗透性

3.含水率为10%的湿砂220 g,其中水的质量为(　　)。

A.19.8 g　　　B.22 g　　　　C.20 g　　　　D.20.2 g

4.材料的孔隙率增大时,其性质保持不变的是(　　)。

A.表观密度　　B.堆积密度　　　C.密度　　　　D.强度

5.材料的耐水性用软化系数表示,其值越大,则耐水性(　　)。

A.越好　　　　B.越差　　　　C.不变　　　　D.无法确定

四、多项选择题

1.下列性质属于力学性质的有(　　)。

A.强度　　　　B.硬度　　　　C.弹性　　　　D.脆性　　　E.韧性

2.下列材料中,属于复合材料的是(　　)。

A.钢筋混凝土　B.沥青混凝土　　C.建筑石油沥青

D.建筑塑料　　E.胶黏剂

五、简述题

1.什么是材料的密实度和孔隙率？两者之间有什么关系？

2.材料的质量吸水率和体积吸水率有何不同？什么情况下采用体积吸水率来反映材料的吸水性？

3.什么是亲水性材料? 什么是憎水性材料?

4.什么是材料的抗冻性和抗渗性? 各用什么指标表示?

5.什么是材料的导热性? 材料导热系数的大小与哪些因素有关?

6.材料的强度按所受外力作用不同分为哪几个? 分别如何计算? 单位是什么?

六、计算题

1.已知一块烧结普通砖的外观尺寸为 240 mm×115 mm×53 mm,其孔隙率为 35%,干燥时质量为 2 480 g,浸水饱和后质量为 2 980 g,试求该烧结普通砖的密度、表观密度以及质量吸水率。

2.某块材料的全干质量为 105 g,自然状态下的体积为 42 cm³,绝对密实状态下的体积为 32 cm³,计算该材料的密度、表观密度、密实度和孔隙率。

单元 2
气硬性胶凝材料认识

单元导读

- **基本要求** 掌握石灰、石膏的技术性质、特性、应用及储存方法；熟悉水玻璃、菱苦土的特性和应用；了解气硬性胶凝材料的生产工艺、结构和化学组成。
- **重点** 气硬性胶凝材料的技术性质、特性和应用。
- **难点** 气硬性胶凝材料的硬化机理和特性。

2.1　石灰的特性、应用与储存

石灰是一种古老的建筑材料，具有原材料蕴藏丰富、分布广、生产工艺简单、成本低廉、使用方便等特点，所以至今仍被广泛应用于建筑工程中。

2.1.1　石灰的原料

生产石灰的原料主要是含碳酸钙为主的天然岩石，如石灰石(图 2.1)、白垩、白云质石灰石等。这些天然原料中的黏土杂质一般控制在 8% 以内。除了用天然原料生成外，石灰的另一来源是利用化学工业副产品生成。

2.1.2　生石灰的生产

生石灰(图 2.2)是以碳酸钙为主要成分的石灰石、白垩等为原料，在高温煅烧下所得的产物，其主要成分是氧化钙。煅烧反应如下：

$$CaCO_3 \xrightarrow[800 \sim 1000\,℃]{\text{高温煅烧}} CaO + CO_2\uparrow$$

$$MgCO_3 \xrightarrow[800 \sim 1000\,℃]{\text{高温煅烧}} MgO + CO_2\uparrow$$

图2.1　石灰石　　　　　　　　　　　　图2.2　生石灰粉

生石灰是一种白色或灰色块状物质,主要成分是氧化钙。正常温度下煅烧得到的石灰具有多孔结构,内部孔隙率大,晶粒细小,表观密度小,与水作用速度快。生石灰烧制过程中,往往由于石灰石原料尺寸过大或窑中温度不均匀等原因,生石灰中残留有未烧透的内核,这种石灰称为"欠火石灰"。另一种情况是由于烧制过程中温度过高或时间过长,使得石灰表面出现裂缝或玻璃状的外壳,体积收缩明显,颜色呈灰黑色,这种石灰称为"过火石灰"。过火石灰熟化十分缓慢,使用时会影响工程质量。

2.1.3　生石灰的熟化

生石灰的熟化(又称消化或消解)是指生石灰与水发生化学反应生成熟石灰的过程。其反应式如下:

$$CaO + H_2O = Ca(OH)_2 + 64.9 \text{ kJ}$$

石灰熟化时放出大量的热量,同时体积膨胀1~2.5倍。

生石灰中常含有过火石灰,过火石灰表面有一层深褐色熔融物,石灰熟化极慢。为了避免过火石灰在使用后,因吸收空气中的水蒸气而逐步水化膨胀,造成硬化砂浆或石灰制品产生隆起、开裂等破坏,石灰浆应在储灰池中"陈伏"两周以上。"陈伏"期间,石灰浆表面应留有一层水,与空气隔绝,以免石灰碳化。

2.1.4　石灰的硬化

石灰的硬化速度很缓慢,且硬化体强度很低。石灰浆体在空气中逐渐硬化,主要是靠干燥、结晶和碳化3个过程同时进行来完成的。

1)干燥作用

石灰浆中多余的水分蒸发或砌体吸收而使石灰粒子紧密接触,获得一定强度。

2)结晶作用

石灰浆体中的游离水分逐渐蒸发,$Ca(OH)_2$逐渐从饱和溶液中结晶析出,形成结晶结构网,促使石灰浆体的硬化,同时干燥使浆体紧缩而产生强度。

3)碳化作用

$Ca(OH)_2$与空气中的CO_2和H_2O发生化学反应,生成碳酸钙,并释放出水分,使强度提高。其反应式如下:

$$Ca(OH)_2 + CO_2 + nH_2O \longrightarrow CaCO_3 + (n+1)H_2O$$

石灰的硬化主要依靠结晶作用,结晶作用又主要依靠水分蒸发速度。由于自然界中水分的蒸发速度是有限的,且因表面形成的 $CaCO_3$ 结构致密,会阻碍 CO_2 进一步进入,且空气中的 CO_2 浓度很低,在相当长的时间内,仍然是表层为 $CaCO_3$、内部为 $Ca(OH)_2$,因此石灰的硬化是一个相当缓慢的过程。

2.1.5 石灰的品种及技术性质

石灰的品种很多,通常有以下两种分类方法。

1)按石灰中氧化镁的含量分类

生石灰可分为钙质生石灰(MgO 含量≤5%)和镁质生石灰(MgO 含量>5%)。镁质生石灰的熟化速度较慢,但硬化后其强度较高。根据建材行业标准,建筑生石灰可划分为优等品、一等品和合格品共 3 个质量等级,其技术指标见表 2.1。

表 2.1 建筑生石灰的技术指标

项 目		钙质生石灰			镁质生石灰		
		优等品	一等品	合格品	优等品	一等品	合格品
(CaO+MgO)含量/%	≥	90	85	80	85	80	75
未消化残渣含量(5 mm 圆孔筛余)/%	≤	5	10	15	5	10	15
CO_2/%	≤	5	7	9	6	8	10
产浆量/(L·kg^{-1})	≥	2.8	2.3	2.0	2.8	2.3	2.0

熟石灰分为钙质消石灰粉(MgO 含量≤4%)、镁质消石灰粉(MgO 含量为 4%~24%)和白云石质消石灰粉(MgO 含量为 24%~30%)。

2)按石灰加工方法不同分类

块灰是直接高温煅烧所得的块状生石灰,主要成分是 CaO。块灰是所有石灰品种中最传统的一个品种。

块灰经破碎、磨细即为磨细生石灰,然后包装成袋待用。生石灰粉熟化快,不需提前消化,直接加水使用即可,具有提高功效、节约场地、改善施工环境、硬化速度快、提高强度等优点和成本高、不易储存等缺点。其技术指标见表 2.2。

表 2.2 建筑生石灰粉的技术指标

项 目			钙质生石灰			镁质生石灰		
			优等品	一等品	合格品	优等品	一等品	合格品
(CaO+MgO)含量/%		≥	85	80	75	80	75	70
CO_2/%		≤	7	9	11	8	10	12
细度	0.9 mm 筛的筛余/%	≤	0.2	0.5	1.5	0.2	0.5	1.5
	0.125 mm 筛的筛余/%	≤	7.0	12.0	18.0	7.0	12.0	18.0

消石灰粉是由生石灰加适量水充分消化所得的粉末,主要成分是 $Ca(OH)_2$,其技术指标见表 2.3。

表 2.3 建筑消石灰粉的技术指标

项 目		钙质消石灰粉			镁质消石灰粉			白云石消石灰粉		
		优等品	一级品	合格品	优等品	一级品	合格品	优等品	一级品	合格品
(CaO+MgO)含量/% ≥		70	65	60	65	60	55	65	60	55
游离水/%		0.4~2	0.4~2	0.4~2	0.4~2	0.4~2	0.4~2	0.4~2	0.4~2	0.4~2
体积安全性		合格	合格	—	合格	合格	—	合格	合格	—
细度	0.9 mm 筛的筛余/% ≤	0	0	0.5	0	0	0.5	0	0	0.5
	0.125 mm 筛的筛余/% ≤	3	10	15	3	10	15	3	10	15

石灰膏是消石灰和一定量的水组成的具有一定稠度的膏状物,其主要成分是 $Ca(OH)_2$ 和 H_2O。

石灰乳是生石灰加入大量水熟化而成的一种乳状液,主要成分是 $Ca(OH)_2$ 和 H_2O。

2.1.6 石灰的特性、应用及储存

1)石灰的特性

①凝结、硬化缓慢,强度低。石灰浆的碳化很慢,且 $Ca(OH)_2$ 结晶量很少,因而硬化慢、强度很低。如石灰砂浆(1:3)28 d 的抗压强度通常只有 0.2~0.5 MPa,不宜用于重要建筑物的基础。

②可塑性好,保水性好。生石灰熟化成的石灰浆具有良好的保水性和可塑性,用来配制建筑砂浆可显著提高砂浆的和易性,便于施工。

③硬化后体积收缩较大。石灰浆在硬化过程中要蒸发掉大量水分,引起体积收缩,易出现干缩裂缝,如图 2.3 所示。因此,除调成石灰乳作薄层粉刷外,不宜单独使用。使用时常在其中掺加砂、麻刀、纸筋等,以抵抗收缩引起的开裂和增加抗拉强度。

④耐水性差。不宜用于潮湿环境及受水侵蚀部位,如图 2.4 所示。

⑤吸湿性强。石灰吸湿性强,保水性好,是传统的干燥剂。

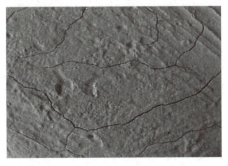

图 2.3 石灰硬化收缩产生的裂缝

图 2.4 石灰砂浆受潮墙皮脱落

2) 石灰的应用

石灰是建筑工程中应用量较大的建筑材料之一，其常见用途如下：

①广泛用于建筑室内粉刷。石灰砂浆和石灰乳涂料将熟化好的石灰膏或石灰粉加水稀释成石灰乳，用作内墙及天棚粉刷的涂料，起增强室内美观和亮度的作用。

图 2.5 灰土

②用于配制建筑砂浆。如果掺入适量的砂或水泥和砂，即可配制成石灰砂浆或混合砂浆，用于墙体砌筑或内墙、顶棚抹面。

③配制三合土和灰土。石灰粉与黏土按一定比例加水拌和后，可制成石灰土（图 2.5），或与黏土、砂石、炉渣等填料拌制成三合土，夯实后主要用在一些建筑物的基础、地面的垫层和公路的路基上，其强度和耐久性比石灰或黏土都要高。

④制作碳化石灰板。石灰粉还可与纤维材料（如玻璃纤维）或轻质骨料加水拌和成型，然后用 CO_2 进行人工碳化，制成碳化石灰板，其加工性能好，适合用作非承重的内隔墙板、天花板。

⑤生产硅酸盐制品。石灰粉可与含硅材料混合（如天然砂、粉煤灰、炉渣等），经加工制成硅酸盐制品，如灰砂砖、粉煤灰砖、砌块等，主要用作墙体材料。

3) 石灰的储存

生石灰会吸收空气中的水分和 CO_2 生成 $CaCO_3$ 固体，从而失去胶凝性能。所以，生石灰在储存时要防止受潮，且时间不宜太长。另外，石灰熟化时要放出大量的热，因此应将生石灰与可燃物分开保管，以免引起火灾。

2.2 石膏的技术性质与应用

石膏资源丰富，生产工艺简单，它是以硫酸钙为主要成分的矿物，以石膏中结晶水的多少不同，可形成多种性能不同的石膏。石膏及石膏制品具有轻质、高强、隔热、耐火、吸声、容易加工等一系列优良性能，是一种有发展前途的新型建筑材料。

2.2.1 石膏的生产

将天然二水石膏或工业副产石膏（主要成分为 $CaSO_4 \cdot 2H_2O$），经加热脱水后，制得的主要成分为 β 型半水石膏，即为熟石膏。其反应式如下：

$$CaSO_4 \cdot 2H_2O \xrightarrow{107\sim170\ ℃} CaSO_4 \cdot \frac{1}{2}H_2O + \frac{3}{2}H_2O$$

将此熟石膏磨细得到的白色粉末为建筑石膏。其晶粒细小、需水量较大，因而孔隙率较大、强度较低。但若将二水石膏蒸压加热至 125 ℃ 时，则能得到 α 型半水石膏，将其磨细得到的白色粉末为高强石膏。其晶粒较大，比表面积小，需水量也很小，硬化后密实度大、强度高。

2.2.2　建筑石膏的凝结硬化

建筑石膏与水拌和后,很快与水发生水化反应,反应式如下:

$$CaSO_4 \cdot \frac{1}{2}H_2O + \frac{3}{2}H_2O \longrightarrow CaSO_4 \cdot 2H_2O$$

建筑石膏与适量的水混合后,起初形成均匀的石膏浆体,形成半水石膏遇水后生成二水石膏;而二水石膏的溶解度仅为半水石膏溶解度的1/5,所以二水石膏很快饱和,不断从过饱和溶液中沉淀而析出胶体微粒;随着水化的不断进行,石膏浆体中的水分因水化和蒸发而减少,浆体的稠度不断增加,胶体凝聚并转变为晶体,晶体颗粒间相互搭接、交错、共生,使浆体完全失去可塑性,产生强度、硬化,最终成为具有一定强度的人造石材。凝结硬化过程如图2.6所示。

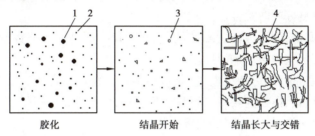

图2.6　建筑石膏的凝结硬化示意图

1—半水石膏;2—二水石膏胶体颗粒;3—二水石膏晶体;4—交错的晶体

2.2.3　建筑石膏的技术性质

建筑石膏呈白色粉末状,密度一般为 2.60 ~ 2.75 g/cm^3,堆积密度一般为 800 ~ 1 000 kg/m^3。根据《建筑石膏》(GB/T 9776—2022)规定,建筑石膏按 2 h 湿抗折强度分为 4.0,3.0,2.0 共 3 个等级。其中,凝结时间和强度均应满足各等级的技术要求,见表2.4。指标中若有一项不合格,则判定该产品不合格。

表2.4　建筑石膏的物理力学性能

等级	凝结时间/min		强度/MPa			
			2 h 湿强度		干强度	
	初凝	终凝	抗折	抗压	抗折	抗压
4.0	≥3	≤30	≥4.0	≥8.0	≥7.0	≥15.0
3.0			≥3.0	≥6.0	≥5.0	≥12.0
2.0			≥2.0	≥4.0	≥4.0	≥8.0

2.2.4　建筑石膏及其制品的特性

①凝结硬化很快,强度较低。建筑石膏与水拌和后,在常温下几分钟可初凝,30 min 以内可达终凝。在室内自然干燥状态下,达到完全硬化约需一周。若要加快石膏的硬化,可以对制品进行加热或掺促凝剂。

②硬化时体积略微膨胀。建筑石膏硬化过程中体积略有膨胀,膨胀值约为1%;硬化时不出现裂缝,硬化后表面光滑饱满;干燥时不开裂,能够制成棱角分明的石膏饰件。

③孔隙率大,体积密度小,保温隔热性能好,吸声性能好等。为了保证石膏浆体在施工中有一定的流动性,实际加水量是理论上的好几倍,多余水分挥发后,留下大量孔隙,石膏硬化后孔隙率可达50%~60%。因此,建筑石膏质轻、隔热、吸声性好,是良好的室内装饰材料,但石膏制品的强度低、吸水率大。

④耐水性差,抗冻性差。石膏制品软化系数小,耐水性差,若吸水后受冻,将因水分结冰而崩裂,故建筑石膏的耐水性和抗冻性都较差,不宜用于室外。

⑤防火性能良好。石膏硬化后的结晶物 $CaSO_4 \cdot 2H_2O$ 遇火时,石膏制品中一部分结晶水蒸发吸收热量,并在表面生成具有良好绝热性的无水石膏,起到阻止火焰蔓延和温度升高的作用,所以石膏有良好的防火性。

⑥具有一定的调温、调湿性能。凝结硬化后,开口孔和毛细孔的数量增多,使其具有较强的吸湿性,可以调节室内空气的湿度。

⑦石膏制品具有良好的可加工性,且装饰性能好。建筑石膏在加工时可以采用多种加工方式,如锯、刨、钉、钻、螺栓连接等。石膏颜色洁白,材质细密,采用模具经浇筑成型后,可形成各种图案,质感光滑,具有较好的装饰效果。

2.2.5 石膏的应用

建筑石膏不仅具有如上所述的许多优良性能,而且还具有无污染、保温绝热、吸声、阻燃等优点,一般做成石膏抹面灰浆、建筑装饰制品和石膏板等。

1)室内抹灰及粉刷

建筑石膏加水和砂拌和成石膏砂浆,可用于室内抹灰面,具有绝热、阻火、隔音、舒适、美观等特点。抹灰后的墙面和天棚还可以直接涂刷油漆及粘贴墙纸。建筑石膏加水和缓凝剂调成石膏浆体,掺入部分石灰可用作室内粉刷涂料,粉刷后的墙面光滑、细腻、洁白美观。

图 2.7 石膏雕塑饰品

2)装饰制品

以石膏为主要原料,掺加少量的纤维增强材料和凝胶料,加水搅拌成石膏浆体,利用石膏硬化时体积微膨胀的性能,可制成各种石膏雕塑、饰面板及各种装饰品,如图2.7所示。

3)石膏板

石膏板具有轻质、隔热保温、吸声、防火、尺寸稳定及施工方便等性能,在建筑工程中得到广泛使用。我国目前生产的石膏板主要有纸面石膏板、石膏空心条板、石膏装饰板、纤维石膏板等,如图2.8所示。

4)水泥缓凝剂

为了延缓水泥的凝结,在生产水泥时需要加入天然二水石膏或无水石膏作为水泥的缓凝剂。

图2.8　石膏板

2.2.6　建筑石膏运输及储存

建筑石膏在储存和运输过程中,应防止受潮和混入杂物。储存时间不宜超过3个月,超过3个月的建筑石膏应重新进行检验,然后确定其等级。建筑石膏一般采用袋装,包装袋上应标有产品标记、生产厂名、生产批号、出厂日期、质量等级、商标和防潮标志。

2.3　水玻璃的特性与应用

水玻璃(图2.9)又称泡花碱,是以石英砂和纯碱为原材料,在玻璃熔炉中熔融,由不同比例的碱金属氧化物和二氧化硅结合而成的一种气硬性胶凝材料。水玻璃可分为硅酸钠水玻璃和硅酸钾水玻璃等,其中硅酸钠水玻璃最常用。

2.3.1　水玻璃的组成

目前,水玻璃的生产方法有干法和湿法两种。干法是将其磨细拌匀后,在1 300～1 400 ℃的熔炉中熔融,经冷却后生成固体水玻璃。湿法是将固体水玻璃装进蒸压釜内,通入水蒸气使其溶于水而得,或者将石英砂和氢氧化

图2.9　水玻璃

钠溶液在蒸压锅内(0.2～0.3 MPa)用蒸汽加热并搅拌,使其直接反应后生成液体水玻璃。纯净的水玻璃溶液应为无色透明液体,但因含杂质,常呈青灰或黄绿等颜色。

水玻璃溶液可与水按任意比例混合,不同的用水量可使溶液具有不同的密度和黏度。同一模数的水玻璃溶液,其密度越大,黏度越大,黏结力越强。

2.3.2　水玻璃的硬化

水玻璃溶液在空气中吸收二氧化碳形成无定形硅酸凝胶,并逐渐干燥而硬化。其反应式如下:

$$Na_2O \cdot nSiO_2 + CO_2 + mH_2O \longrightarrow nSiO_2 \cdot mH_2O + Na_2CO_3$$

这一过程进行得很慢,在使用过程中,需将水玻璃加热或加入氟硅酸钠作为促硬剂,促进硅酸凝胶析出,加快水玻璃的硬化速度。

氟硅酸钠的适宜用量为水玻璃质量的12%～15%。若掺量太少,则硬化慢、强度低,未反应的水玻璃易溶于水,耐水性变差;若掺量太多,又会引起凝结过速,施工困难,且渗透性大,

强度低。

2.3.3　水玻璃的特性

①耐热性好。硬化后的水玻璃的主要成分是 SiO_2 硅酸凝胶,在高温下分解,强度不因此降低,反而有所增加。

②耐酸性好。水玻璃硬化后的硅酸凝胶,具有很强的耐酸腐蚀性,能抵抗多种无机酸、有机酸侵蚀,尤其是在强氧化酸中,其化学稳定性仍较强,可以配制耐酸砂浆和耐酸混凝土。

③黏结性能强。水玻璃硬化后具有较高的强度,用水玻璃拌制的混凝土抗压强度能达到 15~40 MPa。

2.3.4　水玻璃的应用

①水玻璃可用作涂料材料。水玻璃可以涂刷在天然石材、烧结砖、水泥混凝土和硅酸盐制品表面或侵入到多孔材料,从而提高其密实度,可以在材料原有的基础上增强强度、耐久性。

②配制防水剂。以水玻璃和二、三、四、五种矾制成的防水剂,分别称为二矾、三矾、四矾或五矾防水剂。这种防水剂凝结时间很快,适用于抢修工程,如堵洞、缝隙。

③配制耐酸材料。水玻璃与耐酸粉料、粗细骨料作用在一起,可以配制耐酸砂浆和耐酸混凝土等,用于防腐工程中。

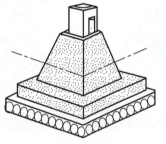

④配制耐热材料、耐火材料。水玻璃耐高温性能良好,能承受一定高温作用而强度不降低,可与耐热骨料一起配制成耐热砂浆、耐热混凝土。

⑤加固土壤和地基。将水玻璃液与氯化钙溶液交替灌入土壤中,两种溶液发生化学反应,能析出硅酸胶体起胶凝作用,可以填充土壤孔隙,增加土壤的密实度和强度,可加固地基,如图 2.10 所示。

图 2.10　水玻璃加入后的基础

2.4　菱苦土的性质与应用

菱苦土是以 MgO 为主要成分的气硬性无机胶凝材料,属于镁质胶凝材料。

2.4.1　菱苦土的生产

菱苦土是菱镁矿与天然白云石经温度为 800~850 ℃ 的煅烧、磨细而制成。其反应式如下:

$$MgCO_3 \longrightarrow MgO + CO_2$$

控制菱苦土煅烧时的温度很重要,煅烧温度过低时,$MgCO_3$ 分解不完全,容易产生"生烧",导致其凝胶性变低;温度过高时,MgO 烧结收缩,水化反应减慢,凝胶能力也变差。

2.4.2　菱苦土的凝结硬化

菱苦土与水拌和后，MgO 与水发生化学反应生成 $Mg(OH)_2$，而凝结慢，凝结性能差，硬化后的强度比较低，可以用 $MgCl_2$ 等盐类溶液进行调剂，以改变性能。

2.4.3　菱苦土的性质及应用

①菱苦土具有较低的碱性、较高的胶凝性，对植物纤维无腐蚀等优点。

②菱苦土与木质材料的黏结性很好，其余木削、刨花、木丝、亚麻等纤维材料，经加工后可以制成刨花板、木丝板、木屑板等板材。

③菱苦土耐水性能差，遇水或吸湿后容易发生翘曲变形，表面泛白，强度变差。所以，这类制品不宜长期置于潮湿的环境中，只能用于干燥环境。

工程案例 2

石灰的应用

[现象]某工程的室内抹面采用了石灰水泥混合砂浆，经干燥硬化后，墙面出现了表面开裂及局部脱落现象，请分析原因。

[原因分析]上述现象主要是存在过火石灰且又未能充分熟化而引起的。在砌筑或抹面工程中，石灰必须充分熟化后才能使用。若有未熟化的颗粒(即过火石灰存在)，正常石灰硬化后过火石灰继续发生反应，产生体积膨胀，就会出现上述现象。

石膏的应用

[现象]某剧场采用石膏板做内部装饰，由于冬季剧场内暖气管爆裂，大量热水溢出一段时间后发现石膏制品出现了局部变形，表面出现霉斑，请分析原因。

[原因分析]石膏是一种气硬性胶凝材料，它不能在水中硬化，也就是说石膏不适宜在潮湿环境中使用。

单元小结

本单元以石灰、石膏、水玻璃和菱苦土的硬化机理、技术性质为主，同时介绍了 4 种气硬性胶凝材料的应用和生产工艺。学习中应从掌握胶凝材料、气硬性胶凝材料的概念入手，通过分析 4 种气硬性胶凝材料的生产工艺、结构和化学组成，牢固掌握各自的硬化机理和特性。

职业能力训练

一、填空题

1.石灰是以_____为主要成分、用石灰岩烧制而成的。

2.石灰的特性有可塑性_____、硬化速度_____、硬化时体积_____和耐水性__

_____等。

3.石膏是以_____为主要成分的气硬性胶凝材料。

4.建筑石膏具有以下特性:凝结硬化_____、孔隙率_____、强度_____凝结硬化时体积_____、防火性能_____等。

5.水玻璃在空气中吸收_____形成无定形的二氧化硅凝胶。

二、名词解释

1.胶凝材料

2.气硬性胶凝材料

3.陈伏

三、单项选择题

1.石灰膏在储灰坑中陈伏的主要目的是(　　　　)。

A.充分熟化　　　　B.增加产浆量　　　　C.减少收缩　　　　D.降低发热量

2.浆体在凝结硬化过程中,其体积发生微小膨胀的是(　　　)的作用。

A.石灰　　　　　　B.石膏　　　　　　C.普通水泥　　　　D.黏土

3.石灰是在(　　　)中硬化的。

A.干燥空气　　　　B.水蒸气　　　　　C.水　　　　　　　D.与空气隔绝的环境

4.建筑石膏具有许多优点,但存在最大的缺点是(　　　　)。

A.防火性差　　　　B.易碳化　　　　　C.耐水性差　　　　D.绝热和吸声性能差

5.石灰粉刷的墙面出现起泡现象,是由(　　　)引起的。

A.欠火石灰　　　　B.过火石灰　　　　C.石膏　　　　　　D.含泥量

四、多项选择题

1.建筑石膏的技术性能包括(　　　　　　　)。

A.凝结硬化慢　　　B.硬化时体积微膨胀　C.硬化后孔隙率低

D.防水性能好　　　E.抗冻性差

2.石灰不可以单独应用是因为其(　　　　　)。

A.水化热大　　　　B.抗冻性差　　　　　C.硬化时体积收缩大

D.强度低　　　　　E.易碳化

3.下列材料中属于气硬性胶凝材料的是(　　　　　　　)。

A.水泥　　　　　　B.石灰　　　　　　C.石膏

D.混凝土　　　　　E.水玻璃

4.石灰的硬化过程包含(　　　　　)过程。

A.水化　　　　　　B.干燥　　　　　　C.结晶

D.碳化　　　　　　E.碱化

5.石膏制品宜用于下列(　　　　　)工程。

A.顶棚饰面材料　　B.内、外墙粉刷(遇水溶解)

C.非承重隔墙板材　D.剧场穿孔贴面板

E.承重隔墙板材

五、简述题

1.石灰的主要成分是什么？建筑用石灰有哪几种形态？

2.什么是过火石灰和欠火石灰？生石灰熟化时为什么要陈伏？

3.石灰浆的硬化包括哪几种作用？

4.石灰有哪些特性？石灰的用途如何？在储存和保管时需要注意什么？

5.简述建筑石膏的特性与用途。

6.水玻璃的性质主要有哪些？用途如何？

7.菱苦土为何不用水拌和？其用途有哪些？

单元 3
水泥技术性质检测

单元导读

- **基本要求** 掌握通用硅酸盐水泥的品种、技术要求、性能及应用;熟悉硅酸盐水泥熟料的矿物组成;熟悉水泥的水化及凝结硬化过程;了解其他品种水泥的性能及应用;了解水泥的取样、验收及保管方法。
- **重点** 根据工程特点选择合适的水泥品种;通用硅酸盐水泥技术性质及检测。
- **难点** 根据工程要求及所处的环境选择合适的水泥品种。

3.1 通用水泥的认识

通用硅酸盐
水泥介绍

水泥呈粉状,与水拌和后变稀,经水化反应后慢慢变稠,最终形成坚硬的水泥石。水泥不仅可以在空气中硬化,而且可以在潮湿环境甚至在水中硬化,所以水泥是一种应用极为广泛的水硬性无机胶凝材料。

水泥是工程建设中最重要的建筑材料之一,广泛用于建筑、交通、水利、电力、国防建设等工程。水泥是制造各种形式的混凝土、钢筋混凝土和预应力钢筋混凝土构筑物最基本的组成材料,也常用于配制砂浆及灌浆材料等。

水泥的品种很多,按矿物组成可分为硅酸盐系列、铝酸盐系列、硫铝酸盐系列、铁铝酸盐系列等多种水泥;按用途和性能可分为通用硅酸盐水泥、专用水泥和特性水泥三大类。通用硅酸盐水泥是指用于一般土木建筑工程的水泥,包括硅酸盐水泥、普通硅酸盐水泥、矿渣硅酸盐水泥、火山灰质硅酸盐水泥、粉煤灰硅酸盐水泥、复合硅酸盐水泥;专用水泥是指有专门用途的水泥,如大坝水泥、油井水泥、砌筑水泥、道路水泥等;特性水泥是指具有比较突出的某种性能的水泥,如膨胀水泥、白色水泥、快硬硅酸盐水泥等。基于水泥品种较多,从应用角度考虑,本节重点介绍产量最大、应用最广的硅酸盐系列水泥中的通用硅酸盐水泥。

3.1.1　硅酸盐水泥的定义、类型及代号

凡由硅酸盐水泥熟料、0%~5%石灰石或粒化高炉矿渣和适量的石膏磨细制成的水硬性胶凝材料,均称为硅酸盐水泥。硅酸盐水泥分为两类:不掺混合材料的称Ⅰ型硅酸盐水泥,代号为P·Ⅰ;在硅酸盐水泥熟料粉磨时,掺加不超过水泥熟料质量5%的石灰石或粒化高炉矿渣混合材料的称Ⅱ型硅酸盐水泥,代号为P·Ⅱ。

3.1.2　硅酸盐水泥生产及其矿物组成

1)硅酸盐水泥的生产

硅酸盐水泥熟料的生产是以适当比例的石灰原料、黏土质原料,再加入少量辅助材料磨细成生料,将生料在水泥窑中经过 1 400~1 450 ℃高温煅烧至部分熔融,冷却后得到硅酸盐水泥熟料,最后加入适量石膏共同磨细得到一定细度的硅酸盐水泥。整个生产过程可概括为"两磨一烧"。

2)硅酸盐水泥熟料矿物组成及特性

硅酸盐水泥主要由 4 种矿物组成,其名称、代号和矿物含量见表 3.1。

表 3.1　硅酸盐水泥熟料的主要矿物组成及其含量

矿物成分	化学组成式	简　写	含　量/%
硅酸三钙	$3CaO \cdot SiO_2$	C_3S	45~60
硅酸二钙	$2CaO \cdot SiO_2$	C_2S	15~30
铝酸三钙	$3CaO \cdot Al_2O_3$	C_3A	7~12
铁铝酸四钙	$4CaO \cdot Al_2O_3 \cdot Fe_2O_3$	C_4AF	6~18

从表 3.1 中可以看出,水泥熟料中硅酸二钙和硅酸三钙占 60%~80%,且是决定水泥强度的重要组成部分;铝酸三钙和铁铝酸四钙仅占 25%左右,因此这类熟料得名硅酸盐水泥熟料。

除上述 4 种矿物成分外,水泥中还有游离氧化钙(f-CaO)、游离氧化镁(f-MgO)和含碱矿物等少量的有害成分。若有害成分过高,会降低水泥的质量,甚至使之成为废品,所以要严格控制水泥的有害成分。

3)硅酸盐水泥的特性

4 种矿物单独与水作用时,表现不同的特性,见表3.2。

由表 3.2 可知,C_3S 的水化速度快,水化热较大,早期和后期强度都很高,是决定水泥强度的主要矿物;C_2S 的水化速度最慢,水化热小且是后期放出,保证了水泥的后期强度;C_3A

凝结硬化速度最快、水化热最大，且硬化时体积收缩比较大；C_4AF 的水化速度也较快，仅次于 C_3A，其水化热中等，可提高水泥抗折强度。若改变水泥矿物之间的比例，水泥性质会发生相应的变化，可以制成不同性能的水泥。如提高 C_3S 的含量，可制得快硬高强水泥；提高 C_3A 含量和降低 C_4AF 的含量，可制得道路水泥。

表 3.2 硅酸盐水泥熟料 4 种主要矿物凝结硬化特性

性　质		熟料矿物			
		C_3S	C_2S	C_3A	C_4AF
水化凝结硬化速度		快	慢	最快	快
28 d 水化热		大	小	最大	中
强度	早期	高	低	低	低
	后期	高	高	低	低
耐腐蚀性		差	好	最差	中
干缩		中	小	大	小

3.1.3　硅酸盐水泥的凝结硬化

水泥加水拌和后，成为具有良好可塑性的水泥浆，水泥浆逐渐变稠失去可塑性，但尚不具有强度的过程，称为水泥的"凝结"。随后水泥浆的可塑性完全失去，开始产生明显的强度并逐渐发展而成为坚硬的人造石材，这一过程称为水泥的"硬化"。水泥之所以能够凝结、硬化，发展成坚硬的水泥石，是因为水泥与水之间要发生一系列的水化反应。

1) 硅酸盐水泥的水化

水泥加水后，矿物熟料与水开始发生化学反应，生成水化产物，并放出一定的热量，其化学反应方程式如下：

$$2(3CaO \cdot SiO_2) + 6H_2O \longrightarrow 3CaO \cdot 2SiO_2 \cdot 3H_2O + 3Ca(OH)_2$$

　　　硅酸三钙　　　　　　　水化硅酸钙凝胶　氢氧化钙结晶体

$$2(2CaO \cdot SiO_2) + 4H_2O \longrightarrow 3CaO \cdot 2SiO_2 \cdot 3H_2O + Ca(OH)_2$$

　　　硅酸二钙

$$3CaO \cdot Al_2O_3 + 6H_2O \longrightarrow 3CaO \cdot Al_2O_3 \cdot 6H_2O$$

　　铝酸三钙　　　　　　水化铝酸钙晶体

$$4CaO \cdot Al_2O_3 \cdot Fe_2O_3 + 7H_2O \longrightarrow 3CaO \cdot Al_2O_3 \cdot 6H_2O + CaO \cdot Fe_2O_3 \cdot H_2O$$

　　铁铝酸四钙　　　　　　　水化铝酸钙晶体　　　水化铁酸钙凝胶体

由于铝酸三钙与水反应非常快，导致水泥凝结过快，为了调节水泥的凝结时间，可在磨细的水泥中加入适量的石膏起缓凝作用。这些石膏与部分水化铝酸钙反应，生成难溶的水化硫铝酸钙晶体（钙矾石），在熟料表面形成的钙矾石保护膜，阻碍了水分子的扩散，延缓了 C_3A 水化，起到了缓凝作用。其化学方程式如下：

$$3CaO \cdot Al_2O_3 \cdot 6H_2O + 3(CaSO_4 \cdot 2H_2O) + 19H_2O \longrightarrow 3CaO \cdot Al_2O_3 \cdot 3CaSO_4 \cdot 31H_2O$$

高硫型水化硫铝酸钙（钙矾石）

综上所述，硅酸盐水泥与水作用后，生成的主要水化产物有水化硅酸钙、水化铁酸钙凝胶体、氢氧化钙、水化铝酸钙和水化硫铝酸钙晶体。

2）硅酸盐水泥的凝结硬化过程

硅酸盐水泥加水拌和后，水泥熟料颗粒分散在水中，成为水泥浆体，如图3.1（a）所示；水泥熟料与水反应，形成相应的水化物膜层，这时的水泥浆既有可塑性又有流动性，如图3.1（b）所示；随着时间的推移，水化产物增多，包在水泥颗粒表面的水化物膜层逐渐增厚，水泥颗粒也逐渐接近，以相互连接，凝结成多孔的网络状，浆体之间失去流动性，水泥产生初凝，如图3.1（c）所示；继而完全失去塑性，并开始产生强度，即为终凝，如图3.1（d）所示；水化反应的进一步发展，水化产物不断填充毛细孔，水泥浆体逐渐转变为具有一定强度的水泥石，即为硬化阶段。只要条件适宜，在有水存在的情况下，硅酸盐水泥的水化反应仍继续进行，但水化速度逐渐减慢，水化物总量随时间延长而逐渐增加，扩散到毛细孔中，使结构更加致密，强度相应提高。

水泥的凝结硬化

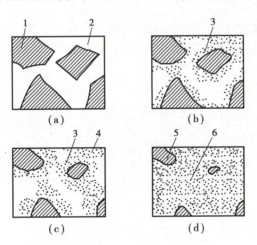

图 3.1　水泥凝结硬化过程示意图

1—水泥颗粒；2—水分；3—水泥凝胶体；4—结晶体；5—水泥颗粒未水化内核；6—毛细孔

影响水泥凝结硬化的因素很多，除了矿物组成外，还与水泥的细度、石膏掺量、养护温度与湿度、加水量等因素有关。

3.1.4　通用硅酸盐水泥的品种

1）硅酸盐水泥和普通硅酸盐水泥

根据《通用硅酸盐水泥》（GB 175—2023）规定，硅酸盐水泥的组分要求见表3.3。

普通硅酸盐水泥中，混合材料的掺加量比硅酸盐水泥多，其矿物组成的比例仍与硅酸盐水泥相似，所以普通硅酸盐水泥的性能、应用范围与同强度等级的硅酸盐水泥相近，其早期凝结硬化速度略微慢些，3 d强度稍低。

表 3.3　硅酸盐水泥的矿物组分

水泥名称	代号	组分(质量分数)/%					
		熟料+石膏	粒化高炉矿渣/矿渣粉	火山灰质混合材料	粉煤灰	石灰石	替代混合材料
硅酸盐水泥	P·I	100	—	—	—	—	—
	P·II	95~100	0~<5	—	—	—	—
		—	—	—	—	0~<5	—
普通硅酸盐水泥	P·O	80~<94	6~<20			—	0~<5

2) 掺混合材料的硅酸盐水泥

磨细的混合材料与石灰、石膏或硅酸盐水泥一起,加水拌和后会发生化学反应,生成具有一定水硬性的胶凝物质,这种混合材料称为活性混合材料;在水泥中主要起填充作用而不与水泥发生化学反应的矿物材料,称为非活性混合材料,其主要目的是提高水泥产量,调节水泥强度等级,减小水化热等。

掺混合材料的硅酸盐水泥一般是指混合材料掺量在 15% 以上的硅酸盐系列水泥,主要品种包括矿渣硅酸盐水泥、火山灰质硅酸盐水泥、粉煤灰硅酸盐水泥和复合硅酸盐水泥等。其矿物组分见表 3.4。

表 3.4　掺混合材料的硅酸盐水泥的矿物组分

水泥名称	代号	组分(质量分数)/%						
		熟料+石膏	粒化高炉矿渣	火山灰质混合材料	粉煤灰	石灰石	砂岩	替代混合材料
矿渣硅酸盐水泥	P·S·A	50~<79	21~<50	—	—	—	—	0~<8
	P·S·B	30~<49	51~<70	—	—	—	—	
火山灰质硅酸盐水泥	P·P	60~<79	—	21~<40	—	—	—	0~<5
粉煤灰硅酸盐水泥	P·F	60~<79	—	—	21~<40	—	—	
复合硅酸盐水泥	P·C	50~<79	21~<50					—

(1) 矿渣硅酸盐水泥

粒化高炉中的熔融矿渣经水淬等急冷方式形成的松软颗粒,在有碱激发的情况下,具有一定水硬性的材料称为粒化高炉矿渣。水泥中熟料含量少,粒化高炉矿渣的含量较多,因此,与硅酸盐水泥相比,矿渣硅酸盐水泥具有以下几个方面的特点:

①早期强度低,后期强度增长较快。矿渣水泥的水化是指水泥熟料颗粒水化析出 $Ca(OH)_2$ 等产物,矿渣中的活性氧化硅和活性氧化铝受水化产物及外掺石膏的激发,进入溶液,然后与 $Ca(OH)_2$ 反应生成新的水化硅酸钙和水化铝酸钙凝胶体,同时由于石膏存在,还生成钙矾石的过程。由于矿渣水泥中熟料的含量相对减少,水化分两步进行,所

以28 d硬化速度慢,早期强度低,但二次反应后生成的水化硅酸钙凝胶逐渐增多,所以其后期强度发展较快,将赶上甚至超过硅酸盐水泥。

②抗侵蚀能力较强。矿渣水泥水化产物中$Ca(OH)_2$含量少,碱度低,抗碳化能力较差,抗溶出性侵蚀的能力较强。

③水化热较低。矿渣水泥中熟料的减少,使水化时发热量高的C_3S和水化速度快的C_3A含量相对减少,故可在大体积混凝土工程中选用。

④干缩性大,抗渗性、抗冻性和抗干湿交替作用的性能均较差。矿渣颗粒亲水性较小,故矿渣水泥保水性较差,泌水性较大,容易在水泥石内部形成毛细通道,增加水分蒸发,不适用于有抗渗要求的混凝土工程。

⑤耐热性较好。矿渣水泥中掺入的矿渣本身是耐火材料,因此其耐火性能好,可用于耐热混凝土工程。

⑥对环境温度、湿度的灵敏度高。矿渣水泥低温时凝结硬化缓慢,当温度达到70 ℃以上的湿热条件下,硬化速度大大加快,甚至可超过硅酸盐水泥的硬化速度,强度发展很快,故适用于蒸汽养护。

(2)火山灰水泥

凡是天然或人工的以活性氧化硅和活性氧化铝为主要成分,具有火山性的矿物材料,都称为火山灰质混合材。火山灰水泥和矿渣水泥在性能方面有很多共同点,两者都是水化反应分两步进行,早期强度低,后期强度增长率较大,水化热低,耐腐蚀性强,抗冻性差,易碳化等。

火山灰表面粗糙、多孔,所以火山灰水泥的用水量比一般的水泥都大,泌水性较小。火山灰质混合材料在石灰溶液中会产生膨胀现象,使拌制的混凝土较为密实,故抗渗性较高,适用于有抗渗要求的混凝土工程。由于火山灰水泥在硬化过程中的干缩较矿渣水泥更为显著,在干热环境中易产生干缩裂缝,因此,使用时需加强养护,使其在较长时间内保持潮湿状态。

(3)粉煤灰水泥

粉煤灰是从电厂煤粉炉烟道气体中收集的粉末,主要化学成分为活性氧化硅和活性氧化铝,具有火山灰性。因此粉煤灰水泥实质上就是一种火山灰水泥,其水化硬化过程及其他性能与火山灰水泥极为相似。

粉煤灰水泥的主要特点是干缩性小,抗裂性较好。另外,粉煤灰颗粒呈球形(图3.2),能起一定的润滑作用,结构较致密,吸水能力弱,所以粉煤灰水泥的需水量小,配制成的混凝土和易性较好,水化热低,因此适用于水利工程及大体积混凝土工程。

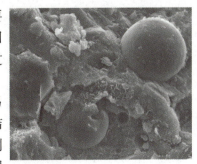

图3.2　粉煤灰

(4)复合水泥

复合水泥中掺入了两种或两种以上规定的混合材料,因此较掺单一混合材料的水泥具有更好的使用效果。复合水泥的特性与其所掺混合材料的种类、掺量及相对比例有密切关系。大体上其特性与矿渣水泥、火山灰水泥、粉煤灰水泥相似。

3.1.5　通用硅酸盐水泥的特性

通用硅酸盐水泥的特性见表3.5。

表3.5　通用硅酸盐水泥的特性

品种	硅酸盐水泥	普通水泥	矿渣水泥	火山灰水泥	粉煤灰水泥	复合水泥
主要特性	①凝结硬化快 ②早期强度高 ③水化热大 ④抗冻性好 ⑤干缩性小 ⑥耐腐蚀性差 ⑦耐热性差	①凝结硬化较快 ②早期强度较高 ③水化热较大 ④抗冻性较好 ⑤干缩性较小 ⑥耐腐蚀性较差 ⑦耐热性较差	①凝结硬化慢 ②早期强度低，后期强度增长较快 ③水化热较低 ④抗冻性差 ⑤干缩性大 ⑥耐腐蚀性较好 ⑦耐热性好 ⑧泌水性大	①凝结硬化慢 ②早期强度低，后期强度增长较快 ③水化热较低 ④抗冻性差 ⑤干缩性大 ⑥耐腐蚀性较好 ⑦耐热性较好 ⑧抗渗性较好	①凝结硬化慢 ②早期强度低 ③水化热较低 ④抗冻性差 ⑤干缩性较小，抗裂性较好 ⑥耐腐蚀性较好 ⑦耐热性较好	与所掺两种或两种以上混合材料的种类、掺量有关，其特性基本上与矿渣水泥、火山灰水泥、粉煤灰水泥的特性相似

3.1.6　通用硅酸盐水泥的选用

根据各类混凝土工程的性质和所处的环境条件,通用硅酸盐水泥按表3.6选用。

表3.6　通用硅酸盐水泥品种的选用

混凝土工程特点或所处环境条件		优先使用	可以使用	不可使用
普通混凝土	在一般普通气候条件下的混凝土	普通水泥	矿渣水泥 火山灰水泥 粉煤灰水泥 复合水泥	—
	干燥环境中的混凝土	普通水泥	矿渣水泥	火山灰水泥 粉煤灰水泥
	在高湿度环境中或长期处于水下的混凝土	矿渣水泥	普通水泥 火山灰水泥 粉煤灰水泥 复合水泥	—
	厚大体积混凝土	矿渣水泥 火山灰水泥 粉煤灰水泥 复合水泥	普通水泥	硅酸盐水泥

续表

混凝土工程特点或所处环境条件		优先使用	可以使用	不可使用
有特殊要求的混凝土	快硬高强(≥C40)的混凝土	硅酸盐水泥	普通水泥	矿渣水泥 火山灰水泥 粉煤灰水泥 复合水泥
	≥C50的混凝土	硅酸盐水泥	普通水泥 矿渣水泥	火山灰水泥 粉煤灰水泥
	严寒地区的露天混凝土,寒冷地区处于水位升降范围内的混凝土	普通水泥	矿渣水泥	火山灰水泥 粉煤灰水泥
	严寒地区处于水位升降范围内的混凝土	普通水泥	—	矿渣水泥 火山灰水泥 粉煤灰水泥 复合水泥
	有耐磨要求的混凝土	普通水泥 硅酸盐水泥	矿渣水泥	火山灰水泥 粉煤灰水泥
	有抗渗要求的混凝土	普通水泥 火山灰水泥	—	矿渣水泥
	处于侵蚀性环境中的混凝土	根据侵蚀性介质的种类、浓度等具体条件按专门的规定选用		

3.1.7　水泥石的腐蚀与防范

水泥硬化后,在一般条件下有较高的耐久性,但水泥石长期处于侵蚀性介质中时,如流动的软水、酸性溶液、强碱性溶液等环境下,会慢慢受到腐蚀。水泥石腐蚀的表现基本有两种情况:一是孔隙率变大,变得疏松,强度降低,导致破坏;二是内部生成膨胀性物质,使水泥石膨胀开裂、翘曲和破坏。水泥石腐蚀一般分为4种主要类型。

1)软水腐蚀

软水腐蚀又称溶出性侵蚀。当水泥石长期处于软水中时,水泥石中的 $Ca(OH)_2$ 逐渐溶于水中。由于 $Ca(OH)_2$ 的溶解度较小,仅微溶于水,因此在静止和无水压的情况下,$Ca(OH)_2$ 很容易在周围溶液中达到饱和,使溶解反应停止,不会对水泥石产生较大的破坏作用。但在流动水中,溶解的 $Ca(OH)_2$ 被流动水带走,水泥石中的 $Ca(OH)_2$ 继续不断地溶解于水。随着侵蚀不断增加,水泥石中 $Ca(OH)_2$ 含量降低,还会使水化硅酸钙、水化铝酸钙等水化产物分解,引起水泥石结构破坏和强度降低。

2)酸腐蚀

酸腐蚀又称为溶解性化学腐蚀,是指水泥石中 $Ca(OH)_2$ 与碳酸以及一般酸发生中和反应,形成可溶性盐类的腐蚀。

盐酸腐蚀与水泥石中 $Ca(OH)_2$ 发生化学反应,会生成极易溶于水的氯化钙,其化学方程式如下:

$$2HCl+Ca(OH)_2=CaCl_2+2H_2O$$

硫酸与水泥石中的 $Ca(OH)_2$ 作用,反应式如下:

$$H_2SO_4+Ca(OH)_2=CaSO_4\cdot 2H_2O$$

生成的二水硫酸钙或直接在水泥石孔隙中结晶膨胀,或者再与水泥石中的水化铝酸钙作用,生成高硫型水化硫铝酸钙针状晶体(俗称水泥杆菌),高硫型水化硫铝酸钙含有大量的结晶水,体积发生膨胀。

3)盐类腐蚀

盐类主要包括镁盐、硫酸盐、氯盐等,对水泥石均会不同程度地产生腐蚀。硫酸盐和镁盐对水泥石的腐蚀作用最强,与水泥石接触后会发生以下化学反应:

$$MgSO_4+Ca(OH)_2+2H_2O=CaSO_4\cdot 2H_2O+Mg(OH)_2$$

反应生成的 $CaSO_4\cdot 2H_2O$,一方面可直接造成水泥石结构破坏,另一方面会与水泥石中的水化铝酸钙反应生成水化硫铝酸钙,使水泥石体积发生更大的膨胀。因为是在已经硬化的水泥石中发生的,所以对水泥石有极大的破坏作用。由于生成的 $Mg(OH)_2$ 溶解度很小,极易从溶液中析出,且 $Mg(OH)_2$ 易吸水膨胀,可导致水泥石结构破坏,故硫酸镁具有双重腐蚀作用,破坏性极大。

4)强碱腐蚀

当介质中碱含量较低时,对水泥石不会产生腐蚀;当介质中碱含量高且水泥石中水化铝酸钙含量较高时,会发生以下反应:

$$3CaO\cdot Al_2O_3\cdot 6H_2O+2NaOH=Na_2O\cdot Al_2O_3+3Ca(OH)_2+4H_2O$$

由于生成的 $Na_2O\cdot Al_2O_3$ 极易溶于水,这会造成水泥石密实度下降,强度和耐久性降低。

为了减少水泥石腐蚀,可采取以下措施:

①根据侵蚀环境的特点,合理选择水泥品种。如采用水化后产生氢氧化钙含量少的水泥,可提高对软水等侵蚀性液体的抵抗能力。

②提高水泥石的密实度。水泥石的密实度越大,孔隙率越小,气孔和毛细孔等孔隙越小,则腐蚀性介质越难以进入水泥石内部,可提高水泥石的抗腐蚀性能。

③在水泥石表面作保护层。用耐腐蚀的石料、陶瓷、塑料、沥青等覆盖水泥石表面,可以阻止腐蚀性介质与水泥石直接接触和侵入水泥石内部,达到防止腐蚀的目的。

3.2 硅酸盐水泥技术性质检测

《通用硅酸盐水泥》(GB 175—2023),对硅酸盐水泥的技术性质有以下几个方面要求。

3.2.1 化学指标

通用硅酸盐水泥的化学指标应符合表 3.7 的规定。不溶物是指经盐酸处理后的残渣,再以氢氧化钠溶液处理，经盐酸中和过滤后所得的残渣经高温灼烧所剩的物质。烧失量是指水泥经高温灼烧处理后的质量损失率，用来限制石膏和混合材料中的杂质，以保证水泥的质量。

表3.7　通用硅酸盐水泥的化学要求

品　　种	代　号	不溶物（质量分数）/%	烧失量（质量分数）/%	三氧化硫（质量分数）/%	氧化镁（质量分数）/%	氯离子（质量分数）/%
硅酸盐水泥	P·Ⅰ	≤0.75	≤3.0	≤3.5	≤5.0	≤0.06
	P·Ⅱ	≤1.50	≤3.5			
普通水泥	P·O	—	≤5.0			
矿渣水泥	P·S·A			≤4.0	≤6.0	
	P·S·B				—	
火山灰水泥	P·P			≤3.5	≤6.0	
粉煤灰水泥	P·F					
复合水泥	P·C					

3.2.2　标准稠度用水量

标准稠度用水量是指水泥净浆达到标准规定的稠度时所需拌和水量占水泥质量的百分比。在测定水泥凝结时间、体积安定性时，为了使所测得的结果有可比性，所以，测试水泥凝结时间、体积安定性时必须采用标准稠度。对于不同的水泥品种，水泥的标准稠度用水量都不同。

水泥标准稠度用水量试验

水泥的标准稠度检测试验步骤如下：

①试验前，检查试验仪器是否能正常工作，包括维卡仪（图3.3）金属棒能自由滑动、水泥净浆搅拌机（图3.4）运行正常，调整至试杆接触玻璃板时指针对准零。

图3.3　维卡仪　　　　　图3.4　水泥净浆搅拌机

②用搅拌机搅拌水泥净浆。首先将搅拌锅和搅拌叶片用抹布湿润后，将拌和水倒入搅拌锅，然后将称好的500 g水泥加入锅中，进行搅拌。

③搅拌结束后,将拌制好的水泥净浆装入已置于玻璃板上的试模中,用小刀插住试模中心,轻轻振动数次,刮去多余的净浆。抹平后迅速将试模和底板移到维卡仪上,使试模的中心对准试杆,试杆至水泥接触面,拧紧螺丝1~2 s后突然放松,使试杆自由下落。在试杆落入水泥净浆中30 s后记录试杆距底板的距离,整个过程在1.5 min内完成。

④测定试验结果是以试杆沉入净浆并距底板(6±1)mm的水泥净浆为标准稠度净浆,其拌和水量为该水泥的标准稠度用水量。

水泥凝结时间
试验

3.2.3　凝结时间

凝结时间是指水泥从加水开始到水泥浆失去可塑性所需要的时间。水泥全部加水后至水泥开始失去塑性的时间称为水泥初凝;水泥全部加水后至水泥净浆完全失去可塑性并开始产生强度所需的时间称为水泥的终凝。

水泥的凝结时间在工程施工中具有重要意义。为保证在水泥初凝之前,混凝土有足够的时间进行搅拌、运输、浇筑、振捣等工序的操作,故初凝时间不宜过短;当混凝土浇捣完成后应尽早凝结硬化,以利于下道工序进行,故终凝时间不宜过长。

根据国家标准规定,通用水泥的初凝时间均不得早于45 min;硅酸盐水泥的终凝时间不得迟于6.5 h,其他5种水泥的终凝时间不得迟于10 h。水泥的初、终凝时间都是采用标准稠度的水泥净浆在适当的温度及湿度环境下测定的。

水泥凝结时间的测试步骤如下:

①调整好标准法维卡仪试针,使其接触玻璃板时指针对零。

②将搅拌好并装模好的标准稠度净浆放入标准养护箱进行养护。

③初凝时间的测定。试件在养护箱里养护至30 min后测定第一次,临近初凝时,每隔5 min测定一次。测定时,试针与水泥净浆表面接触,拧紧螺丝1~2 s后突然放松,试杆自由下落,试针插入水泥净浆,整个过程约30 s后开始读数;当试针沉入距底板(4±1)mm时,为水泥初凝时间。测定时需注意,金属棒要自由徐徐下落,防止试针撞弯,且试针沉入位置需离试模内壁至少10 mm,每次测定不能插入同一个测定孔。

④终凝时间的测定。将初凝针换成终凝针,在初凝测定后将试模从玻璃板上取下,翻转180°,直径大端朝上、小端向下放在玻璃板上,放入标准养护箱;接近终凝时,每隔15 min测定一次;当试针沉入试件0.5 mm,且终凝针上圆环附件不能在试件上留下痕迹时,为水泥的终凝时间,如图3.5所示。

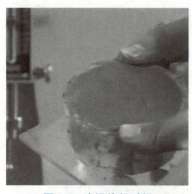

图3.5　水泥终凝时间
测定后的试件

⑤初凝和终凝时间用min表示。

3.2.4　强度

水泥强度是选用水泥的主要技术指标。划分水泥强度等级是依据《水泥胶砂强度检验方法(ISO法)》(GB/T 17671—2021)采用胶砂法测

水泥强度试验

定。即将水泥和标准砂按 1∶3 混合,水灰比为 0.5,按规定方法制成 40 mm×40 mm×160 mm 的试件,在(20±1)℃、相对湿度≥95% 的养护箱中养护 24 h,脱模后放在温度(20±1)℃的水中养护至 3 d、7 d 和 28 d 测定其抗压强度和抗折强度。根据测定结果,按表 3.8 的规定,确定该水泥的强度等级。

硅酸盐水泥、普通硅酸盐水泥分为 42.5,42.5R,52.5,52.5R,62.5,62.5R 共 6 个强度等级;矿渣硅酸盐水泥、粉煤灰硅酸盐水泥、火山灰质硅酸盐水泥分为 32.5,32.5R,42.5,42.5R,52.5,52.5R 共 6 个强度等级;复合硅酸盐水泥分为 42.5,42.5R,52.5,52.5R 共 4 个强度等级。其中,有代码 R 者为早强型水泥。通用硅酸盐水泥各强度要求的 3 d、28 d 强度均不得低于表 3.8 中的规定值。

表 3.8 通用硅酸盐水泥不同龄期强度要求

强度等级	抗压强度/MPa		抗折强度/MPa	
	3 d	28 d	3 d	28 d
32.5	≥12.0	≥32.5	≥3.0	≥5.5
32.5R	≥17.0		≥4.0	
42.5	≥17.0	≥42.5	≥4.0	≥6.5
42.5R	≥22.0		≥4.5	
52.5	≥22.0	≥52.5	≥4.5	≥7.0
52.5R	≥27.0		≥5.0	
62.5	≥27.0	≥62.5	≥5.0	≥8.0
62.5R	≥32.0		≥5.5	

水泥胶砂强度检测步骤:

①先按水泥与标准砂的质量比为 1∶3,水灰比为 0.5,称取 450 g 水泥、1 350 g ISO 标准砂和 225 g 拌和水。

②将称好的拌和水放入已湿润搅拌锅中,再加入水泥,把锅放稳后,开动胶砂搅拌机,低速搅拌 30 s,在第二个 30 s 开始的同时均匀地将砂子加入砂漏,砂从砂漏中漏入锅内转至高速再搅拌 30 s;停拌 90 s,在第一个 15 s 内用胶皮刮具将叶片和锅壁上的胶砂,刮入锅中间;在高速下继续搅拌 60 s。

③胶砂制备后立即进行成型。将空试模(图 3.6)和模套固定在振实台上,用一个适当勺子直接从搅拌锅里将胶砂分两层装入试模(图 3.7);装第一层时,每个槽里约放 300 g 胶砂,用大播料器垂直架在模套顶部沿每个模槽来回一次将料层播平,接着振实 60 次;再装入第二层胶砂,用小播料器播平,再振实 60 次。移走模套,从振实台(图 3.8)上取下试模,用一金属直尺以近似 90°的角度架在试模模顶的一端(图 3.9),然后沿试模长度方向以横向锯割动作慢慢向另一端移动,一次将超过试模部分的胶砂刮去,并用同一直尺以近乎水平的角度将试体表面抹平,并在试模上做标记。

图 3.6　水泥胶砂试模

图 3.7　水泥胶砂装入试模

图 3.8　水泥胶砂振实台

图 3.9　水泥胶砂抹平成型

④抗折强度测定。将试体一个侧面放在试验机(图 3.10)支撑圆柱上,试体长轴垂直于支撑圆柱,通过加荷圆柱以(50±10)N/s 的速率均匀地将荷载垂直地加在棱柱体相对侧面上,直至折断,如图 3.11 所示。保持两个半截棱柱体处于潮湿状态直至抗压试验。

图 3.10　水泥胶砂抗折试验机

图 3.11　水泥胶砂试块抗折破坏

抗折强度 R_f 以牛顿每平方毫米(MPa)表示,按下式进行计算:

$$R_f = \frac{1.5 F_f L}{b^3}$$

式中　F_f——折断时施加于棱柱体中部的荷载,N;

L——支撑圆柱之间的距离,mm;

b——棱柱体正方形截面的边长,mm。

⑤抗压强度测定。抗压强度试验通过水泥抗压试验仪器(图3.12),在半截棱柱体的侧面上进行。半截棱柱体中心与压力机压板受压中心盖应在±0.5 mm内,棱柱体露在压板外的部分约有10 mm。在整个加荷过程中以(2 400±200)N/s的速率均匀地加荷直至破坏,如图3.13所示。

图3.12　水泥胶砂抗压试验机　　　　图3.13　水泥胶砂试块抗压破坏

抗压强度R_c,以牛顿每平方毫米(MPa)为单位,按下式进行计算:

$$R_c = \frac{F_c}{A}$$

式中　F_c——破坏时的最大荷载,N;

　　　A——受压部分面积,mm^2。

3.2.5　体积安定性

水泥体积
安定性介绍

水泥的体积安定性是指水泥在凝结硬化过程中,体积变化的均匀性。如果水泥硬化后产生不均匀的体积变化,会使水泥混凝土结构物产生膨胀性裂缝,降低工程质量,甚至引发严重事故,此即体积安定性不良。

引起水泥体积安定性不良的原因有两方面:一方面是由于水泥熟料矿物组成中含有过多游离氧化钙(f-CaO)、游离氧化镁(f-MgO),f-CaO和f-MgO是在高温下生成的,处于过烧状态,水化很慢,它们在水泥凝结硬化后还再慢慢水化,其水化产物Ca(OH)$_2$H和Mg(OH)$_2$的体积膨胀增长2倍以上,从而导致硬化的水泥石开裂、翘曲、疏松和崩溃;另一方面是水泥在磨细时石膏掺量过多,而过量石膏会与已固化的水化铝酸钙作用,生成水化硫铝酸钙(钙矾石),引起体积膨胀,造成硬化水泥石开裂。

《水泥标准稠度用水量、凝结时间、安定性检验方法》(GB/T 1346—2024)规定:由游离氧化钙引起的水泥体积安定性不良可采用沸煮法检验。沸煮法包括试饼法和雷氏法两种。试饼法是将标准稠度水泥净浆做成试饼,标准养护(24±2)h,沸煮3 h后,若用肉眼观察未发现裂纹,用直尺检查没有弯曲现象,则称为安定性合格。雷氏法是将标准稠度水泥净浆装在雷氏夹(图3.14)中,标准养护(24±2)h,沸煮3 h后的膨胀值,若膨胀量在规定值内则为安定性合格。当试饼法和雷氏法两者结论有矛盾时,以雷氏法为准。

由于氧化镁和石膏引起的体积安定性不良不便于快速检验,因此,在水泥生产中要严格控制。国家标准规定:通用水泥中游离氧化镁含量不得超过5.0%,三氧化硫不得超过3.5%;

如果水泥压蒸试验合格,则水泥中氧化镁的含量允许放宽到 6.0%。

水泥体积
安定性试验

水泥安定性检测方法如下:

①将预先准备好的雷氏夹放在已稍擦油的玻璃板上,并立即将已试好的标准稠度净浆一次性装满雷氏夹,装浆时一只手轻轻扶持雷氏夹,另一只手用宽约 10 mm 的小刀插捣数次,然后抹平,盖上稍涂油的玻璃板,接着立即将试件移至湿气养护箱内养护(24±2)h。

②调整好沸煮箱(图 3.15)内的水位,使能保证在整个沸煮过程中都超过试件,不需中途添补试验用水,同时又能保证在(30±5)min 内升至沸腾。

图 3.14　雷氏夹　　　　　　　　图 3.15　沸煮箱

③脱去玻璃板,取下试件,先测量雷氏夹指针尖端间的距离,精确到 0.5 mm,接着将试件放入沸腾箱水中的试件架上,指针朝上,然后在(30±5)min 内加热至沸腾,并保持沸腾(180±5)min。

④结果判定:沸煮结束后,立即放掉沸煮箱中的热水,打开箱盖,待箱体冷却至室温,取出试件进行判断。测量雷氏夹指针尖端的距离,精确至 0.5 mm,当两个试件煮后增加距离的平均值不大于 5.0 mm 时,即认为该水泥安定性合格;当两个试件的值相差超过 4.0 mm 时,应用同一样品立即重做一次试验。若试验结果仍然和上次相同,则认为该水泥为安定性不合格。

3.2.6　碱含量

碱含量是指水泥中 Na_2O 和 K_2O 的含量。水泥中碱含量过高,遇到有活性的骨料,易产生碱-骨料反应,造成工程危害。国家标准规定:水泥中碱含量按 $Na_2O+0.658K_2O$ 计算值来表示。若使用活性骨料,用户要求提供低碱水泥时,水泥中的碱含量应不大于 0.60%,或由供需双方商定。

3.2.7　细度

水泥细度试验　　水泥细度试验
（筛析法）　　　（勃氏法）

细度是指水泥颗粒的粗细程度。水泥颗粒过细、过粗都不好,因此细度应适宜。国家标准规定:硅酸盐水泥和普通水泥的细度以比表面积表示,其比表面积不小于 300 m^2/kg;矿渣水泥、火山灰水泥、粉煤灰水泥、复合水泥的细度用筛析法,要求在 0.08 mm 方孔筛筛余百分率不大于 10% 或 0.045 mm 方孔筛筛余百分率不大于 30%。测定方法可采用勃氏比表面积测定仪(图 3.16)测定。

根据《水泥比表面积测定方法　勃氏法》(GB/T 8074—2008)规定,水泥比表面积测定方法如下：

①捣实试样时，在试样放入圆筒后，按水平方向轻轻摇动，使试样均匀分布在筒中（使表面成水平），然后再用振捣器捣实。这样制备的水泥层，空隙分布就比较均匀。

②对一般硅酸盐水泥，空隙率为 0.48±0.02（T-3 仪）和 0.500±0.005（勃氏仪）。掺有软质多孔混合材的水泥，过细的水泥以及密度小的物料，这个数值就需适当改变。在测定需要相互比较的物料时，空隙率改变不应太大，否则会影响试验结果的可比性。

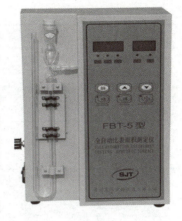

图 3.16　勃氏比表面积测定仪

③比表面积计算公式中考虑了密度的因素，因此水泥会影响试验结果的可比性。

④测定前要检查仪器的密封性，及时处理漏气的地方，保证试验过程中无漏气。

⑤仪器的液面应保持在一定刻度，不在这个刻度时，要及时调整。

⑥垫在带孔圆板上的滤纸大小应与圆筒内径一致，不能太大，也不能太小。

⑦用捣器捣实水泥层时，捣器的边必须与圆筒上接触，以保证料层达到一定细度。

⑧抽气时，要用阀控制进气量让液面徐徐上升，以免液体损失。

3.3　其他品种水泥的认识

除了通用水泥外，还有一些其他品种水泥，如道路硅酸盐水泥、砌筑水泥、白色和彩色硅酸盐水泥、铝酸盐水泥和膨胀水泥等。

3.3.1　道路硅酸盐水泥（P·R）

由道路硅酸盐水泥熟料、0~10%活性混合材料和适量石膏磨细制成的水硬性胶凝材料，称为道路硅酸盐水泥（简称道路水泥）。道路硅酸盐水泥熟料是以适当成分的生料烧至部分熔融，所得以硅酸钙为主要成分和较多铁铝酸钙含量的熟料。

根据《道路硅酸盐水泥》（GB/T 13693—2017）规定，道路硅酸盐水泥的技术要求见表3.9，强度要求不低于表 3.10 所示的数值。

表 3.9　道路硅酸盐水泥的技术要求

项　目	技术要求	项　目	技术要求
游离氧化钙	旋窑生产不得大于 1.0%； 立窑生产≤1.8%	细度	比表面积为 300~450 m²/kg
铝酸三钙	铝酸三钙的含量≤5.0%	凝结时间	初凝不得早于 90 min， 终凝不得迟于 720 min
铁铝酸四钙	≥15.0%	安定性	用雷氏法检验必须合格
碱含量	如用户提出要求时，由供需双方商定	干缩率	28 d 干缩率≤0.10%

续表

项 目	技术要求	项 目	技术要求
氧化镁	≤5.0%	耐磨性	28 d 磨耗量≤3.00 kg/m^2
三氧化硫	≤3.5%	强度等级	7.5,8.5
烧失量	≤3.0%		

表 3.10 道路硅酸盐水泥各龄期的强度

强度等级	抗压强度/MPa		抗折强度/MPa	
	3 d	28 d	3 d	28 d
7.5	≥4.0	≥7.5	≥21.0	≥42.5
8.5	≥5.0	≥8.5	≥26.0	≥52.5

道路硅酸盐水泥具有早期强度、抗折强度高,耐磨性、抗冲击性、抗冻性好,干缩率小,抗碳酸盐腐蚀较强的特点,适用于道路路面、机场道面及对耐磨、抗干缩等性能要求较高的工程。

3.3.2 砌筑水泥

凡由一种或一种以上的水泥混合材料,加入适量硅酸盐水泥熟料和石膏,磨细制成的和易性较好的水硬性胶凝材料,称为砌筑水泥,代号为 M。水泥中混合材料掺加量按质量分数计应大于 50%。

根据《砌筑水泥》(GB/T 3183—2017)规定,其主要技术要求为:

①三氧化硫含量小于 3.5%;

②细度,通过 80 μm 方孔筛筛余率小于 10%;

③初凝时间不得早于 60 min,终凝时间不得迟于 12 h;

④安定性,用沸煮法检验必须合格;

⑤流动性,灰砂比为 1∶2.5,水灰比为 0.46 的流动度大于 125 mm,泌水率小于 12%;

⑥砌筑水泥有 12.5,22.5 和 32.5 三个强度等级,其强度要求不低于表 3.11 所示数值。

表 3.11 砌筑水泥各龄期的强度

强度等级	抗压强度/MPa			抗折强度/MPa		
	3 d	7 d	28 d	3 d	7 d	28 d
12.5	—	≥7.0	≥12.5	—	≥1.5	≥3.0
22.5	—	≥10.0	≥22.5	—	≥2.0	≥4.0
32.5	≥10.0	—	≥32.5	≥2.5	—	≥5.5

砌筑水泥具有强度较低,但和易性好的特点,主要用于砌筑和抹面砂浆、垫层混凝土所需的水泥。

3.3.3　白色和彩色硅酸盐水泥

白色水泥的主要特点是颜色白,以适当成分的生料烧至部分熔融,所得以硅酸钙为主要成分、含氧化铁少的熟料,掺入为水泥质量 0～10% 的石灰石或窑灰,以及适量石膏磨细制成,称为白色硅酸盐水泥,简称白水泥(P·W)。

按国家标准规定,凡由硅酸盐水泥熟料及适量的石膏、混合材及着色剂磨细或混合制成的带有色彩的水硬性胶凝材料统称为彩色硅酸盐水泥。

白色和彩色硅酸盐水泥主要用于装饰工程,可配成彩色砂浆、混凝土等,用于制造各种水磨石、水刷石、斩假石等饰面、雕塑和装饰部件等制品。

3.3.4　铝酸盐水泥

铝酸盐水泥是以铝矾土和石灰石为原料,经高温煅烧得到的以铝酸钙为主的铝酸盐水泥熟料,磨细制成的水硬性胶凝材料称为铝酸盐水泥,代号为 CA。

铝酸盐水泥按氧化铝含量分为 4 类:

CA-50: $50\% \leqslant Al_2O_3 < 60\%$;

CA-60: $60\% \leqslant Al_2O_3 < 68\%$;

CA-70: $68\% \leqslant Al_2O_3 < 77\%$;

CA-80: $77\% \leqslant Al_2O_3$。

由于铝酸盐水泥的熟料矿物成分不同于硅酸盐水泥,因而表现出一些特殊的性能。

①早期强度增长较快,但后期强度略有下降。铝酸盐水泥加水后,迅速与水发生反应,其 1 d 的强度可达极限强度的 80% 左右。铝酸盐水泥若在不超过 30 ℃时水化(最适宜的硬化温度为 10～15 ℃),生成物主要为细长针状和板状结晶连生体,形成骨架,析出的铝胶填充于骨架空隙中,形成密实的水泥石,1 d 和 3 d 的强度增长快、强度高;在温度高于 30 ℃的潮湿环境中,铝酸盐水泥水化产物会逐渐转变为更为稳定的产物,高温高湿条件下,上述转变极为迅速,晶体硬化转变的结果,使水泥中固相体积减小 50% 以上,强度大大降低,在湿热环境下尤为严重;另外,铝酸盐水泥硬化后的晶体结构在长期使用中会发生转移,引起强度下降,因此,适用于紧急抢修工程和早期强度要求高的特殊工程,不宜用于长期承重的结构工程和处于高温高湿环境的混凝土工程。

②水化热高,而且集中在早期放出。1 d 内放出的水化热为总量的 70%～80%,使混凝土内部温度上升较高,即使在-10 ℃下施工,铝酸盐水泥也能很快凝结,因此,适宜于冬季施工,不宜用来浇筑大体积混凝土工程。

③耐热性强。铝酸盐水泥硬化时,不宜在超过 30 ℃温度下进行,但硬化后的水泥石在1 000 ℃以上高温下仍能保持较高强度,主要是因为在高温下各组分发生固相反应成烧结状态,代替了水化结合,因此,可用于配制耐热混凝土,如高温窑炉炉衬等。

④抗硫酸盐腐蚀性强。水化时不析出 $Ca(OH)_2$,而且硬化后结构致密,具有较好的抗硫酸盐腐蚀的性能,可用于有硫酸盐腐蚀的混凝土工程中。碱液对铝酸盐水泥的腐蚀性极强,使用时应避免碱腐蚀,不得与硅酸盐水泥、石灰等能析出 $Ca(OH)_2$ 的材料混合使用,以免产生"闪凝"现象,导致无法施工,可以与具有脱模强度的硅酸盐水泥混凝土接触使用,但接槎

处不应长期处于潮湿状态。

3.3.5 膨胀水泥

一般水泥在凝结硬化过程中都会产生一定的收缩,使水泥混凝土出现裂纹,影响混凝土的强度及其他许多性能。而膨胀水泥则克服了这一弱点,在硬化过程中能够产生一定的膨胀,增加水泥石的密实度,消除由收缩带来的不利后果。

膨胀水泥主要是比一般水泥多一种膨胀组分,在水化凝结硬化过程中,膨胀组分使水泥产生一定量的膨胀值。常用的膨胀组分是在水化后能形成膨胀性产物钙矾石的材料。按膨胀值大小,可将膨胀水泥分为膨胀水泥和自应力水泥两大类。

常用的膨胀水泥及主要用途如下:

①硅酸盐膨胀水泥。硅酸盐膨胀水泥主要用于制造防水层和防水混凝土,加固结构浇筑机器底座或固结地脚螺栓,还可用于接缝及修补工程,但禁止在有硫酸盐侵蚀的工程中使用。

②低热微膨胀水泥。低热微膨胀水泥主要用于要求较低水化热和要求补偿收缩的混凝土和大体积混凝土,还可用于要求抗渗和抗硫酸侵蚀的工程。

③膨胀硫铝酸盐水泥。膨胀硫铝酸盐水泥主要用于配置接点、抗渗和补偿收缩的混凝土工程。

④自应力水泥。自应力水泥主要用于自应力钢筋混凝土压力管及其配件。

3.4 水泥的取样、验收和保管

水泥是工程结构最重要的胶凝材料,水泥质量对建筑工程的安全有十分重要的意义。因此,对进入施工现场的水泥必须进行验收,以检测水泥是否合格,确定水泥是否能够用于工程中。水泥的验收包括包装标志和数量的验收、检查出厂合格证和试验报告、复试、仲裁检验4个方面。

水泥的取样、
验收和保管

3.4.1 通用水泥的取样

①水泥交货时的质量验收可抽取实物试样以其检验结果为依据,也可以水泥厂同编号水泥的试验报告为依据。采用何种方法验收由买卖双方商定,并在合同或协议中注明。

水泥的
取样方法

以水泥厂同编号水泥的试验报告为验收依据时,在发货前或交货时,买方在同编号水泥中抽取试样,双方共同签封后保存3个月;或委托卖方在同编号水泥中抽取试样,签封后保存3个月。在3个月内,买方对质量有疑问时,则买卖双方应将签封的试样送交有关监督检验机构进行仲裁检验。

以抽取实物试样的检验结果为验收依据时,买卖双方应在发货前或交货地共同取样和签封。取样方法按《水泥取样方法》(GB/T 12573—2008)进行,取样数量为20 kg,分为两等份:一份由卖方保存40 d,一份由买方按相应标准规定的项目和方法进行检验。在40 d以内,买方检验认为产品质量不符合相应标准要求,而卖方也有异议时,则双方应将卖方保存的另一份试样送交有关监督检验机构进行仲裁检验。

水泥出厂后 3 个月内,如购货单位对水泥质量提出疑问或施工过程中出现与水泥质量有关问题需要仲裁检验时,用水泥厂同一编号水泥的封存样进行;若用户对体积安定性、初凝时间有疑问,要求现场取样仲裁时,生产厂家应在接到用户要求后,7 d 内会同用户共同取样,送水泥质量监督检验机构检验,生产厂家在规定时间内不去现场,用户可单独取样送检,结果同等有效。仲裁检验由国家指定的省级以上水泥质量监督机构进行。

②复验按照《混凝土结构工程施工质量验收规范》(GB 50204—2023),以及工程质量管理的有关规定执行。用于承重结构的水泥,用于使用部位有强度等级要求的混凝土用水泥,或水泥出厂超过 3 个月(快硬硅酸盐水泥为超过 1 个月)和进口水泥,在使用前必须进行复验,并提供试验报告。水泥的抽样复验应符合见证取样送检的有关规定。

3.4.2 通用水泥的验收

1)包装标志和数量的验收

(1)包装标志的验收

水泥的包装方法有袋装和散装两种。散装水泥一般采用散装水泥输送车运输至施工现场,采用气动输送至散装水泥储仓中储存。袋装水泥采用多层纸袋或多层塑料编织袋进行包装。在水泥包装袋上应清楚地标明产品名称、代号、净含量、强度等级、生产许可证编号、生产者名称和地址、出厂编号、执行标准号、包装年月日等主要包装标志。包装袋两侧应印有水泥名称和强度等级。硅酸盐水泥和普通硅酸盐水泥的印刷采用红色;矿渣硅酸盐水泥的印刷采用绿色;火山灰硅酸盐水泥、粉煤灰硅酸盐水泥和复合硅酸盐水泥的印刷采用黑色。散装水泥在供应时必须提交与袋装水泥标志相同内容的卡片。

(2)数量的验收

袋装水泥每袋净含量为 50 kg,且不得少于标志质量的 99%;随机抽取 20 袋总质量不得少于 1 000 kg。其他包装形式由供需双方协商确定,但有关袋装质量要求,必须符合上述原则规定。

2)质量的验收

《通用硅酸盐水泥》GB T 175—2007 规定:出场检验项目包含化学指标、凝结时间、安定性和强度 4 个指标。检验结果化学指标、凝结时间、安定性和强度 4 个指标均合格的为合格品,其中有任何一项指标不合格的,为不合格品。

3.4.3 水泥的保管

水泥进入施工现场后,必须妥善保管。一方面不使水泥变质,使用后能够确保工程质量;另一方面可以减少水泥的浪费,降低工程造价。保管时需注意以下几点:

①水泥在运输与储存时不得受潮和混入杂物,不同品种和强度等级的水泥要分别存放,并应用标牌加以明确标示。

②储存水泥时要防水、防潮、防漏,做到上盖下垫,水泥临时库房应设置在通风、干燥、屋面不渗漏、地面排水通畅的地方。堆垛不宜过高,一般不超过 10 袋,场地狭窄时最多不超过

15 袋;袋装水泥平放时,离地、离墙 30 cm 以上。袋装水泥一般采用平放并叠放,堆垛过高,则上部水泥重力全部作用在下面的水泥上,容易使包装袋破裂而造成水泥浪费。

③储存期不能过长,通用水泥储存期不超过 3 个月,储存期若超过 3 个月,水泥会受潮结块,水泥强度会大幅度降低。过期水泥应按规定进行取样复验,并按复验结果使用,但不允许用于重要工程和工程的重要部位。

工程案例 3

泥的选用及质量验收

某新建大型企业在物资采购预算中,需采购水泥 20 万 t,主要用于生产车间结构工程的梁、柱混凝土浇筑,基础工程的大体积混凝土浇筑,以及一般房建工程砌筑和结构。请列出水泥的选用及试验室对各种水泥质量的验收要求。

(1)用于结构工程梁、柱混凝土浇筑

此类工程一定要选用回转窑生产的高质量等级普通硅酸盐水泥,代号 P·O,42.5 级。如冬期施工或赶工期,则应选用早强型普通硅酸盐水泥,代号 P·O,42.5R 级。

主要质量验收要求:

执行标准:《通用硅酸盐水泥》(GB 175—2023)。

具体项目:

①凝结时间——普通硅酸盐水泥初凝时间不得早于 45 min,终凝时间不得迟于 10 h。

②烧失量——普通硅酸盐水泥中的烧失量不得大于 50%。

③强度——按照 ISO 标准检验其 3 d 和 28 d 抗压、抗折强度,同时应核算其富余强度是否合格。

(2)用于基础工程大体积混凝土浇筑

此类工程应选用中热硅酸盐水泥、低热硅酸盐水泥 42.5 级,C_3A 含量≤6%,才能保证水化热低,不致造成混凝土热应力过高而产生裂缝。

主要质量验收要求:

执行标准:《中热硅酸盐水泥 低热硅酸盐水泥》(GB /T 200—2017)。

具体项目:

①凝结时间——中、低热硅酸盐水泥初凝时间不得早于 45 min,终凝时间不得迟于 12 h。

②C_3A 含量≤6%。

③水化热——按照标准规定的控制值进行检验。

④强度——按照 ISO 标准检验其 3 d 和 28 d 抗压、抗折强度,同时应核算其富余强度是否合格。

(3)用于一般房建工程砌筑和结构

此类工程应分情况对待。梁、柱结构用水泥与上述结构工程用水泥相同。一般砌筑用水泥均可使用回转窑生产的 32.5 级或 42.5 级普通硅酸盐水泥、矿渣硅酸盐水泥或复合硅酸盐水泥,如使用机械立窑生产的水泥应注意安定性问题。但用于地面或楼面抹灰用水泥,因考虑到地面或楼面起灰,则注意一定要用普通硅酸盐水泥。

主要质量验收要求:

执行标准:《通用硅酸盐水泥》(GB 175—2023)。

具体项目:

①凝结时间——矿渣硅酸盐水泥、复合硅酸盐水泥初凝时间不得早于45 min,终凝时间不得迟于10 h。

②安定性合格。

③强度——按照ISO标准检验其3 d和28 d抗压、抗折强度,同时应核算其富余强度是否合格。

④以上水泥进入工地时,每车次由试验室派人到现场取样。

单元小结

本单元是本课程的重点章节之一,以硅酸盐水泥和掺混合材料的硅酸盐水泥为重点。要求重点掌握硅酸盐水泥熟料矿物的组成及特性,硅酸盐水泥水化产物及其特性,掺混合材料的硅酸盐水泥性质的共同点及不同点,硅酸盐水泥以及掺混合材料的硅酸盐水泥的性质与应用;能综合运用所学知识,根据工程要求及所处的环境合理地选择水泥品种。

职业能力训练

一、填空题

1.水泥按用途和性能可分为_____、_____和_____三大类。

2.水泥浆体逐渐失去水分变稠并失去塑性的这一阶段称为_____。水泥继续水化,当开始具有强度时称为_____。

3.国家标准规定,硅酸盐水泥的初凝时间不得早于_____,终凝时间不得迟于_____。

4.硅酸盐水泥熟料中四种矿物成分的分子式简写是_____、_____、_____、_____。

5.水泥熟料中水化放热最多的是_____。

二、名词解释

1.细度

2.标准稠度用水量

3.凝结时间

4.体积安定性

5.水化热

三、单项选择题

1.除硅酸盐水泥以外的5种水泥的终凝时间一般为(　　　)。

A.10 h　　　　　　B.8 h　　　　　　C.6 h　　　　　　D.5 h

2.通用水泥在仓库中不宜久存,储存期限不宜超过(　　)。

A.1 个月　　　　　　　B.3 个月　　　　　　　C.6 个月　　　　　　　D.1 年

3.在硅酸盐水泥中掺入适量的石膏,其目的是对水泥起(　　)作用。

A.促凝　　　　　　　B.缓凝　　　　　　　C.提高产量　　　　　　D.速凝

4.硅酸盐水泥水化时,放热量最大且放热速度最快的是(　　)矿物。

A.硅酸三钙　　　　　　B.铝酸三钙　　　　　　C.硅酸二钙　　　　　　D.铁铝酸四钙

5.水硬性胶凝材料的硬化特点是(　　)。

A.只能在水中硬化

B.不仅能在空气中硬化,而且能更好地在水中硬化

C.必须在水泥中加促硬剂

D.在饱和蒸汽中硬化

6.硅酸盐水泥细度用(　　)表示。

A.水泥颗粒粒径　　　B.比表面积　　　　　C.筛余百分率　　　　D.细度模数

7.用沸煮法检验水泥体积安定性时,只能检查出(　　)的影响。

A.游离 CaO　　　　B.游离 MgO　　　　C.石膏　　　　　　D.CaO 和 SO_3

8.国家标准规定水泥的强度等级是以水泥胶砂试件在(　　)龄期的强度来评定的。

A.28 d　　　　　B.3 d,7 d 和 28 d　　　C.3 d 和 28 d　　　　D.7 d 和 28 d

9.据国家的有关规定,终凝时间不得长于 6.5h 的水泥是(　　)。

A.硅酸盐水泥　　　　　B.普通硅酸盐水泥

C.矿渣硅酸盐水泥　　　D.火山灰硅酸盐水泥

10.水泥的初凝时间是指(　　)。

A.从水泥加水拌和起至水泥浆失去可塑性所需的时间

B.从水泥加水拌和起至水泥浆开始失去可塑性所需的时间

C.从水泥加水拌和起至水泥浆完全失去可塑性所需的时间

D.从水泥加水拌和起至水泥浆开始产生强度所需的时间

四、多项选择题

1.水泥的凝结时间分为(　　)。

A.初凝时间　　　　　　B.流动时间　　　　　　C.终凝时间

D.搅拌时间　　　　　　E.振捣时间

2.水泥体积安定性不合格的原因是(　　)。

A.水泥石受到腐蚀　　　　B.含有过多的游离 CaO 和游离 MgO

C.水泥中混入有机杂质　　D.石膏掺量过多　　　E.水泥细度不够

3.水泥的强度等级是依据规定龄期的(　　)来确定的。

A.抗压强度　　　　　　B.抗拉强度　　　　　　C.抗折强度

D.抗冲击强度　　　　　E.抗剪强度

4.矿渣硅酸盐水泥适用于配制(　　)。

A.耐热混凝土　　　　　B.高强混凝土　　　　　C.大体积混凝土

D.反复遭受冻融作用的混凝土　　E.耐腐蚀要求高的混凝土

5.高性能混凝土不宜采用(　　　　)。

A.强度等级32.5级的硅酸盐水泥　　　　　B.强度等级42.5级的硅酸盐水泥

C.强度等级52.5级的普通硅酸盐水泥　　　D.矿渣硅酸盐水泥

E.粉煤灰硅酸盐水泥

五、简述题

1.水泥是如何进行分类的？通用水泥主要包括哪些品种？

2.何谓水泥的体积安定性？水泥的体积安定性不良的原因是什么？安定性不良的水泥应如何处理？

3.国家标准对硅酸盐水泥的细度、凝结时间、体积安定性是如何规定的？

4.硅酸盐水泥的矿物组成有哪几种？硅酸盐水泥的水化产物有哪些？

5.防止水泥石腐蚀的措施有哪些？

6.既然硫酸盐对水泥石具有腐蚀作用,那么为什么在生产水泥时掺入的适量石膏对水泥石不产生腐蚀作用？

7.何谓水泥的活性混合材料和非活性混合材料？二者在水泥中的作用是什么？

8.掺混合材料的水泥与硅酸盐水泥相比,在性能上有何特点？

9.水泥的验收包括哪几个方面？如何储存和保管？

10.现有下列工程和构件的生产任务,试优先选用水泥品种,并说明理由。

(1)现浇楼板、梁、柱工程,且为冬期施工;

(2)采用蒸汽养护的预制构件;

(3)紧急抢修工程;

(4)大体积混凝土工程;

(5)有硫酸盐腐蚀的地下混凝土工程;

(6)有抗渗(防水)要求的混凝土工程;

(7)高温车间及其他有耐热要求的混凝土工程;

(8)大跨度结构工程、高强度预应力混凝土工程。

六、计算题

建筑材料试验室对一份普通硅酸盐水泥试样进行了检测,试验结果如下,试确定其28 d龄期的抗折强度、抗压强度平均值。(提示:抗折时,支点的中心距离为100 mm;抗压时,水泥标准的压板面积为40 mm ×40 mm)

28 d抗折强度破坏荷载(kN):2.90,3.05,2.75;

28 d抗压强度破坏荷载(kN):75,71,70,68,69,70。

单元 4
普通混凝土骨料检测

单元导读

- **基本要求** 了解混凝土的分类及特点;熟悉普通混凝土的组成材料及其作用;掌握普通混凝土骨料的技术要求;学会普通混凝土骨料的检测方法,能够熟练操作仪器,进行混凝土骨料的各项试验和结果整理分析。
- **重点** 细骨料的细度模数和颗粒级配的确定;粗骨料的技术要求;常用外加剂的主要性质、选用和应用;减水剂的作用原理。
- **难点** 检测砂、石骨料的主要技术性能指标。

4.1 混凝土的分类及特点

混凝土是由胶凝材料、粗细骨料以及水、外加剂和矿物掺合料按适当比例配合、拌制而成的混合物,是经一定成型工艺、硬化而成的人造石材。

4.1.1 混凝土的分类

建筑事业的迅速发展推动了混凝土品种、性能、施工方法的不断创新,混凝土的品种主要分为以下几类:

1)按胶凝材料的品种分类

按胶凝材料的品种分类,混凝土可分为水泥混凝土、石膏混凝土、水玻璃混凝土、沥青混凝土、聚合物混凝土等。

2)按使用功能和特性分类

按使用功能和特性分类,混凝土可分为结构混凝土、道路混凝土、防水混凝土、耐热混凝土、耐酸混凝土、防辐射混凝土、装饰混凝土、大体积混凝土等。

3）按生产与施工方法分类

按生产与施工方法分类，混凝土可分为预拌混凝土（商品混凝土）、泵送混凝土、喷射混凝土、碾压混凝土等。

4）按表观密度分类

按表观密度分类，混凝土可分为：

①普通混凝土。普通混凝土的表观密度为 $2\,000 \sim 2\,800\ \text{kg/m}^3$，主要以普通的砂、石子和水泥配制而成，是工程中应用最广的混凝土，主要用作各种建筑的承重结构材料。

②重混凝土。重混凝土的表观密度大于 $2\,800\ \text{kg/m}^3$，常以密度很大的重晶石和铁矿石配制而成，它具有不透 X 射线和 γ 射线的性能，又称为防辐射混凝土，主要用作核能工程的屏障结构材料。

③轻混凝土。轻混凝土的表观密度小于 $1\,950\ \text{kg/m}^3$，如轻集料混凝土、大孔混凝土、多孔混凝土等。

4.1.2　混凝土的特点

混凝土是世界上用量最大的一种工程材料，是现代最重要的建筑材料之一。混凝土具有优越的技术性能及良好的经济效益。其主要特点有：

①原材料来源丰富。混凝土中主要的组成材料是砂石料，属地方性材料，易于就地取材，能源消耗较少，成本较低。

②配制灵活，适应性好。改变混凝土组成材料的品种及比例，可以调整其性能，从而满足不同工程要求。

③良好的可塑性。可以现浇或预制成任何形状及尺寸的整体结构或构件。

④抗压强度高。硬化后的混凝土抗压强度一般为 $20 \sim 60\ \text{MPa}$，也可达 $100\ \text{MPa}$ 以上。

⑤可用钢筋增强。混凝土与钢筋有牢固的黏结力，与钢筋的线膨胀系数基本相同，二者复合成钢筋混凝土后，能够共同工作，以弥补混凝土抗拉及抗折强度低的缺点，使混凝土能适用于各种工程结构。

⑥良好的耐久性。按合理的方法配制的混凝土，具有良好的抗冻性、抗渗性及耐腐蚀性能。

混凝土的不足之处主要为：自重大，比强度小，抗拉强度低、易开裂、属于脆性材料，导热系数大，不耐高温，硬化较慢、生产周期长。同时，混凝土在配制及施工过程中，影响其质量的因素较多，需要进行严格的控制。但随着现代混凝土科学技术的发展，混凝土的不足之处已经得到了很大改进。例如，采用轻骨料，可使混凝土的自重和导热系数显著降低；在混凝土中掺入纤维或聚合物，可大大降低混凝土的脆性；采用快硬水泥或掺入早强剂、减水剂等，可明显缩短其硬化周期。正是由于具有上述突出的特点，混凝土才能在现代建筑工程，如工业与民用建筑工程、给水与排水工程、水利与水电工程、地下工程、公路、铁路、桥梁以及国防工程中得到广泛应用。

4.2　普通混凝土的组成材料

在混凝土拌合物中,水泥和水形成水泥浆,填充砂子空隙并包裹砂粒,形成砂浆,砂浆又填充石子空隙并包裹石子颗粒。在硬化前的混凝土拌合物中,水泥浆在砂石颗粒之间起着润滑作用,使混凝土拌合物具有施工所要求的流动性。硬化后,水泥浆成为水泥石,将砂石骨料牢固地胶结成整体,使混凝土具有所需的强度、耐久性等性能。

混凝土基本
组成材料

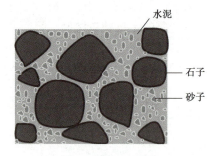

水泥
石子
砂子

图 4.1　混凝土的结构

普通混凝土,一般以砂子为细骨料,石子为粗骨料。砂、石一般不与水泥浆起化学反应,它们在混凝土中主要起骨架作用,还可以降低水化热,大大减小混凝土由于水泥浆硬化而产生的收缩,并起抑制裂缝扩展的作用。

除上述水泥、水、砂、石子 4 种主要材料外,混凝土中还常掺入外加剂、掺合料,用以改善其某些性能。混凝土的结构如图 4.1 所示。

4.2.1　细骨料(砂)

颗粒粒径小于 4.75 mm 的岩石颗粒称为砂子。砂按产源分为天然砂、机制砂两类,配制混凝土一般采用天然砂。

砂的粗细程度
与颗粒级配

天然砂是自然生成的、经人工开采和筛分的岩石颗粒,包括河砂、湖砂、山砂、淡化海砂,但不包括软质、风化的岩石颗粒。河砂、海砂颗粒圆滑、质地坚固,但海砂内常掺有贝壳碎片及可溶性盐类,会影响混凝土强度。山砂是岩石风化后在原地沉积而成的,颗粒多棱角,并含有黏土及有机物杂质等,坚固性差。河砂比较洁净,所以配制混凝土时宜采用河砂。

机制砂是经除土处理,由机械破碎、筛分制成的,粒径小于 4.75 mm 的岩石、矿山尾矿或工业废渣颗粒,但不包括软质、风化的颗粒,俗称人工砂。人工砂有棱角,比较洁净,但细粉、片状颗粒较多,成本较高。

《建设用砂》(GB/T 14684—2022)规定,砂按细度模数分为粗、中、细、特细 4 种规格,其细度模数分别为:粗砂($M_x = 3.7 \sim 3.1$),中砂($M_x = 3.0 \sim 2.3$),细砂($M_x = 2.2 \sim 1.6$),特细($M_x = 1.5 \sim 0.7$)。按技术要求又分为Ⅰ类、Ⅱ类和Ⅲ类。其中Ⅰ类砂宜用于强度等级大于 C60 的混凝土,Ⅱ类砂宜用于强度等级为 C30～C60 及有抗冻、抗渗或其他要求的混凝土,Ⅲ类宜用于强度等级小于 C30 的混凝土和建筑砂浆。

砂的技术要求主要有以下几个方面:

(1)颗粒级配

砂的粗细程度用细度模数来表示。细度模数描述砂的粗细,即总表面积的大小。配制混凝土时,在相同用砂量条件下采用细砂则总表面积较大,而采用粗砂则总表面积较小。砂的总表面积越大,则混凝土中需要包裹砂粒表面的水泥浆越多。当混凝土拌合物的和易性要求一定时,显然较粗的砂所需要的水泥浆量就比较细的砂要省;但砂过粗,易使混凝土拌合物产生离析、泌水等现象,影响混凝土的和易性。所以,砂子的粗细程度应与颗粒级配同时考虑。

砂的颗粒级配是指砂中不同粒径颗粒搭配的比例情况。在砂中,砂粒之间的空隙由水泥浆填充,为达到节约水泥和提高混凝土强度的目的,应尽量降低砂粒之间的空隙。如图4.2所示,当砂的粒径相同时,空隙率最大;当采用两种不同粒径时,空隙率减小;当采用两种以上的不同粒径时,空隙率就更小。因此,要减少砂的空隙率,就必须采用大小不同的颗粒搭配,即采用良好的颗粒级配砂。

（a）一种粒径
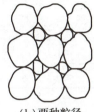
（b）两种粒径
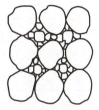
（c）多种粒径

图4.2　骨料的颗粒级配

砂的颗粒级配应符合表4.1的规定,砂的级配类别应符合表4.2的规定。

表4.1　颗粒级配（GB/T 14684—2022）

砂的分类	天然砂			机制砂、混合砂		
级配区	1 区	2 区	3 区	1 区	2 区	3 区
方孔筛	累计筛余/%					
4.75 mm	10～0	10～0	10～0	5～0	5～0	5～0
2.36 mm	35～5	25～0	15～0	35～5	25～0	15～0
1.18 mm	65～35	50～10	25～0	65～35	50～10	25～0
0.60 mm	85～71	70～41	40～16	85～71	70～41	40～16
0.30 mm	95～80	92～70	85～55	95～80	92～70	85～55
0.15 mm	100～90	100～90	100～90	97～85	94～80	94～75

表4.2　级配类别（GB/T 14684—2022）

类　别	Ⅰ　类	Ⅱ　类	Ⅲ　类
级配区	2 区	1,2,3 区	

配制混凝土时宜优先选用2区砂。当采用1区砂时,应提高砂率,并保证足够的水泥用量,以满足混凝土的和易性;当采用3区砂时,宜适当降低砂率,以保证混凝土强度。对于泵送混凝土用砂,宜选用中砂。

在实际工程中,若砂的级配不合适,可采用人工掺配的方法来改善,即将粗细不同的砂进行掺配或将砂过筛,筛除过粗或过细颗粒,使之达到级配要求。

（2）砂的含泥量、石粉含量及泥块含量

砂的含泥量是指天然砂中粒径小于0.075 mm的颗粒含量;石粉含量是指机制砂中粒径小于0.075 mm的颗粒含量;泥块含量是指砂中原粒径大于1.18 mm,经水浸泡、淘洗后小于0.600 mm的颗粒含量。含泥量多会降低骨

砂子的
含泥量试验

料与水泥石的黏结力,影响混凝土的强度和耐久性。泥块比泥土对混凝土的性能影响更大,因此必须严格控制其含量。

天然砂的含泥量和泥块含量应符合表 4.3 的规定。当机制砂的亚甲蓝值(该值用于判定机制砂中粒径小于 0.075 mm 颗粒的吸附性能指标),也就是 MB 值≤1.4 或快速法试验合格时,石粉含量和泥块含量应符合表 4.4 的规定;当机制砂的 MB 值>1.4 或快速法试验不合格时应符合表 4.5 的规定。

砂子的泥块
含量试验

表 4.3　含泥量及泥块含量(GB/T 14684—2022)

类　别	Ⅰ　类	Ⅱ　类	Ⅲ　类
含泥量(质量分数)/%	≤1.0	≤3.0	≤5.0
泥块含量(质量分数)/%	≤0.2	≤1.0	≤2.0

表 4.4　石粉含量和泥块含量(MB 值≤1.4 或快速法试验合格)

类　别	Ⅰ　类	Ⅱ　类	Ⅲ　类
MB 值	≤0.5	≤1.0	≤1.4 或合格
含泥量(按质量计)/%[a]	≤10.0		
泥块含量(按质量计)/%	0	≤1.0	≤2.0

[a] 此指标根据使用地区和用途,经试验验证,可由供需双方协商确定。

表 4.5　石粉含量和泥块含量(MB 值>1.4 或快速法试验不合格)

类　别	Ⅰ　类	Ⅱ　类	Ⅲ　类
含泥量(按质量计)/%	≤1.0	≤3.0	≤5.0
泥块含量(按质量计)/%	0	≤1.0	≤2.0

(3)有害物质

砂中不应混有草根、树叶、树枝、塑料、煤块、炉渣等杂物。砂中如含有云母、轻物质、有机物、硫化物及硫酸盐、氯化物、贝壳等,其含量应符合表 4.6 的规定。

表 4.6　有害物质含量(GB/T 14684—2022)

类　别	Ⅰ　类	Ⅱ　类	Ⅲ　类
云母含量(质量分数)/%	≤1.0	≤2.0	
轻物质含量(质量分数)/%	≤1.0		
有机物	合格		
硫化物及硫酸盐(按 SO_3 质量计)/%	≤0.5		
氯化物(以氯离子质量计)/%	≤0.01	≤0.02	≤0.06
贝壳(质量分数)/%[a]	≤3.0	≤5.0	≤8.0

[a] 该指标仅适用于净化处理的海砂,其他砂种不作此要求。

云母是层、片状物质,其含量超标会影响到混凝土的强度,硫化物会影响水泥石的强度,进而影响混凝土的强度、耐久性,氯化物容易加剧混凝土中钢筋的锈蚀。所以在混凝土拌制之前可对砂进行清洗,去除有害物质。

（4）坚固性

砂的坚固性是砂在自然风化和其他外界物理化学因素作用下抵抗破裂的能力,用硫酸钠溶液法进行试验,砂样经 5 次循环后的质量损失应符合表 4.7 的规定。机制砂除了满足表4.7 的规定外,压碎指标还应满足表4.8 的规定。

表 4.7　坚固性指标（GB/T 14684—2022）

类　别	Ⅰ 类	Ⅱ 类	Ⅲ 类
质量损失/%	≤8		≤10

表 4.8　压碎指标（GB/T 14684—2022）

类　别	Ⅰ 类	Ⅱ 类	Ⅲ 类
单级最大压碎指标/%	≤20	≤25	≤30

（5）表观密度、松散堆积密度和空隙率

砂的表观密度、堆积密度和空隙率应符合如下规定:表观密度不小于 2 500 kg/m³;松散堆积密度不小于 1 400 kg/m³;空隙率不大于44%。

（6）碱骨料反应

碱骨料反应是指水泥、外加剂等混凝土组成物及环境中的碱与骨料中碱活性矿物在潮湿环境下缓慢发生并导致混凝土开裂破坏的膨胀反应。标准规定经碱骨料反应试验后,试件应无裂缝、酥裂、胶体外溢等现象,在规定的试验龄期内,其膨胀率应小于0.10%。

4.2.2　粗骨料（石子）

建设用石分为卵石和碎石两种。卵石是指由自然风化、水流搬运和分选堆积形成的、粒径大于 4.75 mm 的岩石颗粒;碎石是指天然岩石、卵石或矿山废石经机械破碎、筛分制成的、粒径大于 4.75 mm 的岩石颗粒。卵石表面光滑,拌制混凝土时需水量小,与水泥的黏结差,用卵石配制的混凝土拌合物流动性好,但强度低;碎石表面粗糙、颗粒有棱角,与水泥黏结较牢,用碎石配制的混凝土拌合物流动性差,但硬化后的强度较高。碎石是建筑工程中用量最大的粗骨料。

《建设用卵石、碎石》（GB/T 14685—2022）规定:卵石和碎石按其技术要求可分为Ⅰ类、Ⅱ类和Ⅲ类。

粗骨料的技术要求规定如下:

（1）颗粒级配

粗骨料与细骨料一样,也要求有良好的颗粒级配,以减少空隙率,增强密实性,从而可以节约水泥,保证混凝土的和易性及水泥混凝土的强度。粗骨料的级配也是通过筛分试验来确定的。碎石或卵石的颗粒级配应符合表

石子的颗粒级配与最大粒径

4.9 的规定。颗粒级配按供应情况分为连续粒级和单粒级两种。

表 4.9　碎石或卵石的颗粒级配(GB/T 14685—2022)

公称粒级 /mm		累计筛余/%											
		方孔筛孔径/mm											
		2.36	4.75	9.50	16.0	19.0	26.5	31.5	37.5	53.0	63.0	75.0	90
连续粒级	5~16	95~100	85~100	30~60	0~10	0	—	—	—	—	—	—	—
	5~20	95~100	90~100	40~80	—	0~10	0	—	—	—	—	—	—
	5~25	95~100	90~100	—	30~70	—	0~5	0	—	—	—	—	—
	5~31.5	95~100	90~100	70~90	—	15~45	—	0~5	0	—	—	—	—
	5~40	—	95~100	70~90	—	30~65	—	—	0~5	0	—	—	—
单粒粒级	5~10	95~100	80~100	0~15	0	—	—	—	—	—	—	—	—
	10~16	—	95~100	80~100	0~15	—	—	—	—	—	—	—	—
	10~20	—	95~100	85~100	—	0~15	—	—	—	—	—	—	—
	16~25	—	—	95~100	55~70	25~40	0~10	—	—	—	—	—	—
	16~31.5	—	95~100	—	85~100	—	—	0~10	0	—	—	—	—
	20~40	—	—	95~100	—	80~100	—	—	0~10	0	—	—	—
	40~80	—	—	—	—	95~100	—	—	—	70~100	—	30~60	0~10	0

注:"—"表示该孔径累计筛余不做要求;"0"表示该孔径累计筛余为 0。

连续粒级是指颗粒的尺寸由大到小连续分布,每一级颗粒都占一定比例,又称连续级配。连续级配配制的混凝土和易性好、密实,不易发生离析现象,目前应用较为广泛。

单粒粒级又称间断级配,是指石子用小颗粒的粒级直接和大颗粒的粒级相配,颗粒级差大,空隙率的降低比连续级配快得多,可最大限度地发挥骨料的骨架作用,减少水泥用量。但是混凝土拌合物易产生离析现象,增加施工难度,故工程应用中较少使用。单粒粒级宜用于组合成具有要求级配的连续粒级,也可与连续粒级混合使用,以改善骨料级配或配成较大粒级的连续粒级。

公称粒级的上限为该粒级的最大粒径。粗骨料的最大粒径增大时,骨料总表面积减小,因此,包裹其表面所需的水泥浆量减少,可节约水泥,并且在一定和易性及水泥用量条件下,能减少用水量而提高混凝土强度。所以,在条件许可的情况下,最大粒径应尽可能选得大一些,但要满足《混凝土结构工程施工质量验收规范》(GB 50204—2023)规定,混凝土用的粗骨料,其最大颗粒粒径不得超过构件截面最小尺寸的 1/4,且不得超过钢筋最小净间距的 3/4。对混凝土实心板,骨料的最大粒径不宜超过板厚的 1/3,且不得超过 40 mm。

(2)含泥量和泥块含量

含泥量是碎石、卵石中粒径小于 0.075 mm 的颗粒含量。泥块含量是碎石、卵石中原粒径大于 4.75 mm,经水浸洗、手捏后小于 2.36 mm 的颗粒含量。碎石或卵石中的含泥量、泥块含量应符合表 4.10 的规定。

表 4.10　含泥量、泥块含量（GB/T 14685—2022）

类　别	Ⅰ　类	Ⅱ　类	Ⅲ　类
含泥量（质量分数）/%	≤0.5	≤1.0	≤1.5
泥块含量（质量分数）/%	≤0.1	≤0.2	≤0.7

（3）针、片状颗粒含量

卵石和碎石颗粒的长度大于该颗粒所属相应粒级的平均粒径 2.4 倍者为针状颗粒；厚度小于平均粒径 0.4 倍者为片状颗粒（平均粒径指该粒级上、下限粒径的平均值）。针、片状颗粒本身易折断，含量不能太多，否则会严重降低混凝土拌合物的和易性和混凝土硬化强度。碎石或卵石中针、片状颗粒含量应符合表 4.11 的规定。

表 4.11　针、片状颗粒含量（GB/T 14685—2022）

类　别	Ⅰ　类	Ⅱ　类	Ⅲ　类
针、片状颗粒含量（质量分数）/%	≤5	≤8	≤15

（4）有害物质

卵石和碎石中常含有一些有害物质，他们的危害作用与细骨料中的有害物质相同。它们的含量应符合表 4.12 的规定。

表 4.12　有害物质限量（GB/T 14685—2022）

类　别	Ⅰ　类	Ⅱ　类	Ⅲ　类
有机物含量	合格	合格	合格
硫化物及硫酸盐含量（按 SO_3 质量计）/%	≤0.5	≤1.0	≤1.0

（5）坚固性

坚固性是指卵石、碎石在自然风化和其他外界物理化学因素作用下抵抗破裂的能力。为了保证混凝土的耐久性，粗骨料应具有与混凝土相适应的坚固性。骨料越密实、强度越高、吸水率越小时，其坚固性越好。骨料的坚固性采用硫酸钠溶液法进行试验，卵石和碎石经 5 次循环后，其质量损失应符合表 4.13 的规定。

表 4.13　坚固性指标（GB/T 14685—2022）

类　别	Ⅰ　类	Ⅱ　类	Ⅲ　类
质量损失率/%	≤5	≤8	≤12

（6）强度

为保证混凝土的强度要求，粗骨料必须具有足够的强度。碎石和卵石的强度，可用岩石的抗压强度和压碎指标两种方法检验。

岩石抗压强度是将轧制碎石的母岩制成边长为 50 mm 的立方体试件（或直径与高度均为 50 mm 的圆柱体），在水饱和状态下，测定其极限抗压强度值。火成岩强度值应不小于80 MPa,变质岩应不小于 60 MPa,水成岩应不小于 30 MPa。水成岩包括石灰岩、砂岩等;变质岩包括片麻岩、石英岩等;水成的火成岩包括花岗岩、正长岩、闪长岩和橄榄岩等。

压碎指标是测定粗骨料抵抗压碎能力的强弱指标。压碎指标越小,表示骨料抵抗受压破坏的能力越强。工程中常采用压碎指标值进行质量控制,有争议时,采用立方体强度检验。碎石和卵石的压碎指标值需符合表 4.14 的规定。

表4.14　碎石和卵石的压碎指标值(GB/T 14685—2022)

类　别	Ⅰ　类	Ⅱ　类	Ⅲ　类
碎石压碎指标/%	≤10	≤20	≤30
卵石压碎指标/%	≤12	≤14	≤16

(7)表观密度、连续级配松散堆积空隙率、吸水率

石子的表观密度、连续级配松散堆积空隙率和吸水率应符合如下规定:表观密度不小于 2 600 kg/m³;松散堆积空隙率、吸水率应符合表 4.15 的规定。

表4.15　连续级配松散堆积空隙率、吸水率(GB/T 14685—2022)

类　别	Ⅰ　类	Ⅱ　类	Ⅲ　类
空隙率/%	≤43	≤45	≤47
吸水率/%	≤1.0	≤2.0	≤2.0

(8)碱集料反应

经碱集料反应试验后,试件应无裂缝、酥裂、胶体外溢等现象,在规定的试验龄期,膨胀率应小于 0.10%。

(9)含水率和堆积密度

报告其实测值。

4.2.3　水泥

水泥在混凝土中起胶结作用,正确、合理地选择水泥品种和强度等级,是影响混凝土强度、耐久性及经济性的重要因素。

配制混凝土用的水泥品种,应根据工程性质与特点、工程所处环境及施工条件,依据各种水泥的特性,合理选择。

水泥强度等级的选择应与混凝土的设计强度等级相适应。原则上,配制高强度等级的混凝土选择高强度等级的水泥,配制低强度等级的混凝土选用低强度等级的水泥。若用低强度等级的水泥配制高强度等级的混凝土,为满足强度要求必然使水泥用量过多,这不仅不经济,而且会使混凝土收缩和水化热增大;若用高强度等级的水泥配制低强度等级的混凝土,为满足混凝土拌合物的和易性和混凝土的耐久性,也需要增加水泥用量,造成水泥浪费。

经过大量的试验,现将配制混凝土所用水泥强度等级总结于表4.16 中。

表4.16　配制混凝土所用水泥强度等级

预配混凝土强度等级	所选水泥强度等级
C15~C25	32.5
C30	32.5,42.5
C35~C45	42.5
C40~C60	42.5
C65	42.5,62.5
C70~C80	62.5

4.2.4　混凝土拌和及养护用水

水是混凝土的组成材料之一,水质的好坏直接影响着混凝土的性能。对混凝土用水的要求是:不影响混凝土的凝结硬化、无损于混凝土强度发展及耐久性、不加快钢筋锈蚀、不引起预应力钢筋脆断、不污染混凝土表面。因此,《混凝土用水标准》(JGJ 63—2016)对混凝土用水提出了具体的质量要求,见表4.17。

表4.17　混凝土拌和用水水质要求

项　目	预应力混凝土	钢筋混凝土	素混凝土
pH 值	≥5.0	≥4.5	≥4.5
不溶物/$(mg \cdot L^{-1})$	≤2 000	≤2 000	≤5 000
可溶物/$(mg \cdot L^{-1})$	≤2 000	≤5 000	≤10 000
CL^-/$(mg \cdot L^{-1})$	≤500	≤1 000	≤3 500
SO_4^{2-}/$(mg \cdot L^{-1})$	≤600	≤2 000	≤2 700
碱含量/$(mg \cdot L^{-1})$	≤1 500	≤1 500	≤1 500

注:碱含量按 $Na_2O+0.658K_2O$ 计算值来表示,采用非碱活性骨料时,可不检验碱含量。

混凝土拌和及养护用水按水源不同分为饮用水、地表水、地下水、海水和经适当处理的工业用水。拌制和养护混凝土宜采用饮用水。地表水和地下水常溶有较多的有机质和矿物盐类,必须按标准规定检验合格后方可使用。海水不得拌制钢筋混凝土和预应力混凝土,因为海水中含有硫酸盐和氯盐,会影响混凝土的耐久性,对钢筋有加速锈蚀的作用。工业废水含有酸、油脂、糖类等有害物质,也不能拌制混凝土。

4.2.5　外加剂

混凝土外加剂是指在拌制混凝土过程中掺入的,用以改善混凝土性能的物质。一般情况下,掺量不超过水泥质量的5%。混凝土外加剂技术,对混凝土的耐久性、强度、工作性与经济性,产生了十分明显甚至是决定性的作用。时至今日,外加剂已成为现代混凝土不可缺少的组分,掺加各种外加剂已成为混凝土改性的一条必经的技术途径。

1)外加剂的分类

外加剂按主要功能分为 4 类：

①改善混凝土拌合物流变性能的外加剂,如各种减水剂和泵送剂等。

②调节混凝土凝结时间和硬化性能的外加剂,如缓凝剂、早强剂和速凝剂等。

③改善混凝土耐久性的外加剂,如引气剂、防水剂和阻锈剂等。

④改善混凝土其他性能的外加剂,如膨胀剂、防冻剂、着色剂等。

2)常用外加剂的性能与选用

（1）减水剂

减水剂是指在混凝土坍落度基本相同的条件下,能显著减少其拌和水量的外加剂。

①作用机理:常用减水剂均属表面活性剂,是由亲水基团和憎水基团两个部分组成,如图 4.3 所示。当水泥加水拌和后,由于水泥颗粒间分子凝聚力的作用,使水泥浆形成絮凝结构,如图 4.4 所示。絮凝结构中包裹了一定的拌和水(游离水),从而降低了混凝土拌合物的和易性。如在水泥浆中加入适量的减水剂,由于减水剂的表面活性作用,致使憎水基团定向吸附于水泥颗粒表面,亲水基团指向水溶液,使水泥颗粒表面带有相同的电荷。在电斥力作用下,使水泥颗粒互相分开(图 4.5),絮凝结构解体,包裹的游离水被释放出来,从而有效地增加了混凝土拌合物的流动性。当水泥颗粒表面吸附足够的减水剂后,使水泥颗粒表面形成一层稳定的溶剂化膜层,它阻止了水泥颗粒间的直接接触,并在颗粒间起润滑作用,也改善了混凝土拌合物的和易性。此外,由于水泥颗粒被有效分散,颗粒表面被水分充分润湿,增大了水泥颗粒的水化面积,使水化比较充分,从而也提高了混凝土的强度。

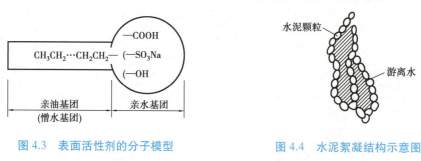

图 4.3　表面活性剂的分子模型　　　　图 4.4　水泥絮凝结构示意图

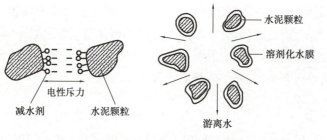

图 4.5　减水剂的作用简图

②技术经济效果:

a.增加流动性。保持水灰比和用水量不变,坍落度可增大 100～200 mm,且不影响混凝土的强度。

b.提高混凝土强度。保持流动性和水泥用量不变,可减少拌和水量10%~15%,从而降低水灰比,使混凝土强度提高15%~20%,特别是早期强度提高更为显著。

c.节约水泥。保持流动性和水灰比不变,可以在减少拌和水量的同时,相应减少水泥用量,即在保持混凝土强度不变时,可节约水泥用量10%~15%。

d.改善混凝土的耐久性。由于减水剂的掺入,显著地改善了混凝土的孔结构,使混凝土的密实度提高,透水性可降低40%~80%,从而可提高抗渗、抗冻、耐化学腐蚀及防锈蚀等能力。

③常用减水剂:减水剂种类繁多,按减水效果可分为普通减水剂和高效减水剂;按化学成分可分为木质素系减水剂、萘系减水剂、树脂系减水剂。

(2)引气剂

引气剂是指在混凝土搅拌过程中,能引入大量分布均匀的微小气泡,以减少混凝土拌合物泌水离析,改善和易性,并能显著提高硬化混凝土抗冻融耐久性的外加剂。目前应用较多的引气剂为松香热聚物、松香皂、烷基苯磺酸盐等。

①作用机理:引气剂属憎水性表面活性剂,能显著降低水的表面张力和界面能,使水溶液在搅拌过程中极易产生许多微小的封闭气泡,气泡直径多在 $50~250~\mu m$。同时引气剂定向吸附在气泡表面,形成较为牢固的液膜,使气泡稳定而不破裂。按混凝土含气量3%~5%计,每立方米混凝土拌合物中含数百亿个气泡。大量微小、封闭并均匀分布气泡的存在,使混凝土的某些性能得到明显改善。

②引气剂的效果:

a.显著提高混凝土的抗渗性、抗冻性。在硬化混凝土中,气泡填充于开口空隙中,切断了毛细管通道,会阻隔外界水的渗入,而气泡的弹性可缓冲水结冰所产生的膨胀应力,因此对混凝土的抗渗性、抗冻性能起到很好的改善作用。

b.改善拌合物的和易性。混凝土拌合物中,骨料表面的气泡会起到滚珠的作用,减小摩擦,增大拌合物的流动性,同时气泡对水的吸附作用也使黏聚性、保水性得到改善。

c.降低部分强度。引气剂形成的气泡,使混凝土的有效承载面积减少,使得混凝土的强度受到损失,同时会使混凝土的变形加大。一般含气量每增加1%时,其抗压强度将降低4%~5%,抗折强度降低2%~3%。

③引气剂的应用:引气剂可用于抗冻混凝土、抗渗混凝土、贫混凝土、轻混凝土等;引气剂不宜用于蒸养混凝土及预应力混凝土。

(3)早强剂

早强剂是加速混凝土早期强度发展的外加剂。早强剂对混凝土后期强度并无显著影响,多用于冬期施工和抢修工程。在低温和负温(不低于-4 ℃)条件下它能够降低冰点,使拌合物中的水分不会很快结冰,使水泥继续水化,达到抵抗冰体膨胀的临界强度。早强剂主要有氯盐类、硫酸盐类、有机胺类3种。

①氯盐类早强剂:如 $CaCl_2$,效果好,除提高混凝土早期强度外,还有促凝、防冻效果;价低,使用方便,一般掺量为1%~2%;缺点是会使钢筋锈蚀。在钢筋混凝土中,$CaCl_2$ 掺量不得超过水泥用量的1%,通常与阻锈剂 $NaNO_2$ 复合使用。

②硫酸盐类早强剂:如硫酸钠,又名元明粉,为白色粉末,适宜掺量为0.5%~2%;多为复

合使用,对钢筋无锈蚀作用,适用于不允许掺用氯盐的水泥混凝土;但严禁用于含有活性骨料的混凝土,同时也不得用于与镀锌钢材或铝铁相接触部位的结构、外露钢筋预埋件而无防护措施的结构、使用直流电源的工厂及使用电气化运输设施的钢筋混凝土结构。

③有机胺类早强剂:主要有三乙醇胺、三异丙醇胺、甲醇、乙醇等,最常用的是三乙醇胺。三乙醇胺为无色或淡黄色透明油状液体,易溶于水,一般掺量为 0.02% ~ 0.05%,有缓凝作用,一般不单掺,常与其他早强剂复合使用。

(4)缓凝剂

缓凝剂是指能延缓混凝土凝结时间,并对混凝土后期强度发展无不利影响的外加剂。常用的缓凝剂是木钙和糖蜜,其中糖蜜的缓凝效果最好。在商品混凝土中掺入缓凝剂的目的是延长水泥的水化硬化时间,使新拌混凝土能在较长时间内保持塑性,从而调节新拌混凝土的凝结时间。

缓凝剂主要适用于大体积混凝土、炎热气候下施工的混凝土以及需长时间停放或长距离运输的混凝土;可抵消因环境温度高(热天)、混凝土凝结硬化加快的影响,使其在浇注期间保持工作度,特别在分层浇注时保持工作度,以避免冷缝或结构不连续问题的出现。缓凝剂不宜用于日最低气温 5 ℃以下施工的混凝土,也不宜单独用于有早强要求的混凝土及蒸养混凝土。

(5)膨胀剂

膨胀剂是指在混凝土拌制过程中与水泥、水拌和后经水化反应生成钙矾石或氢氧化钙,使混凝土产生膨胀的外加剂。

混凝土膨胀剂按水化产物分为硫铝酸钙类混凝土膨胀剂(代号 A)、氧化钙类混凝土膨胀剂(代号 C)、硫铝酸钙-氧化钙类混凝土膨胀剂(代号 AC)3 类。

钢筋混凝土产生裂缝的原因复杂,就材料而言,混凝土干缩和冷缩是主要原因。因此,在混凝土中掺入能达到补偿其收缩的膨胀剂,是较为理想的办法。膨胀剂加入普通混凝土中,拌水生成大量膨胀结晶水化物——水化硫铝酸钙(即钙矾石),使混凝土产生适度膨胀,在钢筋邻位的约束下,在结构中建立 0.2~0.7 MPa 预压应力,这一预压应力可大致抵消混凝土在硬化过程中产生的收缩拉应力,同时可推迟收缩的产生过程。当混凝土开始收缩时,其抗拉力已足以抵抗收缩应力,从而防止或减少混凝土后期收缩开裂;而且产生的钙矾石使混凝土更加致密,从而大大提高了混凝土结构的抗裂防渗性能。国内外专家一致采用膨胀剂配制补偿收缩混凝土。膨胀剂是解决建筑物裂、渗问题的理想材料。

(6)速凝剂

速凝剂是能使混凝土迅速凝结硬化的外加剂。速凝剂的主要种类有无机盐类和有机物类。我国常用的速凝剂是无机盐类。无机盐类速凝剂按其主要成分大致可分为 3 类:以铝酸钠为主要成分的速凝剂;以铝酸钙、氟铝酸钙等为主要成分的速凝剂;以硅酸盐为主要成分的速凝剂。

速凝剂加入混凝土后,其主要成分中的铝酸钠在碱性溶液中迅速与水泥中的石膏反应形成硫酸钠,使石膏丧失其原有的缓凝作用,并在溶液中析出其水化产物晶体,从而使水泥混凝土迅速凝结。

速凝剂掺入混凝土后,能使混凝土在 5 min 内初凝,12 min 内终凝。1 h 就可产生强度,

1 d 强度提高 2~3 倍,但后期强度会下降,28 d 强度为不掺时的 80%~90%。温度升高,提高速凝效果。混凝土水灰比增大则降低速凝效果,故掺用速凝剂的混凝土水灰比一般为 0.4 左右。掺加速凝剂后,混凝土的干缩率有增加的趋势,弹性模量、抗剪强度、黏结力等有所降低。

速凝剂适用于铁路、公路、军工、地铁、城市、地下空间建筑以及各类型隧道、矿山、井巷、护坡及抢险加固工程的喷射混凝土施工,拥有广泛的应用领域。

3)外加剂的选择和使用

外加剂品种的选择,应根据工程需要、施工条件及环境、混凝土原材料等因素,参考有关资料,通过试验确定。严禁使用对人体产生危害、对环境产生污染的外加剂。

外加剂的掺量过小,往往达不到预期效果;掺量过大,则会影响混凝土质量,所以应根据厂家提供的数据,结合具体工程,通过试验试配确定最佳掺量。

外加剂的掺加方法有先掺法、同掺法、后掺法、分次掺入法等。对于可溶于水的外加剂,应先配成一定浓度的溶液,随水加入搅拌机;对于不溶于水的外加剂,应与适量水泥或砂混合均匀后再加入搅拌机内。

4.3　普通混凝土骨料检测

4.3.1　细骨料检测

1)采用标准

当前细骨料检测采用的标准为《建设用砂》(GB/T 14684—2022)。

2)相关规定

(1)组批规则

砂应按批进行质量检验,按同类、同规格、同适用等级及日产量每 600 t 为 1 批,不足 600 t 以1 批计;日产量超过 2 000 t 的,以 1 000 t 为 1 批,不足 1 000 t 的,按 1 批计。

(2)检测项目

天然砂的出厂检验项目:颗粒级配、含泥量、泥块含量、云母含量、松散堆积密度。

机制砂的出厂检验项目:颗粒级配、石粉含量(含亚甲蓝实验)、泥块含量、压碎指标、松散堆积密度。

(3)取样方法

在料堆上取样时,取样部位应均匀分布。取样前先将取样部位表面铲除,然后由各部位抽取大致相等的砂共 8 份,组成 1 组样品;从皮带运输机上取样时,应用与皮带等宽的接料器在皮带运输机机头出料处全断面定时随机抽取大致等量的砂 4 份,组成 1 组样品;从火车、汽车、货船上取样时,应从不同部位和深度随机抽取大致等量的砂 8 份,组成 1 组样品。

砂的取样与
缩分方法

(4)取样数量

单项试验的最少取样数量应符合表 4.18 的规定。

表 4.18　单项试验取样数量

序　号	试验项目		最少取样数量/kg
1	颗粒级配		4.4
2	含泥量		4.4
3	泥块含量		20.0
4	石粉含量		6.0
5	云母含量		0.6
6	坚固性	天然砂	8.0
		机制砂	20.0
7	表观密度		2.6
8	松散堆积密度与空隙率		5.0

（5）试样处理

人工四分法:将所取每组样品置于平板上,在潮湿状态下拌和均匀,堆成厚度约 20 mm 的"圆饼"。然后沿互相垂直的两条直径把"圆饼"分成 4 等份,取对角 2 份重新拌匀,再堆成"圆饼",重新再分,直到缩分后的材料量略多于进行试验的所需量为止,也可用分料器缩分。堆积密度、机制砂坚固性试验所用试样可不经缩分,在拌匀后直接进行试验。

（6）试验环境

试验室的温度应保持在（20±5）℃。

（7）判定规则

试验后,各项指标结果符合标准规定的全部技术要求,则判定该批产品合格。若技术要求颗粒级配、含泥量、石粉含量和泥块含量、有害物质含量、坚固性、表观密度、松散堆积密度、空隙率中有一项指标不符合标准规定时,应从同一批产品中加倍取样,对该项进行复验,复验后,若试验结果符合标准规定,可判为该批产品合格;若仍不符合标准要求时,应按不合格品处理。若有两项及两项以上试验结果不符合标准规定的,则判该批产品不合格。

3）砂的检测

（1）砂的筛分检测

①目的:评定砂的颗粒级配和粗细程度。

②仪器设备:

• 方孔筛:规格为 0.15,0.3,0.6,1.18,2.36,4.75,9.50 mm 的筛各 1 只,并附有筛底和筛盖,如图 4.6 所示;

• 天平:称量为 1 000 g,感量为 1 g;

• 摇筛机,如图 4.7 所示;

• 鼓风干燥箱:能使温度控制在（105±5）℃,如图 4.8 所示;

• 搪瓷盘和毛刷等。

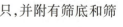

砂的筛分析试验

图4.6 方孔筛

图4.7 摇筛机

图4.8 鼓风干燥箱

③试样制备规定:用于筛分析的试样,颗粒粒径不应大于9.5 mm。试验前应将试样通过9.5 mm 筛,并算出筛余百分率。然后称取每份不少于550 g的试样2份,分别倒入2个浅盘中,在(105±5)℃的温度下烘干至恒重,冷却至室温备用。恒重是指相邻2次称量间隔时间不大于3 h的情况下,其前后2次称量之差不大于该项试验所要求的称量精度。

④试验步骤:

a.称取烘干试样500 g(精确至1 g),将试样倒入按筛孔从大到小组合的套筛(附筛底)上,将套筛装入摇筛机内固定,筛分时间为10 min 左右,然后取出套筛,再按筛孔大小顺序,在清洁的浅盘上逐个进行手筛,直至每分钟的筛出量不超过试样总量的0.1%时为止。通过的颗粒并入下一个筛,并和下一个筛中的试样一起过筛,按这样顺序进行,直至每个筛全部筛完为止。

b.称出各筛的筛余量(精确至1 g),试样在各号筛上的筛余量均不得超过式(4.1)计算的量。如超过时应将筛余试样分成两份,再次进行筛分,并以其筛余量之和作为筛余量。

$$G = \frac{A\sqrt{d}}{200} \tag{4.1}$$

式中 G——在一个筛上的剩余量,g;

d——筛孔尺寸,mm;

A——筛的面积,mm^2。

⑤结果计算与评定:

a.计算分计筛余百分率:各号筛的筛余量与试样总量之比,精确至0.1%;

b.计算累计筛余百分率:该号筛的分计筛余百分率加上该号筛以上各分计筛余百分率之和,精确至0.1%。计算步骤见表4.19,计算结果填入表4.20中。

表4.19　筛分析计算步骤

筛孔尺寸/mm	筛余量/g	分计筛余率/%	累计筛余率/%
4.75	m_1	a_1	$A_1 = a_1$
2.36	m_2	a_2	$A_2 = a_1 + a_2$
1.18	m_3	a_3	$A_3 = a_1 + a_2 + a_3$
0.6	m_4	a_4	$A_4 = a_1 + a_2 + a_3 + a_4$
0.3	m_5	a_5	$A_5 = a_1 + a_2 + a_3 + a_4 + a_5$
0.15	m_6	a_6	$A_6 = a_1 + a_2 + a_3 + a_4 + a_5 + a_6$

表4.20　砂的颗粒级配及粗细程度记录与计算

	筛孔尺寸/mm		9.5	4.75	2.36	1.18	0.6	0.3	0.15
标准要求	颗粒级配区	Ⅰ区	0	10~0	35~5	65~35	85~71	95~80	100~90
		Ⅱ区	0	10~0	25~0	50~10	70~41	92~70	100~90
		Ⅲ区	0	10~0	15~0	25~0	40~16	85~55	100~90
检验结果	筛余量								
	分计筛余/%								
	累计筛余/%								
结论	颗粒级配								
	粗细程度		细度模数为:　　　　　　　　属于_____						

c.砂的细度模数,按式(4.2)计算(精确至0.01):

$$M_x = \frac{(A_6 + A_5 + A_4 + A_3 + A_2) - 5A_1}{100 - A_1} \quad (4.2)$$

d.累计筛余百分率取两次试验结果的算术平均值,精确至1%。细度模数以两次试验结果的算术平均值为测定值(精确至0.1)。如两次试验所得的细度模数之差大于0.20,应重新取样进行试验。根据细度模数评定该试样的粗细程度。

e.根据各号筛的累计筛余百分率,查表4.1评定该试样的颗粒级配。

【例4.1】　砂子筛分析试验,称取试样500 g,筛分析试验结果见表4.21,试计算该砂的分计筛余百分率、累计筛余百分率。假定另一组平行试验结果与本次试验相同,试计算该砂的细度模数,并判定该砂属于粗砂、中砂还是细砂。

表 4.21　筛分析试验结果

筛孔尺寸/mm	筛余量/g	分计筛余率/%	累计筛余率/%
4.75	21	$a_1 = 4.2$	$A_1 = a_1 = 4$
2.36	49	$a_2 = 9.8$	$A_2 = a_1 + a_2 = 14$
1.18	72	$a_3 = 14.4$	$A_3 = a_1 + a_2 + a_3 = 28$
0.6	119	$a_4 = 23.8$	$A_4 = a_1 + a_2 + a_3 + a_4 = 52$
0.3	216	$a_5 = 43.2$	$A_5 = a_1 + a_2 + a_3 + a_4 + a_5 = 95$
0.15	17	$a_6 = 3.4$	$A_6 = a_1 + a_2 + a_3 + a_4 + a_5 + a_6 = 99$
筛底	2		

【解】　①试验前筛余量的总和与试验后筛余量的总和之差,与试验前筛余量的总和相比不得超过1%。

试验前的筛余量总和:500 g

试验后的筛余量总和:21+49+72+119+216+17+2=496 g

$$\frac{500-496}{500} = 0.8\% < 1\%,符合要求$$

②计算各筛的分计筛余百分率。

$$各筛的分计筛余百分率 = \frac{各号筛的筛余量}{试样总质量} \times 100\%$$

如套筛4.75 mm的分计筛余百分率为21÷500×100%=4.2%,依次计算填入表中的分计筛余百分率栏里。

③计算各筛的累计筛余百分率。

各筛的累计筛余百分率 = 该号筛的分计筛余百分率 + 该号筛以上各筛的分计筛余百分率

如套筛1.18 mm的累计筛余百分率为4.2+9.8+14.4=28.4,依次计算填入表中的累计筛余百分率栏内。

④0.6 mm筛孔的累计筛余百分率为52%,因此属Ⅱ区砂。

⑤计算细度模数

$$M_x = \frac{(A_6 + A_5 + A_4 + A_3 + A_2) - 5A_1}{100 - A_1} = \frac{14 + 28 + 52 + 95 + 99 - 5 \times 4}{100 - 4} = \frac{269}{96} \approx 2.8$$

所以,判定此砂为中砂($M_x = 3.0 \sim 2.3$)。

(2)砂子的表观密度检测

①目的:表观密度检测为计算砂的空隙率和进行混凝土配合比设计提供依据。

②仪器设备:

●天平:称量为1 000 g,感量为0.1 g;

●容量瓶:500 mL;

●干燥器、搪瓷盘、滴管、毛刷、温度计等;

●鼓风干燥箱:能使温度控制在(105±5)℃。

③试样制备规定:将试样缩分至约660 g,放在(105±5)℃的烘箱中烘干至恒重,并在干

燥器中冷却至室温,分成大致相等的两份备用。

④试验步骤:

a.称取烘干试样 300 g,精确至 0.1 g,将试样装入容量瓶,注入冷开水(15~25 ℃)至接近 500 mL 的刻度处。用手旋转摇动容量瓶,以排除气泡,塞进瓶盖,静置约 24 h 后,用滴管小心加水至 500 mL 刻度处,塞紧瓶盖,擦干瓶外水分,称出其质量,精确至 1 g。

b.倒出瓶内水和试样,洗净容量瓶,再注入与上述水温相差不超过 2 ℃ 的冷开水 500 mL,塞紧瓶盖,擦干瓶外水分,称出其质量,精确至 1 g。

⑤结果计算与评定:

砂的表观密度按式(4.3)计算(精确至 10 kg/m³):

$$\rho_0 = \left(\frac{G_0}{G_0 + G_2 - G_1} - \alpha_t \right) \times 1\ 000 \tag{4.3}$$

式中 ρ_0——表观密度,kg/m³;

G_0——试样的烘干质量,g;

G_1——试样、水及容量瓶的总质量,g;

G_2——水及容量瓶的总质量,g;

α_t——水温对表观密度影响的修正系数,见表 4.22。

表 4.22 不同水温对砂的表观密度影响的修正系数

水温/℃	15	16	17	18	19	20	21	22	23	24	25
α_t	0.002	0.003	0.003	0.004	0.004	0.005	0.005	0.006	0.006	0.007	0.008

评定:表观密度取两次试验结果的算术平均值作为测定值,精确至水及容量瓶的总质量(g);如两次结果之差大于 20 kg/m³ 时,应重新取样进行试验。

检测所得数据填入如表 4.23 所示的记录表中。

表 4.23 砂的表观密度测定记录

试样编号	试样质量 G_0/g	试样、水及容量瓶的总质量/g	水及容量瓶的总质量/g	表观密度 /(kg·m⁻³)	表观密度平均值 /(kg·m⁻³)
1					
2					

(3)砂子的堆积密度和空隙率检测

集料在自然堆积状态下单位体积的质量称为堆积密度。

①目的:为计算砂的空隙率和进行混凝土配合比设计提供依据。

②仪器设备:

• 天平:称量为 10 kg,感量为 1 g;

• 容量筒:金属制,圆柱形,内径为 108 mm,净高为 109 mm,筒壁厚为 2 mm,容积约为 1 L,筒底厚为 5 mm;

• 方孔筛:孔径为 4.75 mm 的筛 1 只;

- 鼓风干燥箱:能使温度控制在(105±5)℃;
- 垫棒:直径 10 mm,长 500 mm 的圆钢;
- 漏斗(图 4.9)、直尺、搪瓷盘、毛刷等。

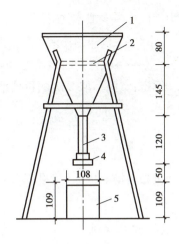

图 4.9 标准漏斗
1—漏斗;2—筛;3—620 mm 管子;
4—活动门;5—金属量筒

③试样制备:用搪瓷盘装样品约 3 L,在温度为 (105±5)℃烘箱中烘干至恒重,取出并冷却至室温,再用 4.75 mm 孔径的筛子过筛,分成大致相等的两份备用,试样烘干后如有结块,应在试验前先捏碎。

④试验步骤:

a.松散堆积密度:取试样 1 份,用漏斗将其徐徐装入容量筒(漏斗口或料勺距容量筒筒口不应超过 50 mm),直至试样装满并超出容量筒筒口。然后用直尺将多余的试样沿筒口中心线向两边刮平,称出试样和容量筒总质量,精确至 1 g。

b.紧密堆积密度:取试样 1 份,分 2 次装入容量筒。装完 1 层后,在筒底垫放 1 根直径为 10 mm 的圆钢,将筒按住,左右交替颠击两边地面各 25 下;然后再装入第 2 层,第 2 层装满后用同样方法颠实(但筒底所垫钢筋的方向应与第 1 层放置方向垂直);再加试样直至超出筒口,然后用直尺将多余的试样沿筒口中心线向两个相反方向刮平,称出试样和容量筒总质量,精确至 1 g。

⑤结果计算与评定:

a.松散或紧密堆积密度,按式(4.4)计算,精确至 10 kg/m³。

$$\rho_1 = \frac{G_1 - G_2}{V} \tag{4.4}$$

式中 ρ_1——松散或紧密堆积密度,kg/m³;

G_1——试样和容量筒的总质量,g;

G_2——容量筒质量,g;

V——容量筒的容积,L。

评定:堆积密度取 2 次试验结果的算术平均值作为测定值,精确至 10 kg/m³。

将堆积密度的测定数据填入如表 4.24 所示的记录表中。

表 4.24 砂的堆积密度测定记录

试样编号	容量筒的容积/L	试样和容量筒的总质量/g	容量筒质量/g	堆积密度/(kg·m⁻³)	堆积密度平均值/(kg·m⁻³)
1					
2					

b.空隙率按式(4.5)计算(精确至 1%):

$$V_0 = \left(1 - \frac{\rho_1}{\rho_0}\right) \times 100 \tag{4.5}$$

式中　V_0——空隙率,%;

　　　ρ_1——试样的松散(或紧密)堆积密度,kg/m³;

　　　ρ_0——试样的表观密度,kg/m³。

评定:空隙率取 2 次试验结果的算术平均值作为测定值,精确至 1%。

4.3.2　粗骨料检测

1)采用标准

粗骨料检测依据《建设用卵石、碎石》(GB/T 14685—2022)执行。

2)相关规定

(1)组批规则

按同分类、类别、公称粒级及日产量每 600 t 为 1 批,不足 600 t 时亦为 1 批;日产量超过 2 000 t,按 1 000 t 为 1 批,不足 1 000 t 亦为 1 批;日产量超过 5 000 t,按 2 000 t 为 1 批,不足 2 000 t 亦为 1 批。

(2)检测项目

出厂检验:松散堆积密度,颗粒级配,含泥量,泥块含量,针、片状颗粒含量检验;连续粒级的石子应进行空隙率检验。

型式检验:颗粒级配,含泥量,泥块含量,针、片状颗粒含量,有害物质含量,坚固性,强度,表观密度,空隙率检验。

(3)取样方法

在料堆上取样时,取样部位应均匀分布,取样前先将取样部位表面铲除,然后从各部位抽取大致相等的石子 15 份(在料堆的顶部、中部和底部各由均匀分布的 15 个不同部位取得)组成 1 组样品;从皮带运输机上取样时,应用接料器在皮带运输机机头的出料处定时随机抽取大致等量的石子 8 份,组成 1 组样品;从火车、汽车、货船上取样时,从不同部位和深度抽取大致等量的石子 16 份,组成 1 组样品。

石子的取样与缩分方法

(4)取样数量

单项试验的最少取样数量应符合表 4.25 的规定。

表 4.25　单项试验取样数量

试验项目	最大粒径/mm							
	9.5	16.0	19.0	26.5	31.5	37.5	63.0	75.0
	最少取样数量/kg							
颗粒级配	9.5	16.0	19.0	25.0	31.5	37.5	63.0	80.0
含泥量	8.0	8.0	24.0	24.0	40.0	40.0	80.0	80.0
泥块含量	8.0	8.0	24.0	24.0	40.0	40.0	80.0	80.0
针、片状颗粒含量	1.2	4.0	8.0	12.0	20.0	40.0	40.0	40.0
表观密度	8.0	8.0	8.0	8.0	12.0	16.0	24.0	24.0
堆积密度与空隙率	40.0	40.0	40.0	40.0	80.0	80.0	120.0	120.0

（5）试样处理

将所取样品置于平板上，在自然状态下搅拌均匀，并堆成锥体，然后沿互相垂直的两条直径把锥体分成大致相等的4份，取其中对角线的2份重新拌匀，再堆成锥体，重复上述过程，直至缩分后的材料量略多于进行试验所需的量为止。堆积密度检验所用的试样，不经缩分，拌匀后直接进行试验。

（6）试验环境

试验室的温度应保持在（20±5）℃。

（7）判定规则

检验后，各项性能指标都符合标准规定的相应类别规定时，则判定该石子合格；检验颗粒级配、含泥量、泥块含量、有害物质、坚固性、强度、表观密度、空隙率时，若有一项不符合标准要求，应从同一批产品中加倍取样，对不合格项进行复验，若仍然不符合标准要求，应按不合格品处理。若有两项及两项以上试验结果不符合标准规定的，则判该批产品不合格。

3）石子检测

（1）石子的筛分试验

①目的：评定石子的颗粒级配。

②仪器设备：

石子的筛分
试验

• 方孔筛：孔径为90,75.0,63.0,53.0,37.5,31.5,26.5,19.0,16.0,9.5,4.75,2.36 mm的方孔筛各1只，并附有筛底和筛盖（筛框内径均为300 mm）；

• 天平：称量为10 kg，感量为1 g；

• 鼓风干燥箱：能使温度控制在（105±5）℃；

• 摇筛机；

• 搪瓷盘、毛刷等。

③试样制备：用四分法将试样缩分至略重于表4.26规定的数量，烘干或风干后备用。

④试验步骤：

a.按表4.26的规定称取试样（精确至1 g）。

表4.26　筛分析所需试样的最小质量

最大粒径/mm	9.5	16	19	26.5	31.5	37.5	63	75
最少试样质量/kg	1.9	3.2	3.8	5.0	6.3	7.5	12.6	16

b.将试样按筛孔大小顺序过筛，直至各筛每分钟的通过量不超过试样总量的0.1%为止。

c.称取各筛筛余的质量（精确至1 g），所有各筛的分计筛余量和底盘中剩余量的总和与筛分前的试样总量相比，相差不得超过1%。

⑤计算步骤与评定：

a.由各筛上的筛余量除以试样总重计算得出该号筛的分计筛余百分率（精确至0.1%）。

b.每号筛计算得出的分计筛余百分率与大于该号筛各筛的分计筛余百分率相加,计算得出其累计筛余百分率(精确至1%)。

c.根据各筛的累计筛余百分率,评定该试样的颗粒级配。

(2)石子的含泥量试验

①目的:通过试验,测定石子中的含泥量,评定石子是否达到技术要求,能否用于指定工程中。

②仪器设备:

- 天平:称量为 10 kg,感量为 1 g;
- 鼓风干燥箱:能使温度控制在(105±5)℃;
- 方孔筛:孔径为 1.18 mm 及 75 μm 筛各 1 只;
- 容器:要求淘洗试样时,保证试样不溅出;
- 搪瓷盘、毛刷等。

③试样制备:将试样用四分法缩分为略重于表 4.27 所规定的量,并置于温度为(105±5)℃的烘箱内烘干至恒重,冷却至室温后分成 2 份备用。

表 4.27　含泥量试验所需的试样最小质量

最大粒径/mm	9.5	16	19	26.5	31.5	37.5	63	75
最少试样质量/kg	2.0	2.0	6.0	6.0	10.0	10.0	20.0	20.0

④试验步骤:

a.称取试样 1 份装入容器中摊平,并注入饮用水,使水面高出石子表面 150 mm;用手在水中淘洗颗粒,使尘屑、淤泥和黏土与较低粗颗粒分离,并使之悬浮或溶解于水中;缓缓地将浑浊液倒入粒径 1.18 mm 及 75 μm 的套筛上,滤去粒径小于 75 μm 的颗粒。试验前筛子的两面应先用水湿润,在整个试验过程中应注意避免粒径大于 75 μm 的颗粒丢失。

b.再次加水于容器中,重复上述过程,直至洗出的水清澈为止。

c.用水冲洗剩余在筛上的细粒,并将孔径 75 μm 筛放在水中(使水面略高出筛内颗粒)来回摇动,以充分洗除粒径小于 75 μm 的颗粒。然后,将两只筛上剩留的颗粒和筒中已洗净的试样一并装入浅盘,置于温度为(105±5)℃的烘箱中烘干至恒重,冷却至室温后,称取试样的质量。

⑤结果计算与评定:

含泥量应按式(4.6)计算,精确至 0.1%。

$$Q_a = \frac{G_1 - G_2}{G_1} \times 100\% \tag{4.6}$$

式中　Q_a——含泥量,g;

$\quad\quad G_1$——试验前烘干试样的质量,g;

$\quad\quad G_2$——试验后烘干试样的质量,g。

评定:以 2 个试样试验结果的算术平均值作为测定值。

（3）石子的泥块含量试验

①试验目的：通过试验，测定石子中的泥块含量，评定石子是否达到技术要求，能否用于指定工程中。

石子的泥块
含量试验

②仪器设备：

- 天平：称量为 10 kg，感量为 1 g；
- 鼓风干燥箱：能使温度控制在（105±5）℃；
- 方孔筛：孔径为 2.36 mm 及 4.75 mm 筛各 1 只；
- 容器：要求淘洗试样时，保证试样不溅出；
- 搪瓷盘、毛刷等。

③试样制备：将样品用四分法缩分至略大于表 4.27 规定的 2 倍数量，放在干燥箱内（105±5）℃烘至恒重，冷却至室温后，筛除粒径小于 4.75 mm 的颗粒，分成大致相等的 2 份备用。

④试验步骤：

a.将 1 份试样在容器中摊平，加入饮用水使水面高出试样表面，24 h 后把水放出，用手碾压泥块，然后把试样放在孔径为 2.36 mm 的筛上用水淘洗，直至洗出的水清澈为止。

b.将筛上的试样小心地从筛里取出，置于温度为（105±5）℃烘箱中烘干至恒重，冷却至室温后称重，精确至 1 g。

⑤结果计算与评定：

泥块含量应按式（4.7）计算，精确至 0.1%。

$$Q_b = \frac{G_2 - G_1}{G_1} \times 100\% \qquad (4.7)$$

式中　Q_b——泥块含量，%；

G_1——孔径 4.75 mm 筛筛余试样质量，g；

G_2——试验后烘干试样的质量，g。

评定：以 2 个试样试验结果的算术平均值作为测定值。

（4）针、片状颗粒含量试验

①试验目的：测定石子的针、片状颗粒含量。

②仪器设备：

石子的针、
片状含量试验

- 针状规准仪（图 4.10）和片状规准仪（图 4.11）；
- 天平：称量为 10 kg，感量为 1 g；
- 方孔筛：孔径分别为 4.75，9.50，16.0，19.0，26.5，31.5，37.5 mm 的筛各 1 只。

图 4.10　针状规准仪

图 4.11　片状规准仪

③试样制备:将试样缩分至略重于表4.28规定的数量,风干或烘干备用。

表4.28　针、片状试验所需的试样最小质量

最大粒径/mm	9.5	16	19	26.5	31.5	37.5	63	75
最少试样质量/kg	0.3	1.0	2.0	3.0	5.0	10.0	10.0	10.0

根据试样最大粒径,称取规定数量试样1份,按表4.29规定的粒级进行筛分。

表4.29　针、片状试验的粒级划分及其相应的规准仪孔宽或间距　　单位:mm

石子粒级	4.75~9.5	9.5~16	16~19	19~26.5	26.5~31.5	31.5~37.5
片状规准仪相对应孔宽	2.8	5.1	7.0	9.1	11.6	13.8
针状规准仪相对应间距	17.1	30.6	42.0	54.6	69.6	82.8

④试验步骤:

a.按表4.29所规定的粒级用规准仪逐粒对试样进行鉴定,颗粒长度大于针状规准仪上相对应间距者,为针状颗粒;厚度小于片状规准仪上相应孔宽者,为片状颗粒。称出其总质量,精确至1 g。

b.粒径大于37.5 mm的碎石或卵石可用卡尺鉴定其针、片状颗粒,卡尺卡口的设定宽度应符合表4.30的规定。

表4.30　大于37.5 mm粒级颗粒卡尺卡口的设定宽度　　单位:mm

石子粒级	37.5~53	53~63	63~75	75~90
检验片状颗粒的卡尺卡口设定宽度	18.1	23.2	27.6	33.0
检验针状颗粒的卡尺卡口设定宽度	108.6	139.2	165.6	198.0

⑤结果计算与评定:

针、片状颗粒含量应按式(4.8)计算,精确至0.1%。

$$Q_c = \frac{G_2}{G_1} \times 100\% \qquad (4.8)$$

式中　Q_c——针、片状颗粒含量;

G_2——试样中所含针、片状颗粒的总质量,g;

G_1——试样的质量,g。

(5)岩石的抗压强度试验

①试验目的:测定岩石的抗压强度。

②仪器设备:

● 压力试验机:荷载1 000 kN,示值相对误差2%;

● 锯石机或钻石机;

● 岩石磨光机;

● 游标卡尺、角尺等。

③试样制作规定:试验时,取有代表性的岩石样品用锯石机切割成边长为50 mm的立方体,或用钻石机钻取直径与高度均为50 mm的圆柱体。然后,用磨光机把试件与压力机压板接触的两个面磨光并保持平行,试件形状需用角尺检查。至少应制作6个试块,对有显著层理的岩石,应取2组试件(12块)分别测定其垂直和平行于层理的强度值。

④试验步骤:

a.用游标卡尺量取试件的尺寸(精确至0.1 mm)。对于立方体试件,在顶面和底面上各量取其边长,以各个面上相互平行的2个边长的算术平均值作为宽或高,由此计算面积;对于圆柱体试件,在顶面和底面上各量取相互垂直的2个直径,以其算术平均值计算面积。取顶面和底面面积的算术平均值作为计算抗压强度所用的截面积。

b.将试件置于水中浸泡48 h,水面应至少高出试件顶面20 mm。

c.取出试件,擦干表面,放在压力机上进行强度试验,试验时加压速率应为每秒钟0.5~1 MPa。

⑤结果计算与评定:

岩石的抗压强度应按式(4.9)计算,精确至1 MPa。

$$R = \frac{F}{A} \tag{4.9}$$

式中　F——破坏荷载,N;

　　　A——试件的截面积,mm^2。

评定:取6个试件试验结果的算术平均值作为抗压强度测定值,并给出最小值,精确至1 MPa。对具有显著层理的岩石,应分别给出垂直于层理及平行于层理的抗压强度。

(6)石子的压碎指标值试验

①试验目的:测定石子的压碎指标值。

②仪器设备:

● 压力试验机:荷载300 kN,示值相对误差2%;

● 压碎指标值测定仪(图4.12);

● 天平:称量为10 kg,感量为1 g;

● 方孔筛:孔径分别为2.36,9.50,19.0 mm的筛各1只;

● 垫棒:直径10 mm、长500 mm的圆钢。

③试样制备:试样风干后,先将试样筛去9.5 mm以下及19.0 mm以上的颗粒,再用针、片状规准仪剔除其针、片状颗粒,分成大致相等的3份备用,每份3 kg。

④试验步骤:

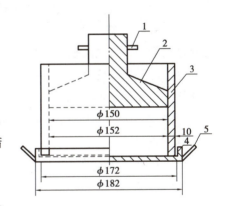

图4.12　压碎值测定仪
1—把手;2—加压头;3—圆模;
4—底盘;5—手把

a.置圆筒于底盘上,取试样1份,分2层装入筒内;每装完1层试样后,在底盘下面垫放一个直径为10 mm的圆钢筋,将筒按住,左右交替颠击地面各25下;第2层颠实后,试样表面距盘底的高度应控制在100 mm左右。

b.整平筒内试样表面,把加压头装好(注意应使加压头保持平正),放到试验机上,按1 kN/s的速度均匀地加荷到200 kN,稳定5 s,然后卸荷,取出测定筒。倒出筒中的试样并称其质量,用孔径为 2.36 mm 的筛筛除被压碎的细粒,称量剩留在筛上的试样质量,精确至 1 g。

⑤结果计算与评定:

碎石或卵石的压碎指标值,应按式(4.10)计算,精确至 0.1%。

$$Q_e = \frac{G_1 - G_2}{G_1} \times 100\% \qquad (4.10)$$

式中　Q_e——压碎指标值,%;

　　　G_1——试样的质量,g;

　　　G_2——压碎试验后筛余的试样质量,g。

评定:以 3 次试验结果的算术平均值作为压碎指标测定值,精确至 0.1%。

4.3.3　标志、储存和运输

①砂石料出厂时,供需双方在厂内验收产品,生产厂家应提供产品质量合格证书。其内容包括:分类、类别、规格、公称粒径和生产厂家信息;批量编号及供货数量;出厂检验结果、日期及执行标准编号;合格证编号及发放日期;检验部门及检验人员签章。

②砂石料应按分类、类别、规格分别堆放和运输,防止人为碾压及污染产品。

③运输时,应有必要的防遗撒设施,严禁污染环境。

工程案例 4

台湾"海砂屋事件"的原因与危害

[现象]多年前随着我国台湾基建规模的扩大和建筑业的蓬勃发展,岛内出现建筑用河砂奇缺的现象。虽有明文规定不准使用海砂,但由于经济利益促使,偷用海砂现象已逐渐呈蔓延之势。海砂内含海盐,能对混凝土中钢筋造成严重腐蚀而导致建筑结构破坏。数年后台湾陆续出现大量房屋、公共建筑的腐蚀破坏现象,被称作"海砂屋事件"。

[原因分析]海砂中的氯盐,能引起混凝土中钢筋的严重腐蚀破坏,导致结构物不能耐久,甚至造成事故。

海砂含盐量应满足混凝土中 Cl^- 限定值的规定。如果能够保证这个限定值,使用海砂是安全的;超出此限定值,混凝土中 Cl^- 总量就会达到或超过钢筋腐蚀的"临界值",若不采取可靠的防护措施,钢筋就会发生腐蚀,结构就会发生破坏。腐蚀速度与海砂带入的 Cl^- 总量成正比关系,即海砂含盐量越高,其腐蚀破坏出现就越早、发展就越快。这正是滥用海砂的危险所在,也是出现"海砂屋"问题的直接原因。

单元小结

本单元主要介绍了混凝土的分类和特点、组成普通混凝土的材料及作用、细骨料和粗骨料的技术要求、水泥的选用原则和方法、混凝土外加剂的类型及用途,还介绍了普通混凝土粗、细骨料的检测方法。

职业能力训练

一、填空题

1.混凝土外加剂按其主要功能分为_____、_____、_____和_____四大类。

2.在混凝土中,砂子和石子起_____作用,水泥浆在硬化前起_____作用,在硬化后起_____作用。

3.对混凝土用砂进行筛分析试验,其目的是测定砂的_____和_____。

4.砂子的筛分曲线表示砂子的_____,细度模数表示砂子的_____,配制混凝土用砂应同时考虑_____和_____的要求。

5.其他条件相同的情况下,在混凝土中使用天然砂与人工砂相比,使用_____所需水泥用量多,混凝土拌合物和易性较_____。

二、判断题

1.砂的细度模数越大,砂的空隙率越小。　　　　　　　　　　　　　　　　（　　）

2.级配好的集料空隙率小,其总表面积也小。　　　　　　　　　　　　　　（　　）

3.级配好的集料,其表面积小,空隙率小,最省水泥。　　　　　　　　　　（　　）

4.混凝土用砂的细度越大,则该砂的级配越好。　　　　　　　　　　　　（　　）

5.合理砂率确定的原则是砂子的用量应填满石子的空隙且略有富余。　　（　　）

6.若砂的筛分曲线落在限定的三个级配区的一个区内,则无论其细度模数是多少,其级配和粗细程度都是合格的,适用于配制混凝土。　　　　　　　　　　　　　　（　　）

7.两种砂细度模数相同,它们的级配也一定相同。　　　　　　　　　　　（　　）

8.级配相同的砂,细度模数一定相同。　　　　　　　　　　　　　　　　（　　）

三、简述题

1.普通混凝土是由哪些材料组成的? 它们各起什么作用?

2.粗砂、中砂和细砂如何划分? 配置混凝土时选用哪种砂最优? 为什么?

3.什么是石子的最大粒径? 为什么要限制最大粒径?

4.为什么要限制砂、石中的泥及泥块含量?

5.碎石和卵石拌制混凝土有何不同? 为何高强混凝土都用碎石拌制?

四、计算题

取 500 g 干砂,经筛分后,其结果见下表。试计算该砂细度模数,并判断该砂是否属于中砂。

筛孔尺寸/mm	4.75	2.36	1.18	0.6	0.3	0.15	<0.15
筛余量/g	20	50	69	118	217	20	2

单元 5

普通混凝土性能检测

单元导读

- **基本要求** 掌握普通混凝土拌合物和易性的含义、影响和易性的因素、改善和易性的措施；掌握混凝土的立方体抗压强度和强度等级的确定、影响混凝土强度的因素、提高混凝土强度的措施；掌握混凝土的耐久性；掌握混凝土配合比设计的过程；熟悉混凝土质量控制与强度评定的方法；学会水泥混凝土主要技术性能指标的检测方法，能够熟练地操作仪器，进行混凝土各项试验和结果整理分析。

- **重点** 混凝土拌合物的和易性；硬化混凝土的强度；混凝土的耐久性；混凝土的配合比设计。

- **难点** 水泥混凝土主要技术性能指标的检测。

5.1 普通混凝土的主要技术性能

普通混凝土的主要技术性能包括和易性、强度、耐久性和变形4个方面，这里主要介绍前3项性能。

5.1.1 混凝土拌合物的和易性

1) 和易性的概念

和易性是指混凝土拌合物在施工中能保持其成分均匀，不分层离析，无泌水现象的性能，是一项综合技术性能。它包括流动性、黏聚性和保水性3个方面内容。

混凝土拌合物
的和易性

（1）流动性

流动性是指混凝土拌合物在本身自重或机械振捣作用下，能产生流动并均匀密实地填满模板的性能。流动性的大小，反映了混凝土拌合物的稀稠。混凝土过稠，流动性就差，难以振捣密实，造成混凝土内部出现孔隙；混凝土过稀，流动性就好，振捣后易分层离析，影响混凝土的质量。

（2）黏聚性

黏聚性是指混凝土拌合物各组分间具有一定的黏聚力，在运输和浇筑过程中不发生分层离析，使混凝土保持整体均匀的性能。黏聚性差的混凝土拌合物，骨料与水泥浆容易分离，硬化后会出现蜂窝、孔洞等现象。

（3）保水性

保水性是指混凝土拌合物具有一定的保持水分的能力，在施工过程中不致发生严重的泌水现象。保水性差的混凝土拌合物，振实后，水分泌出、上浮，影响混凝土的密实性，同时降低混凝土的强度和耐久性。

混凝土拌合物的流动性、黏聚性和保水性，三者是相互联系又互相矛盾的，当流动性大时，黏聚性和保水性往往较差，反之亦然。不同的工程对混凝土拌合物和易性的要求也不同，应区别对待。

2）和易性的测定

目前尚没有能够全面反映混凝土拌合物和易性的测定方法，通常评定混凝土拌合物和易性的方法是测定其流动性，根据直观经验观察其黏聚性和保水性。根据《普通混凝土拌合物性能试验方法标准》（GB/T 50080—2016）的规定，用坍落度与坍落扩展度法和维勃稠度法两种试验方法来评定混凝土拌合物的和易性。

（1）坍落度法

将混凝土拌合物分 3 层装入标准坍落度筒中，每层插捣 25 次并装满刮平。垂直向上将筒提起，混凝土拌合物由于自重将会向下坍落。量测筒高与坍落后混凝土试体最高点之间的高度差（以 mm 计），即为坍落度，如图 5.1 所示。

混凝土坍落度试验

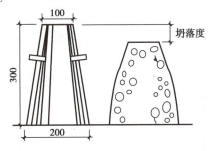

（a）坍落度试验示意图　　　　　　　　（b）坍落度试验现场图

图 5.1　坍落度法测定

坍落度越大，表示混凝土拌合物的流动性越大。在进行坍落度试验的同时，应观察混凝土拌合物的黏聚性、保水性，以便全面地评定混凝土拌合物的和易性。

黏聚性的评定方法:用捣棒在已坍落的混凝土锥体侧面轻轻敲打,若锥体逐渐下沉,则表示黏聚性良好;若锥体倒塌,部分崩裂或出现离析现象,则表示黏聚性不好。

保水性的评定方法:坍落度筒提起后,如有较多稀浆从底部析出,锥体部分混凝土拌合物也因失浆而骨料外露,则表明混凝土拌合物的保水性能不好;如无稀浆或仅有少量稀浆自底部析出,则表示保水性良好。

坍落度与坍落扩展度法适用于骨料最大粒径不大于 40 mm、坍落度不小于 10 mm 的混凝土拌合物;对坍落度值小于 10 mm 的干硬性混凝土,采用维勃稠度试验。用坍落度可以合理表示塑性或流动性混凝土拌合物稠度,坍落度等级划分见表 5.1。

(2)维勃稠度法

该法用维勃稠度仪(图 5.2)测定。在维勃稠度仪上的坍落度筒中按规定方法装满拌合物,提起坍落度筒,在拌合物试体顶面放一透明圆盘,开启振动台,同时用秒表计时,当水泥浆完全布满透明圆盘底面的瞬间,记下秒表的秒数,称为维勃稠度。维勃稠度越大,流动性越小。维勃稠度法适用于骨料最大粒径不大于 40 mm,维勃稠度在 5~30 s 的混凝土拌合物。

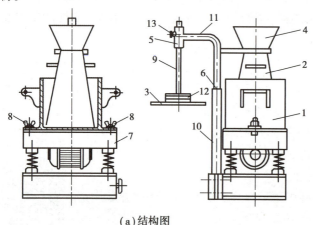
(a)结构图

(b)实物图

图 5.2　维勃稠度测定仪

1—容器;2—坍落度筒;3—圆盘;4—漏斗;5—套筒;6—定位器;7—振动台;
8—固定螺丝;9—测杆;10—支柱;11—旋转架;12—荷重块;13—测杆螺丝

用维勃稠度可以合理表示坍落度很小甚至为零的混凝土拌合物稠度,维勃稠度等级划分见表 5.2。

表 5.1　混凝土拌合物的坍落度等级划分

级　别	坍落度/mm
S_1	10~40
S_2	50~90
S_3	100~150
S_4	160~210
S_5	≥220

表 5.2　混凝土拌合物的维勃稠度等级划分

级　别	维勃稠度/s
V_0	≥31
V_1	30~21
V_2	20~11
V_3	10~6
V_4	5~3

3）和易性的选择

实际施工时,混凝土拌合物的和易性要根据结构类型、构件截面大小、钢筋疏密和施工方法来确定。当构件截面尺寸较小、钢筋较密、采用人工插捣时,坍落度可选择大一些,反之可选择小一些。

4）影响和易性的因素

（1）水泥浆的数量

在混凝土拌合物中,水泥浆包裹骨料表面,填充骨料空隙,使骨料润滑,提高混合料的流动性;在水灰比不变的情况下,单位体积混合物内,随水泥浆的增多,混合物的流动性增大。若水泥浆过多,超过骨料表面的包裹限度,就会出现流浆现象,这既浪费水泥又降低混凝土的性能;如水泥浆过少,达不到包裹骨料表面和填充空隙的目的,使黏聚性变差,流动性低,不仅产生崩塌现象,还会使混凝土的强度和耐久性降低。拌合物中水泥浆的数量以满足流动性要求为宜。

（2）水泥浆的稠度

水泥浆的稀稠,取决于水胶比的大小。水胶比过小,水泥浆稠,拌合物流动性就小,会使施工困难,混凝土拌合物难以保证密实成型;若水胶比过大,又会造成混凝土拌合物的黏聚性和保水性不良,而产生流浆、离析现象,并严重影响混凝土的强度。水胶比不能过大或过小,应依据混凝土强度和耐久性要求合理地选用。

（3）单位用水量

水泥浆的数量和稠度取决于用水量和水胶比。实际上用水量是影响混凝土流动性最大的因素。当用水量一定时,水泥用量适当变化（增减 $50 \sim 100 \ kg/m^3$）时,基本上不影响混凝土拌合物的流动性,即流动性基本上保持不变。由此可知,在用水量相同的情况下,采用不同的水胶比可配制出流动性相同而强度不同的混凝土。对混凝土拌合物流动性的调整,应在保证水胶比不变的条件下,用调整水泥浆量的方法来调整,绝不能以单纯改变用水量的方法来调整。

（4）砂率

砂率是指混凝土中砂的质量占砂、石总质量的百分率。在混合料中,砂用来填充石子间空隙,并以砂浆包裹在石子外表面减少粗骨料颗粒间的摩擦阻力,赋予混凝土拌合物一定的流动性。砂率过大时,骨料的总表面积及空隙率都会增大,在水泥浆含量不变的情况下,相对地水泥浆显得少了,减弱了水泥浆的润滑作用,导致混凝土拌合物流动性降低;如果砂率过小,又不能保证粗骨料之间有足够的砂浆层,也会降低混凝土拌合物的流动性,而且会严重影响其黏聚性和保水性,容易造成离析、流浆。

因此,砂率既不能过大,也不能过小,应有一个合理砂率值。当砂率适宜时,砂不但能填满石子间的空隙,而且还能保证粗骨料间有一定厚度的砂浆层以减小粗骨料间的摩擦阻力,使混凝土拌合物有较好的流动性且能保持黏聚性和保水性良好。这个适宜的砂率称为合理砂率,如图5.3所示。合理砂率的另一种定义是在流动性不变的前提下,所需水泥用量最少时的砂率。合理砂率可通过试验、计算、查表等方法确定。

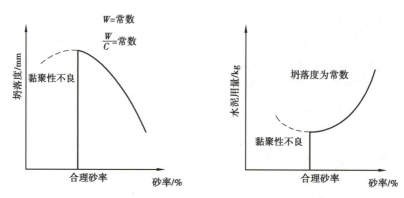

图 5.3　砂率与坍落度、水泥用量的关系

（5）组成材料性质的影响

水泥品种,集料种类、形状和级配等,都对混凝土拌合物的和易性有一定影响。水泥的标准稠度用水量大,则拌合物的流动性小。如普通水泥的混凝土拌合物比矿渣和火山灰的和易性好。在相同用水量的条件下,集料表面光滑、少棱角、形状较圆的卵石所拌制的拌合物流动性较碎石的大。

（6）外加剂

在拌制混凝土时,加入少量的外加剂能使混凝土拌合物在不增加水泥用量的条件下,获得良好的和易性,不仅流动性显著增加,而且能有效地改善混凝土拌合物的黏聚性和保水性。

（7）环境条件与时间

拌合物的和易性也受温度的影响。因为环境温度的升高,水分蒸发及水化反应加快,坍落度损失也变快。因此在施工中,为保证一定的和易性,必须注意环境温度的变化,并采取相应的措施。

搅拌完的混凝土拌合物,随着时间的延长而逐渐变得干稠,和易性变差,其原因是:一部分水供水泥水化、一部分水被骨料吸收、一部分水蒸发以及凝聚结构的逐渐形成,致使混凝土拌合物的流动性变差。

5）改善和易性的主要措施

①通过试验,采用合理砂率,并尽可能采用较低的砂率。

②改善砂、石（特别是石子）的级配。

③在可能条件下,尽量采用较粗的砂、石。

④当混凝土拌合物坍落度太小时,保持水胶比不变,增加适量的水和胶凝材料;当坍落度太大时,保持砂率不变,增加适量的砂石。

⑤有条件尽量掺用外加剂,如减水剂、引气剂等。

5.1.2　混凝土的强度

强度是混凝土最重要的力学性质,混凝土主要用于承受荷载或抵抗各种作用力。混凝土的强度有抗压、抗拉、抗剪等强度,其中抗压强度最大,抗拉强度最小。混凝土的抗压强度是工程施工中控制和评定混凝土质量的重要指标。

混凝土的强度

1）混凝土的抗压强度与强度等级

（1）立方体抗压强度

根据《混凝土物理力学性能试验方法标准》（GB/T 50081—2019）规定，以边长为150 mm的立方体标准试件，在温度（20±2）℃、相对湿度95%以上的标准条件下，养护到28 d龄期，用标准试验方法测得的抗压强度值，称为混凝土立方体抗压强度，用f_{cu}表示。在实际工程中，允许采用非标准尺寸的试件。当采用非标准试件时，须乘以换算系数，换算系数按表5.3取用。

混凝土受压
破坏过程

（2）轴心抗压强度

在实际工程中，钢筋混凝土构件多数是棱柱体或圆柱体，为与实际情况相符，结构设计中采用混凝土的轴心抗压强度作为混凝土轴心受压构件设计强度的取值依据。根据《混凝土物理力学性能试验方法标准》（GB/T 50081—2019）规定，采用 150 mm×150 mm×300 mm 的棱柱体作为标准试件，测定其轴心抗压强度。通过许多棱柱体和立方体试件的强度试验表明：在立方体抗压强度为 10~55 MPa 的范围内，轴心抗压强度与立方体抗压强度之比为0.7~0.8。

表 5.3　混凝土试件尺寸及强度的尺寸换算系数

粗骨料最大粒径/mm	试件尺寸/mm	强度的尺寸换算系数
≤31.5	100×100×100	0.95
≤40	150×150×150	1.00
≤63	200×200×200	1.05

（3）混凝土的强度等级

为便于设计和施工时选用混凝土，将混凝土分为若干等级，即强度等级。混凝土的强度等级是根据立方体抗压强度标准值来确定的，用符号"C"与立方体抗压强度标准值表示。立方体抗压强度标准值是指按照标准方法制作和养护的边长为 150 mm 的立方体试件，在28 d 龄期，用标准试验方法测定的抗压强度总体分布中的一个值，强度低于该值的百分率不超过 5%（即具有 95%保证率的抗压强度）。以 N/mm^2 即 MPa 计，用$f_{cu,k}$表示。按照《混凝土质量控制标准》（GB 50164—2021）规定：混凝土强度等级共有 C10，C15，C20，C25，C30，C35，C40，C45，C50，C55，C60，C65，C70，C75，C80，C85，C90，C95，C100 共 19 个等级。混凝土的强度等级是混凝土施工中控制工程质量和工程验收的重要依据。

2）影响混凝土强度的因素

（1）胶凝材料强度与水胶比

胶凝材料的强度和水胶比是决定混凝土强度的最主要因素。胶凝材料是指混凝土中水泥和活性矿物掺合料的总称。水胶比是指每立方米混凝土中水的质量与胶凝材料的质量之比。水胶比不变时，胶凝材料强度越高，则硬化水泥石强度越大，对骨料的胶结力也就越强，配制成的混凝土强度也就越高。胶凝材料强度相同的情况下，水胶比越小，水泥石的强度越高，与骨料黏结力越大，混凝土强度越高，如图5.4所示。但水胶比过小，拌合物过于干稠，在一定的施工振捣条件下，混凝土不能被振捣密实，出现较多的蜂窝、孔洞，反将导致混凝土强度严重下降。

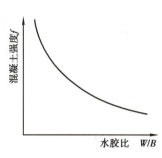
图 5.4 强度与水胶比的关系

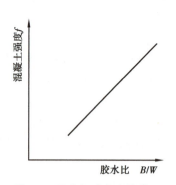
图 5.5 强度与胶水比的关系

根据工程实践的经验资料统计,如图 5.5 所示,可建立混凝土强度与胶水比、胶凝材料强度等因素之间的线性经验公式:

$$f_{cu,o} = \alpha_a f_b \left(\frac{B}{W} - \alpha_b \right) \tag{5.1}$$

式中　$f_{cu,o}$——混凝土 28 d 龄期抗压强度,MPa。

　　　B/W——胶水比。

　　　f_b——胶凝材料 28 d 胶砂抗压强度实测值,MPa。

　　　α_a,α_b——回归系数,与骨料品种及水泥品种等因素有关,其数值通过试验求得。若无试验统计资料,则可按《普通混凝土配合比设计规程》(JGJ 55—2011)提供的回归系数取用:碎石 $\alpha_a = 0.53$,$\alpha_b = 0.20$;卵石 $\alpha_a = 0.49$,$\alpha_b = 0.13$。

式(5.1)只适用于流动性混凝土及低流动性混凝土,对于干硬性混凝土则不适用。应用混凝土强度公式,可根据所用的胶凝材料强度和水胶比来估计所配制混凝土的强度,也可根据胶凝材料强度和要求的混凝土强度等级来计算应采用的水胶比,还可根据混凝土强度等级和采用的水胶比确定所用胶凝材料强度。

(2)骨料的影响

当骨料的级配良好、砂率适当时,由于组成了坚强密实的骨架,则有利于混凝土强度的提高;如果骨料中含有害杂质较多,品质低,级配不好时,则会降低混凝土强度。

由于碎石表面粗糙有棱角,提高了骨料与水泥砂浆之间的机械咬合力和黏结力,所以在原材料、坍落度相同的情况下,用碎石拌制的混凝土比用卵石拌制的混凝土的强度要高。

骨料的强度越高,所配制的混凝土强度也越高,这在低水胶比和配制高强度混凝土时特别明显。骨料粒形以三维长度相等或近似的球形或立方体形为好,若含有较多针、片状颗粒的话,则会增加混凝土的空隙率,导致混凝土强度下降。

(3)养护温度和湿度

混凝土强度是一个渐进发展的过程,其发展的程度和速度取决于水泥的水化程度和速度,而混凝土成型后的温度和湿度是影响水泥水化速度和程度的重要因素。因此,混凝土浇捣成型后,必须在一定时间内保持适当的温度和足够的湿度以使水泥充分水化,保证混凝土强度不断增长,以获得质量良好的混凝土。

养护温度高,水泥水化速度加快,混凝土强度的发展也快;在低温下,混凝土强度发展迟缓。当温度降至冰点以下时,则由于混凝土中水分大部分结冰,不但水泥停止水化,混凝土强度停止发展,而且由于混凝土孔隙中的水结冰产生体积膨胀(约9%),而对孔壁产生相当大的压应力(可达100 MPa),从而使硬化中的混凝土结构遭受破坏,导致混凝土已获得的强度受到损失。混凝土早期强度低,更容易冻坏。冬季施工时,要特别注意保温养护,以免混凝土早期受冻破坏。

水泥水化必须在有水的条件下进行,湿度适当,水泥水化反应顺利进行,使混凝土强度得到充分发展,因此,周围环境的湿度对水泥的水化能否正常进行有显著影响。如果湿度不够,水泥水化反应不能正常进行,甚至停止水化,严重降低混凝土强度,而且使混凝土结构疏松,形成干缩裂缝,增大了渗水性,从而影响混凝土的耐久性。潮湿养护对混凝土强度的影响,如图5.6所示。

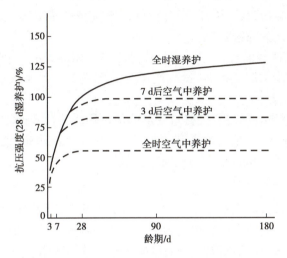

图5.6 混凝土强度与保湿养护时间的关系

施工规范规定:在混凝土浇筑完毕后,应在12 h内进行覆盖,以防止水分蒸发过快。在夏季施工混凝土进行自然养护时,使用硅酸盐水泥、普通硅酸盐水泥和矿渣水泥时,浇水保湿应不少于7 d;使用火山灰水泥和粉煤灰水泥或在施工中掺用缓凝型外加剂或有抗渗要求时,应不少于14 d。

(4)龄期

龄期是指混凝土在正常养护条件下所经历的时间。在正常养护条件下,混凝土的强度将随龄期的增长而不断发展,最初7~14 d内强度发展较快,以后逐渐变缓,28 d达到设计强度。28 d后强度仍在发展,其增长过程可延续数十年之久。普通水泥制成的混凝土,在标准养护条件下,其强度的发展大致与其龄期的对数成正比(龄期不小于3 d)。

$$\frac{f_n}{f_{28}} = \frac{\lg n}{\lg 28} \tag{5.2}$$

式中 f_n——n d 龄期混凝土的抗压程度,MPa;

f_{28}——28 d 龄期混凝土的抗压强度,MPa;

n——养护龄期($n \geqslant 3$),d。

龄期与强度经验公式的应用:可以由所测混凝土早期强度,估算其28 d龄期的强度;可由混凝土的28 d强度,推算28 d前混凝土达到某一强度需要养护的天数,如确定混凝土拆模、构件起吊、放松预应力钢筋、制品养护、出厂等日期。

（5）试验条件对混凝土强度的影响

①试件的尺寸。相同配合比的混凝土，试件的尺寸越小，测得的强度越高，反之亦然。试件尺寸影响的主要原因是：试件尺寸越大时，内部孔隙、缺陷等出现的概率也越大，导致有效受力面积的减小及应力集中，从而引起强度的降低。我国标准规定采用 150 mm×150 mm×150 mm 的立方体试件作为标准试件，当采用非标准的其他尺寸试件时，所测得的抗压强度应乘以如表 5.3 所列的换算系数。

②试件的形状。当试件受压面积（$a×a$）相同，而高度（h）不同时，高宽比（h/a）越大，抗压强度越小。这是由于试件受压时，试件受压面与试件承压板之间的摩擦力，对试件相对于承压板的横向膨胀起着约束作用，该约束有利于强度的提高。越接近试件的端面，这种约束作用就越大。试件破坏后，其上下部分各呈现一个较完整的棱锥体，这就是这种约束作用的结果。通常称这种作用为环箍效应。

③表面状态。试件表面有、无润滑剂，其对应的破坏形式不一，所测强度值大小不同。当试件受压面上有油脂类润滑剂时，试件受压时的环箍效应大大减小，试件将出现直裂破坏，测出的强度值也较低。

④加荷速度。加荷速度较快时，材料变形的增长落后于荷载的增加，所测强度值偏高。当加荷速度超过 1.0 MPa/s 时，这种趋势更加显著。我国标准规定，混凝土抗压强度的加荷速度为 0.3~0.8 MPa/s，且应连续均匀地加荷。

3）提高混凝土强度的措施

①采用高强度等级水泥或早强型水泥。在混凝土配合比相同的情况下，提高水泥强度等级可有效增加混凝土的强度。但单纯地靠提高水泥强度等级来提高混凝土的强度，是不经济的。采用早强型水泥可提高混凝土的早期强度，有利于加快施工进度。

②采用低水胶比的干硬性混凝土。降低混凝土拌合物的水胶比，可降低混凝土的空隙率，明显增加骨料与胶凝材料之间的黏结力，使强度提高，是提高混凝土强度的有效措施。但水胶比过小，会使混凝土拌合物的和易性下降，因此必须有相应的技术措施配合，如掺加提高工作性的减水剂等。

③采用湿热养护。采用蒸汽养护、蒸压养护、冬季骨料预热等技术措施，也可利用水泥本身的水化热来提高混凝土强度的增长速度。蒸汽养护最适于掺活性混合材料的矿渣水泥、火山灰水泥及粉煤灰水泥制备的混凝土。

④改进施工工艺。采用机械搅拌和强力振捣可以使混凝土拌合物更加均匀、密实地浇筑，从而获得更高的强度。采用二次搅拌工艺，可改善骨料与水泥砂浆之间的界面缺陷，有效地提高混凝土强度。另外，高频振捣法、高速搅拌法等施工工艺对提高混凝土强度也有较好的效果。

⑤掺入混凝土外加剂、掺合料。减水剂和早强剂能够对混凝土的强度发展起到明显的改善作用，所以掺加减水剂和早强剂是提高混凝土强度的有效方法之一。另外在混凝土中，掺入磨细的矿物掺合料（如硅灰、优质粉煤灰、超细磨矿渣等），也可显著提高混凝土的强度。

5.1.3　混凝土的耐久性

混凝土的耐久性是指混凝土在长期使用中，抵抗外部和内部不利因素的影响，能保持良好性能的能力。它是一项综合性能,通常包括抗渗、抗冻、抗侵蚀、碳化、碱骨料反应及混凝土中钢筋锈蚀等方面。提高混凝土耐久性,对于延长结构寿命,减少修复工作量,提高经济效益具有重要的意义。

1)混凝土的抗渗性

混凝土的抗渗性是指混凝土抵抗压力液体渗透作用的能力,是决定混凝土耐久性能的最主要因素。对地下建筑、水坝、水池、港工、海工等工程,必须要求混凝土具有一定的抗渗性。混凝土的抗渗性用抗渗等级 P 表示。混凝土的抗渗性是以 28 d 龄期的标准试件,按标准试验方法,以试件在规定的条件下,不渗水时所能承受的最大水压来确定。按照《混凝土质量控制标准》(GB 50164—2021)规定:混凝土抗渗等级分为 P4,P6,P8,P10,P12,>P12 等 6 个等级,分别表示混凝土能抵抗 0.4,0.6,0.8,1.0,1.2 MPa 及 1.2 MPa 以上的压力水,而不渗水。

混凝土渗水的主要原因是内部的孔隙形成连通的渗水通道,所以提高混凝土抗渗性的关键是提高混凝土的密实性,改善混凝土内部孔隙结构。具体措施有:降低水胶比,使用减水剂,选用致密、干净、级配良好的骨料,加强养护等。

2)混凝土的抗冻性

混凝土的抗冻性是指混凝土在水饱和状态下,经受多次冻融循环作用而不破坏,强度也不严重降低的性能。在寒冷地区,特别是接触水又受冻的环境下的混凝土,要求具有较高的抗冻性。混凝土的抗冻性用抗冻等级 F 表示,抗冻等级是采用标准养护 28 d 龄期的立方体试块,在浸水饱和状态下,承受反复冻融循环,以抗压强度下降不超过25%,且质量损失不超过 5%时,所承受的最大冻融循环次数来确定的。按照《混凝土质量控制标准》(GB 50164—2021)规定:混凝土抗冻等级分为 F50,F100,F150,F200,F250,F300,F350,F400,>F400 共 9个等级,其中数字表示混凝土能经受的最大冻融循环次数。

影响混凝土抗冻性的因素有很多,从混凝土内部来说主要是孔隙的多少、连通情况、孔径的大小和孔隙的充水程度。孔隙率越低、连通的孔隙越少、毛细孔越少、孔隙的充水饱满程度越差,抗冻性越好。从外部环境来看,所经受的冻融、干湿变化越剧烈,冻害越严重。

不同使用环境和工程特点的混凝土,应根据要求选用相应的抗冻等级。对水位变动区混凝土抗冻等级选定标准见表5.4。

表5.4　水位变动区混凝土抗冻等级选定标准

建筑所在地区	海水环境		淡水环境	
	钢筋混凝土及预应力混凝土	素混凝土	钢筋混凝土及预应力混凝土	素混凝土
严重受冻地区(最冷月平均气温低于-8 ℃)	F350	F300	F250	F200
受冻地区(最冷月平均气温在-8~-4 ℃)	F300	F250	F200	F150
微冻地区(最冷月平均气温在-4~0 ℃)	F250	F200	F150	F100

提高混凝土抗冻性的主要措施是降低水胶比,提高混凝土的密实度。掺入引气剂、减水剂和防冻剂,可有效提高混凝土的抗冻性。

3) 混凝土的碳化

混凝土的碳化是混凝土所受到的一种化学腐蚀。空气中的 CO_2 渗透到混凝土内,与其碱性物质起化学反应后生成碳酸盐和水,使混凝土碱度降低的过程称为混凝土碳化,又称为中性化。水泥在水化过程中生成大量的氢氧化钙,对钢筋有良好的保护作用,使钢筋表面生成难溶的 Fe_2O_3 和 Fe_3O_4,称为钝化膜。碳化后使混凝土的碱度降低,当碳化超过混凝土的保护层时,在水与空气存在的条件下,就会使混凝土失去对钢筋的保护作用,钢筋开始生锈。可见,混凝土碳化作用一般不会直接引起其性能的劣化。对于素混凝土,碳化还有提高混凝土耐久性的效果;但对于钢筋混凝土来说,碳化会使混凝土的碱度降低,使混凝土对钢筋的保护作用减弱。

影响混凝土碳化速度的因素是多方面的。首先,影响较大的是水泥品种,采用水化后氢氧化钙含量高的硅酸盐水泥比采用掺混合材料的硅酸盐水泥碱度高,碳化速度慢,抗碳化能力强;其次,混凝土的碳化与环境中 CO_2 的浓度高低及湿度大小有关,在干燥和饱和水条件下,碳化反应几乎终止;再次,水胶比对混凝土碳化也有影响,低水胶比的混凝土孔隙率低,二氧化碳不易侵入,故抗碳化能力强;另外,混凝土的渗透系数、透水量,混凝土的过度振捣,混凝土附近水的更新速度、水流速度、结构尺寸、水压力及养护方法与混凝土的碳化都有密切的关系。

4) 混凝土的抗侵蚀性

抗侵蚀性是指混凝土在含有侵蚀性介质环境中遭受化学侵蚀、物理作用不破坏的能力。当混凝土所处的环境水有侵蚀性时,必须对侵蚀问题予以重视。环境侵蚀主要指对水泥石的侵蚀,如淡水侵蚀、硫酸盐侵蚀、酸碱侵蚀等。混凝土的抗侵蚀性与所用水泥品种、混凝土的密实程度和孔隙特征等有关。密实和孔隙封闭的混凝土,环境水不易侵入,抗侵蚀性较强。合理选择水泥品种、降低水胶比、提高混凝土密实度和改善孔隙结构是提高混凝土抗侵蚀性的主要措施。

5) 混凝土的碱-骨料反应

碱-骨料反应是指水泥中的碱性物质与骨料中的活性成分发生化学反应,在骨料表面生成碱-硅酸凝胶,凝胶吸水膨胀,引起混凝土膨胀、开裂甚至破坏的现象。碱-骨料反应给工程带来的危害是相当严重的。

混凝土发生碱-骨料反应必须具备以下 3 个条件:一是水泥中碱含量高,以等当量 Na_2O 计,即($Na_2O+0.658K_2O$)%大于 0.6%;二是砂、石骨料中含有活性二氧化硅成分,含活性二氧化硅成分的矿物有蛋白石、玉髓、磷石英等;三是有水存在,在无水情况下,混凝土不可能发生碱-集料反应。所以应严格控制水泥中碱的含量和骨料中活性成分的含量。

6) 混凝土的耐久性基本要求

根据《混凝土结构设计规范》(GB 50010—2024),混凝土结构应根据设计使用年限和环境类别进行耐久性设计。耐久性设计包括下列内容:确定结构所处的环境类别、提出材料的耐久性质量要求、确定构件中钢筋的混凝土保护层厚度、满足耐久性要求相应的技术措施、在不利的环境条件下应采取的防护措施、提出结构使用阶段检测与维护的要求。对临时性的混凝土结构,可不考虑混凝土的耐久性要求。混凝土结构的环境类别划分应符合表5.5的要求。

表 5.5 混凝土结构的环境类别

环境类别	条 件
一	室内干燥环境; 无侵蚀性静水浸没环境
二 a	室内潮湿环境; 非严寒和非寒冷地区的露天环境; 非严寒和非寒冷地区与无侵蚀性的水或土壤直接接触的环境; 严寒和寒冷地区的冰冻线以下与无侵蚀性的水或土壤直接接触的环境
二 b	干湿交替环境; 水位频繁变动环境; 严寒和寒冷地区的露天环境; 严寒和寒冷地区冰冻线以上与无侵蚀性的水或土壤直接接触的环境
三 a	严寒和寒冷地区冬季水位变动区环境; 受除冰盐影响环境; 海风环境
三 b	盐渍土环境; 受除冰盐作用环境; 海岸环境
四	海水环境
五	受人为或自然的侵蚀性物质影响的环境

注:①室内潮湿环境是指构件表面经常处于结露或湿润状态的环境。

②严寒和寒冷地区的划分应符合国家现行标准《民用建筑热工设计规范》(GB 50176—2016)的有关规定。

③海岸环境和海风环境宜根据当地情况,考虑主导风向及结构所处迎风、背风部位等因素的影响,由调查研究和工程经验确定。

④受除冰盐影响环境为受到除冰盐盐雾影响的环境;受除冰盐作用环境指被除冰盐溶液溅射的环境以及使用除冰盐地区的洗车房、停车楼等建筑。

⑤暴露的环境是指混凝土结构表面所处的环境。

设计使用年限为 50 年的混凝土结构,其混凝土材料宜符合表5.6的规定。

表 5.6   结构混凝土材料的耐久性基本要求

环境等级	最大水胶比	最低强度等级	最大氯离子含量/%	最大碱含量/($kg \cdot m^{-3}$)
一	0.60	C20	0.30	不限制
二 a	0.55	C25	0.20	
二 b	0.50(0.55)	C30(C25)	0.50	3.0
三 a	0.45(0.50)	C35(C30)	0.15	
三 b	0.40	C40	0.10	

注:①氯离子含量系指其占胶凝材料总量的百分比。

②预应力构件混凝土中的最大氯离子含量为 0.05%;最低混凝土强度等级应按表中的规定提高 2 个等级。

③素混凝土构件的水胶比及最低强度等级的要求可适当放松。

④有可靠工程经验时,二类环境中的最低混凝土强度等级可降低一个等级。

⑤处于严寒和寒冷地区二 b、三 a 类环境中的混凝土应使用引气剂,并可采用括号中的有关参数。

⑥当使用非碱活性骨料时,对混凝土中的碱含量可不作限制。

7)提高混凝土耐久性的措施

①根据工程特点和所处环境条件,合理选择水泥品种。

②选用质量良好、技术条件合格的砂石骨料。

③控制最大水胶比和最小胶凝材料用量,是保证混凝土密实度的重要措施,是提高混凝土耐久性的关键。《混凝土结构设计规范》(GB 50010—2024)规定了不同环境类别下最大水胶比要求(表5.6)。《普通混凝土配合比设计规程》(JGJ 55—2011)中规定了混凝土的最小胶凝材料用量的限值(表5.7)。

表 5.7   最小胶凝材料用量(JGJ 55—2011)

最大水胶比	最小胶凝材料用量/($kg \cdot m^{-3}$)		
	素混凝土	钢筋混凝土	预应力混凝土
0.60	250	280	300
0.55	280	300	300
0.50	320		
≤0.45	330		

④掺入减水剂或引气剂,改善混凝土的孔结构,对提高混凝土的抗渗性和抗冻性有良好作用。

⑤改善施工操作,保证施工质量。

5.2   混凝土的质量控制与强度评定

为保证结构的可靠性,必须在施工过程的各个工序对原材料、混凝土拌合物及硬化后的混凝土进行必要的质量检验和控制。

5.2.1　混凝土质量的波动

1) 混凝土质量波动的因素

原材料、施工条件及试验条件等许多因素的影响,必然造成混凝土质量的波动。引起混凝土质量波动的因素主要有正常因素和异常因素两种。

(1) 正常因素(随机因素)

正常因素是指施工中不可避免的正常变化因素,如砂、石质量的波动,称量时的微小误差,操作人员技术上的微小差异等。受正常因素的影响而引起的质量波动属于正常波动。

(2) 异常因素(系统因素)

异常因素是指施工中出现的不正常情况,如搅拌时任意改变水灰比而随意加水,混凝土组成材料称量误差等。这些因素对混凝土质量影响很大,它们是可以避免的因素。受异常因素影响引起的质量波动属于异常波动。

2) 混凝土质量控制的目的

对混凝土质量进行控制的目的在于发现和排除异常因素,使混凝土质量波动呈正常波动状态。

5.2.2　混凝土的质量控制

①混凝土生产前的初步控制,主要包括人员配备、设备调试、组成材料的检验及配合比的确定与调整等内容。在施工过程中,一般不得随意改变配合比,应根据混凝土质量的动态信息及时进行调整。

②混凝土生产过程中的控制,包括控制称量、搅拌、运输、浇筑、振捣及养护等项内容。施工单位应根据设计要求,提出混凝土质量控制目标,建立混凝土质量保证体系,制定必要的混凝土生产质量管理制度,并应根据生产过程的质量动态分析,及时采取措施和对策。

③混凝土生产后的合格性控制,是指混凝土质量的验收,即对混凝土强度或其他技术指标进行检验评定,包括批量划分、确定批取样数、确定检测方法和验收界限等内容。

通过以上对混凝土进行质量控制的各项措施,使混凝土质量符合设计规定的要求。

5.2.3　混凝土质量评定的数理统计方法

混凝土是最常用、最重要的结构材料,它的质量属主控项目,马虎不得。混凝土质量评定的一项重要指标是抗压强度。我国采用的方法是做标准立方体试件,进行标养,然后做强度试验。通过对混凝土试件强度试验值分析,从而评定混凝土的抗压强度,评定实体混凝土结构承载力的真实性。

混凝土立方体抗压强度试件测试结果呈不确定性,但波动是有规律的。大量的统计分析和试验表明:同一等级的混凝土在龄期相同、生产工艺和配合比基本一致的条件下,其强度的概率分布可用正态分布来描述,如图5.7所示。

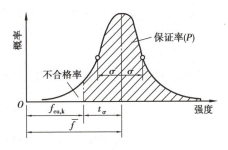

图5.7　混凝土强度的正态分布示意图

混凝土强度概率的正态分布特点：

①曲线呈钟形，两边对称，对称轴在中间，最高点处为平均强度。

②中间高两侧低，表明混凝土强度接近平均值概率大，而低于或高于平均值的混凝土强度概率小，越来越小，最后逐渐趋近于零；曲线和横坐标之间包围的面积为概率的总和 100%，对称轴两边面积相等，各为 50%。即若混凝土设计强度为 C30，配制强度也为 C30 的话，配制出来的混凝土强度仅有 50% 达到 C30，保证率为 50%。

③拐点是曲线凸凹变化点，决定曲线的胖瘦，反映了强度控制水平。标准差的数学意义即是正态分布图中拐点到中心线的距离。拐点到中心线的距离决定曲线的胖瘦，反映了强度控制水平。该距离越小，表示质量控制得越好。

用数理统计方法研究混凝土的强度分布及评定混凝土质量的合格性，常用以下几个指标：

①强度平均值，即混凝土的配制强度值。

$$m_{\text{fcu}} = \frac{1}{n} \sum_{i=1}^{n} f_{\text{cu},i} \tag{5.3}$$

式中　n——试件组数；

　　　$f_{\text{cu},i}$——第 i 组的试件强度值，MPa。

注意：平均值只反映混凝土总体强度水平，不能说明强度波动的大小。

②标准差 σ，说明混凝土的离散程度。

$$\sigma = \sqrt{\frac{\sum_{i=1}^{n} f_{\text{cu},i}^2 - n m_{\text{fcu}}^2}{n-1}} \tag{5.4}$$

式中　n——试件组数，$n \geq 30$；

　　　$f_{\text{cu},i}$——第 i 组的试件强度值，MPa；

　　　σ——混凝土强度标准差；

　　　m_{fcu}——n 组试件的强度平均值，MPa。

注意：标准差 σ 小，正态分布曲线窄而高，说明强度分布集中，混凝土质量均匀性好；反之，说明混凝土的施工控制质量较差。

③变异系数 δ，说明混凝土的相对离散程度，以标准差和强度平均值之商表示。

$$\delta = \frac{\sigma}{m_{\text{fcu}}} \tag{5.5}$$

变异系数越小，表示混凝土质量越好；变异系数越大，则表示混凝土质量的均匀性较差。如混凝土 A 和混凝土 B 的强度标准差均是 4 MPa，但 A，B 的平均强度分别是 20 MPa 和 60 MPa。显然混凝土 B 比混凝土 A 的强度相对离散性小，质量的均匀性较好。

④强度保证率 P，是指混凝土强度总体值中大于设计强度等级的概率，以正态分布曲线的阴影部分来表示。

首先计算概率度 t，再根据强度保证率与概率度的关系确定强度保证率。

$$t = \frac{m_{\text{fcu}} - f_{\text{cu,k}}}{\sigma} \tag{5.6}$$

强度保证率与概率度的关系可由积分法求出，常用的对应值见表 5.8。

表 5.8　强度保证率与概率度的关系

t	0	0.5	0.7	1.0	1.04	1.2	1.4	1.645	1.7	1.81	2.00	3.00
$P/\%$	50	69.2	75.8	84.1	85	88.5	91.9	95	95.5	96.5	97.7	99.87

工程中的 P 值可根据统计周期内,混凝土试件强度不低于强度等级值的组数与试件总数之比计算,即

$$P = \frac{N_0}{N} \times 100\% \tag{5.7}$$

式中　N_0——统计周期内同批混凝土试件强度不低于规定强度等级值的组数;

　　　N——统计周期内同批混凝土试件总组数,$N \geqslant 25$。

5.2.4　混凝土强度的检验评定

混凝土强度的检验评定应符合《混凝土物理力学性能试验方法标准》(GB/T 50081—2019)、《混凝土强度检验评定标准》(GB/T 50107—2010)的规定,有统计方法评定和非统计方法评定两种。

1)统计方法

当连续生产的混凝土,生产条件在较长时间内保持一致,且同一品种、同一强度等级混凝土的强度变异性保持稳定时,用统计法进行评定。

①一个检验批的样本容量应为连续的 3 组试件,其强度应符合下列规定:

$$m_{f_{cu}} \geqslant f_{cu,k} + 0.7\sigma \tag{5.8}$$

$$f_{cu,min} \geqslant f_{cu,k} - 0.7\sigma \tag{5.9}$$

验收批混凝土立方体抗压强度的标准差,应按下式计算:

$$\sigma = \sqrt{\frac{\sum_{i=1}^{n} f_{cu,i}^2 - n m_{f_{cu}}^2}{n-1}} \tag{5.10}$$

当混凝土强度等级不高于 C20 时,其强度的最小值应满足:

$$f_{cu,min} \geqslant 0.85 f_{cu,k} \tag{5.11}$$

当混凝土强度等级高于 C20 时,其强度的最小值应满足:

$$f_{cu,min} \geqslant 0.90 f_{cu,k} \tag{5.12}$$

式中　$m_{f_{cu}}$——同一检验批混凝土立方体抗压强度的平均值,精确到 0.1 MPa;

　　　$f_{cu,k}$——混凝土立方体抗压强度标准值,精确到 0.1 MPa;

　　　$f_{cu,i}$——前一检验期内同一品种、同一等级的第 i 组混凝土试件的立方体抗压强度代表值(精确到 0.1 MPa,该检验期不应小于 60 d,也不得大于 90 d);

　　　$f_{cu,min}$——同一检验批混凝土立方体抗压强度的最小值,精确到 0.1 MPa;

　　　σ——验收批混凝土立方体抗压强度的标准差,精确到 0.01 MPa,如果计算值小于 2.5 MPa,应取 2.5 MPa;

　　　n——前一检验期内验收的样本容量,不应少于 45。

②当样本容量不少于 10 组时,其强度应同时满足:

$$m_{fcu} \geqslant f_{cu,k} + \lambda_1 S_{fcu} \quad\quad (5.13)$$

$$f_{cu,min} \geqslant \lambda_2 f_{cu,k} \quad\quad (5.14)$$

同一验收批混凝土强度的标准差 S_{fcu} 应按下式计算：

$$S_{fcu} = \sqrt{\frac{\sum\limits_{i=1}^{n} f_{cu,i}^2 - n m_{fcu}^2}{n-1}} \quad\quad (5.15)$$

式中　S_{fcu}——同一验收批混凝土立方体抗压强度标准差,精确到 0.01 MPa,如果计算值小于 2.5 MPa,应取 2.5 MPa;

λ_1, λ_2——合格评定系数,见表 5.9;

n——本检验期内的样本容量。

表 5.9　混凝土强度的合格评定系数

试件组数	10 ~ 14	15 ~ 19	≥20
λ_1	1.15	1.05	0.95
λ_2	0.9	0.85	

2)非统计方法

当评定的样本容量小于 10 组时,应采用非统计方法评定混凝土强度。其强度应同时满足:

$$m_{fcu} \geqslant \lambda_3 f_{cu,k} \quad\quad (5.16)$$

$$f_{cu,min} \geqslant \lambda_4 f_{cu,k} \quad\quad (5.17)$$

合格判定系数取值:当混凝土强度等级<C60 时,$\lambda_3 = 1.15$,$\lambda_4 = 0.95$;当混凝土强度等级 ≥C60 时,$\lambda_3 = 1.10$,$\lambda_4 = 0.95$。

3)混凝土强度的合格性判定

混凝土强度应分批进行检验评定,当检验结果能满足以上评定公式时,则该批混凝土判为合格;否则为不合格。对评定为不合格的混凝土,按国家现行的有关标准进行处理。

【例 5.1】　某混凝土搅拌站,生产 C30 商品混凝土。该站生产条件较长时间内能保持一致,且标准差保持稳定。前一个检验期做了 15 批(45 组)试件,强度代表值(MPa)分别是:

37.0,35.2,32.3,33.4,37.6,37.9,34.1,34.0,31.0,29.0,36.6,36.9,36.7,34.0,39.7,

38.8,38.2,38.2,31.5,30.5,31.6,35.3,37.0,35.9,38.4,36.5,34.9,33.7,30.0,29.5,

34.7,39.7,37.6,27.9,33.0,33.0,29.5,30.1,32.8,31.1,29.2,29.8,34.2,35.1,33.2。

现取连续 3 天生产的 C30 混凝土,做了 3 组试件,每组试件强度值如下:

第 1 组值:34.5,37.8,33.1;

第 2 组值:30.0,36.4,33.0;

第 3 组值:26.8,32.3,29.3。

【解】　用统计法①评定。

① 计算标准差，根据 $\sigma = \sqrt{\dfrac{\sum\limits_{i=1}^{n} f_{\text{cu},i}^2 - nm_{\text{fcu}}^2}{n-1}}$ ，用计算器进行统计计算，$\sigma = 3.6$。

② 计算每组强度值。

第 1 组：$34.5 \times 15\% = 5.2$，$34.5 - 5.2 = 29.3$，$34.5 + 5.2 = 39.7$；

　　　　范围 $29.3 \sim 39.7$，37.8 和 33.1 均在此范围内，取平均值 35.1。

第 2 组：$33.0 \times 15\% = 5.0$，$33.0 - 5.0 = 28.0$，$33.0 + 5.0 = 38.0$；

　　　　范围 $28.0 \sim 38.0$，30.0 和 36.4 均在此范围内，取平均值 33.1。

第 3 组：$29.3 \times 15\% = 4.4$，$29.3 - 4.4 = 24.9$，$29.3 + 4.4 = 33.7$；

　　　　范围 $24.9 \sim 33.7$，26.8 和 32.3 均在此范围内，取平均值 29.3。

③ 以上 3 组试件为 1 批，计算此检验批的强度平均值为 32.5，最小值为 29.3。

④ 代入公式检验。

公式 $m_{\text{fcu}} \geqslant f_{\text{cu,k}} + 0.7\sigma$：左边 $= 32.5$，右边 $= 30 + 0.7 \times 3.6 = 32.5$，满足强度要求。

公式 $f_{\text{cu,min}} \geqslant f_{\text{cu,k}} - 0.7\sigma$：左边 $= 29.3$，右边 $= 30 - 0.7 \times 3.6 = 27.5$，满足强度要求。

混凝土强度 C30＞C20，公式 $f_{\text{cu,min}} \geqslant 0.90 f_{\text{cu,k}}$：左边 $= 29.3$，右边 $= 0.9 \times 30 = 27$，满足强度要求。

结论：混凝土强度合格。

【例5.2】　某钢筋混凝土柱，强度等级采用 C20，做了 10 组混凝土试件，试件的强度值分别为：18.2，23.6，26.6，25.0，26.0，24.7，21.0，23.0，26.0，24.0 MPa，问柱的混凝土强度是否合格？

【解】　用统计法②评定。

① 计算强度平均值：

$$m_{\text{fcu}} = \sum f_{\text{cu},i}/n = 23.8 \text{ MPa}$$

② 计算强度标准差：

$$S_{\text{fcu}} = \sqrt{\dfrac{\sum\limits_{i=1}^{n} f_{\text{cu},i}^2 - nm_{\text{fcu}}^2}{n-1}} = 2.6 \text{ MPa}$$

③ 检验，查表得 $\lambda_1 = 1.15$，$\lambda_2 = 0.9$。

公式 $m_{\text{fcu}} \geqslant f_{\text{cu,k}} + \lambda_1 S_{\text{fcu}}$：左边 $= 23.8$ MPa，右边 $= 20 + 1.15 \times 2.6 = 22.99$ MPa，满足强度要求。

公式 $f_{\text{cu,min}} \geqslant \lambda_2 f_{\text{cu,k}}$：左边 $= 18.2$ MPa，右边 $= 0.9 \times 20 = 18$ MPa，满足强度要求。

结论：该钢筋混凝土柱混凝土强度合格。

【例5.3】　某构件厂生产 120 厚空心板，C30，零星生产。在检验期内做了 9 组试件，9 组强度平均值 $m_{\text{fcu}} = 38.0$ MPa，9 组中强度最小值 $f_{\text{cu,min}} = 26.0$ MPa。试对该批空心板混凝土强度合格性进行判断。

【解】　因混凝土强度等级小于 C60，故 λ_3 取 1.15，λ_4 取 0.95。

将数据代入 $m_{\text{fcu}} \geqslant \lambda_3 f_{\text{cu,k}}$：左边 $= 38.0$ MPa，右边 $= 1.15 \times 30 = 34.5$ MPa，满足要求。

将数据代入 $f_{cu,min} \geqslant \lambda_4 f_{cu,k}$：左边 = 26.0 MPa，右边 = 0.95×30 = 28.5 MPa，不满足强度要求。

结论：强度不合格。

5.2.5 结构实体强度检验

1）原因

由于试件与实际结构分离，本质上强度各有不同，即使非常正规的标准试件检测，也不能正常反映结构的真实强度。而且由于目前我国建筑市场还不规范，出现了很多问题（如做假试件等），更人为地造成了试件强度与母体实际强度分离。这样，就需要对结构实体进行检验，因此，产生了第二类方法。

2）现行国家标准规定

根据《混凝土结构工程施工质量验收规范》（GB 50204—2023）规定：

①对涉及混凝土结构安全的重要部位应进行结构实体检验。结构实体检验应在监理工程师见证下，由施工项目负责人组织实施。承担结构实体检验的试验室应具有相应的资质。

②结构实体检验的内容应包括混凝土强度、钢筋保护层厚度以及工程合同约定的项目。

③对混凝土强度检验，应以在混凝土浇筑地点制备并与结构实体同条件养护的试件强度为依据。对混凝土强度检验，也可根据合同的约定，采取非破损或局部破损的检验方法。

3）检验方法

（1）非破损法——回弹仪法

用回弹仪规定的冲击能撞击混凝土表面，测回弹高度，以推测整体强度，通常偏低，且误差大，打在石子上就高、打在水泥上就低。掺粉煤灰的混凝土，由于硬度降低，容易造成强度误判。这种方法属表面硬度法，非破损检验，依据《回弹法检测混凝土抗压强度技术规程》（JGJ/T 23—2011）实施检验。

（2）局部破损法

①拔出法。将一根特殊形状、粗端埋入新拌混凝土中的钢质预埋件从混凝土中拔出的一种试验，利用测力计测量拔出力。由于预埋件的形状，埋入的预埋件是与一块圆锥形的混凝土一起被拉出来的，所以在测试以后必须将混凝土表面进行修补。但如果是用以判定安全拆模时间，则不必将拔出的装置从混凝土拉出，而是在测力计上达到预定的拔出力时即可结束试验，此时拆模应为安全。这种方法反映的是混凝土的抗拉强度，更主要是水泥的胶结强度，对被检方有利，离差大。

②取芯法。钻取芯样，在压力机上测试。但不能作为一个常规手段，对结构要害部位打孔，扰动周围部位，会造成周围部位微裂缝，对以后也是破坏源。这种现象越是高强混凝土越危险，高强混凝土破碎后像玻璃碴一样扎手，存在安全隐患。另外，操作起来很麻烦，也不经济。取芯法参考《钻芯法检测混凝土强度技术规程》（CECS 03—2007）。

5.3　普通混凝土配合比设计

普通混凝土配合比设计是确定混凝土中各组成材料数量之间的比例关系,主要有质量比和体积比两种表示方法,工程中常用质量比表示。普通混凝土的组成材料主要包括水泥、粗骨料、细骨料和水,另外还有外加剂和矿物混合料。水泥和矿物掺合料合称为胶凝材料,因此,普通混凝土由胶凝材料、粗骨料、细骨料、外加剂和水组成。

混凝土质量配合比常用的表示方法有两种:一种是以 1 m^3 混凝土中各项材料的质量表示,如水泥(m_c)200 kg、矿物掺合料(m_f)100 kg、水(m_w)180 kg、砂(m_s)680 kg、石子(m_g)1 310 kg;另一种表示方法是以各项材料相互间的质量比来表示(以水泥质量为1),将上例换算成质量比为:水泥∶矿物掺合料∶砂∶石子 = 1∶0.5∶3.4∶6.55,$W/B = 0.6$。

5.3.1　混凝土配合比设计的基本要求

配合比设计的任务就是根据原材料的技术性能及施工条件,合理地确定出能满足工程所要求的各项组成材料的用量。混凝土配合比设计的基本要求是:

①满足混凝土结构设计要求的强度等级;

②满足混凝土施工所要求的和易性;

③满足工程所处环境要求的混凝土耐久性;

④在满足上述 3 个条件前提下,考虑经济原则,节约水泥,降低成本。

5.3.2　混凝土配合比设计的资料准备

在设计混凝土配合比之前,必须通过调查研究,预先掌握下列基本资料:

①了解工程设计要求的混凝土强度等级,以便确定混凝土配制强度;

②了解工程所处环境对混凝土耐久性的要求,以便确定所配制混凝土的最大水胶比和最小胶凝材料用量;

③掌握原材料的性能指标,包括水泥的品种、强度等级、密度,矿物混合料的品种、密度,砂的种类、表观密度、细度模数、含水率,石子种类、表观密度、含水率、最大粒径,拌和用水的水质情况,外加剂的品种、性能、适宜掺量;

④混凝土的和易性要求,如坍落度指标;

⑤工程特点及施工工艺,如构件几何尺寸、钢筋疏密等,以便确定粗骨料最大粒径。

5.3.3　混凝土配合比设计的重要参数

混凝土配合比设计,实质上就是确定胶凝材料、水、细骨料(砂子)、粗骨料(石子)和外加剂等各组成材料用量之间的 3 个比例关系:即水与胶凝材料之间的比例关系,常用水胶比表示;砂与石子之间的比例关系,常用砂率表示;胶凝材料与骨料之间的比例关系,常用单位用水量来反映。水胶比、砂率、单位用水量是混凝土配合比的 3 个重要参数,在配合比设计中正确地确定这 3 个参数,就能使混凝土满足配合比设计的 4 项基本要求。

1）水胶比的确定

在原材料一定的情况下，水胶比对混凝土的强度和耐久性起着关键性作用，在满足强度和耐久性要求的条件下取最大值，最大水胶比和最小胶凝材料用量的规定见表5.6、表5.7。

2）单位用水量的确定

在水胶比一定的条件下，单位用水量是影响混凝土拌合物流动性的主要因素。单位用水量可根据施工要求的流动性及粗骨料的最大粒径确定。在满足施工要求混凝土流动性的前提下，取较小值，以满足经济的要求。

3）砂率的确定

砂在骨料中的数量应以填充石子空隙后略有富余的原则来确定。

5.3.4 混凝土配合比设计的步骤

混凝土配合比设计步骤：首先按照已选择的原材料性能及对混凝土的技术要求进行初步计算，得出"初步计算配合比"，并经过实验室试拌调整，得出"试拌配合比"；然后经过强度检验，确定满足设计和施工要求，并比较经济的"设计配合比"；最后根据现场砂、石的实际含水率，对设计配合比进行调整，求出"施工配合比"。

1）初步计算配合比

（1）配制强度（$f_{cu,o}$）的确定

根据《普通混凝土配合比设计规程》（JGJ 55—2011）的规定，在实际施工过程中，由于原材料质量和施工条件的波动，混凝土强度难免有波动。为使混凝土的强度保证率能满足国家标准的要求，必须使混凝土的配制强度等级高于设计强度等级。根据《普通混凝土配合比设计规程》（JGJ 55—2011），当混凝土的设计强度等级<C60 时，配制强度按下式计算：

$$f_{cu,o} \geq f_{cu,k} + 1.645\sigma \tag{5.18}$$

当混凝土的设计强度等级≥C60 时，配制强度按下式确定：

$$f_{cu,o} \geq 1.15f_{cu,k} \tag{5.19}$$

式中 $f_{cu,o}$——混凝土配制强度，MPa；

$f_{cu,k}$——混凝土立方体抗压强度标准值，即混凝土强度等级值，MPa；

σ——混凝土强度标准差，MPa。

标准差的确定方法如下：

①当具有近1~3个月的同一品种、同一强度等级混凝土的强度资料时，其混凝土强度标准差 σ 应按下式计算：

$$\sigma = \sqrt{\frac{\sum\limits_{i=1}^{n} f_{cu,i}^2 - nm_{fcu}^2}{n-1}} \tag{5.20}$$

式中 $f_{cu,i}$——第 i 组试件强度值，MPa；

m_{fcu}——n 组试件强度的平均值，MPa；

n——混凝土试件的组数（$n \geq 30$）。

对于强度等级≤C30 的混凝土，当 σ 计算值≥3.0 MPa 时，应按照计算结果取值；当 σ 计

算值<3.0 MPa 时,σ 应取 3.0 MPa。对于强度等级>C30 且≤C60 的混凝土,当 σ 计算值≥4.0 MPa 时,应按照计算结果取值;当 σ 计算值<4.0 MPa 时,σ 应取 4.0 MPa。

②当没有近期的同一品种、同一强度等级混凝土强度资料时,其强度标准差 σ 可按表5.10 取值。

表 5.10　标准差 σ 值(JGJ 55—2011)

混凝土强度标准值	≤C20	C25~C45	C50~C55
σ/MPa	4.0	5.0	6.0

(2)确定相应的水胶比(W/B)

混凝土强度等级≤C60 等级时,混凝土水胶比宜按下式计算:

$$\frac{W}{B} = \frac{\alpha_a f_b}{f_{cu,o} + \alpha_a \alpha_b f_b} \tag{5.21}$$

式中　α_a,α_b——回归系数,根据工程所使用的原材料,通过试验建立的水胶比与混凝土强度关系式来确定;当不具备上述试验统计资料时,回归系数取值:碎石 α_a = 0.53,α_b = 0.20;卵石 α_a = 0.49,α_b = 0.13。

f_b——胶凝材料 28 d 胶砂强度,MPa,可实测,且试验方法应按《水泥胶砂强度检验方法(ISO 法)》(GB/T 17671—2021)执行;当无实测值时,可按下列规定确定:

①当胶凝材料 28 d 胶砂抗压强度无实测值时,可按下式计算 f_b 值:

$$f_b = \gamma_f \gamma_s f_{ce} \tag{5.22}$$

式中　γ_f,γ_s——粉煤灰影响系数和粒化高炉矿渣粉影响系数,可按表5.11 选用;

f_{ce}——水泥 28 d 胶砂抗压强度实测值,MPa。

表 5.11　粉煤灰影响系数(γ_f)和粒化高炉矿渣粉影响系数(γ_s)(JGJ 55—2011)

种类 掺量/%	粉煤灰影响系数(γ_f)	粒化高炉矿渣粉影响系数(γ_s)
0	1.00	1.00
10	0.85~0.95	1.00
20	0.75~0.85	0.95~1.00
30	0.65~0.75	0.90~1.00
40	0.55~0.65	0.80~0.90
50	—	0.70~0.85

注:①本表应以 P·O 42.5 水泥为准;如采用普通硅酸盐水泥以外的通用硅酸盐水泥,可将水泥混合材掺量 20%以上部分计入矿物掺合料。

②采用 I 级粉煤灰宜取上限值,采用 II 级粉煤灰宜取下限值。

③采用 S75 级粒化高炉矿渣粉宜取下限值,采用 S95 级粒化高炉矿渣粉宜取上限值,采用 S105 级粒化高炉矿渣粉可取上限值加 0.05。

④当超出表中的掺量时,粉煤灰和粒化高炉矿渣粉影响系数应经试验确定。

②当水泥 28 d 胶砂抗压强度无实测值时,可按下式计算 f_{ce} 值:

$$f_{ce} = \gamma_c f_{ce,g} \tag{5.23}$$

式中　　γ_c——水泥强度等级值的富余系数,可按实际统计资料确定,如无统计资料可按表 5.12 选用;

　　　　$f_{ce,g}$——水泥强度等级值,MPa。

表 5.12　水泥强度等级值的富余系数

水泥强度等级值	32.5	42.5	52.5
富余系数	1.12	1.16	1.10

计算出的水胶比不得大于表 5.6 耐久性所要求的最大水胶比,如计算的水胶比大于最大水胶比,则应取最大水胶比,以保证混凝土的耐久性。

(3)确定混凝土的用水量和外加剂用量

①每立方米干硬性或塑性混凝土用水量的确定。混凝土水胶比在 0.40~0.80 时,根据粗骨料的品种、粒径及施工要求的混凝土拌合物稠度,其用水量可按表 5.13、表 5.14 选取;混凝土水胶比小于 0.40 的混凝土以及采用特殊成形工艺的混凝土用水量应通过试验确定。

②掺外加剂时,每立方米流动性或大流动性混凝土的用水量可按下式计算:

$$m_{wo} = m'_{wo}(1 - \beta) \tag{5.24}$$

表 5.13　干硬性混凝土的用水量　　　　　　　　　　　　单位:kg/m³

拌合物稠度		卵石最大公称粒径/mm			碎石最大粒径/mm		
项　目	指　标	10.0	20.0	40.0	16.0	20.0	40.0
维勃稠度 /s	16~20	175	160	145	180	170	155
	11~15	180	165	150	185	175	160
	5~10	185	170	155	190	180	165

表 5.14　塑性混凝土的用水量　　　　　　　　　　　　单位:kg/m³

拌合物稠度		卵石最大粒径/mm				碎石最大粒径/mm			
项　目	指　标	10.0	20.0	31.5	40.0	16.0	20.0	31.5	40.0
坍落度 /mm	10~30	190	170	160	150	200	185	175	165
	35~50	200	180	170	160	210	195	185	175
	55~70	210	190	180	170	220	105	195	185
	75~90	215	195	185	175	230	215	205	195

注:①本表用水量系采用中砂时的取值。采用细砂时,每立方米混凝土用水量可增加 5~10 kg;采用粗砂时,可减少 5~10 kg。

②掺用矿物掺合料和外加剂时,用水量应相应调整。

式中　m_{wo}——计算配合比每立方米混凝土的用水量,kg/m³。

　　　m'_{wo}——未掺外加剂时混凝土每立方米的用水量,kg/m³,以表 5.14 中 90 mm 坍落度的用水量为基础,按每增大 20 mm 坍落度相应增加 5 kg/m³ 用水量来计算;当坍落度增大到 180 mm 以上时,随坍落度相应增加的用水量可减小。

　　　β——外加剂的减水率,应经混凝土试验确定。

③每立方米混凝土中外加剂用量应按下式计算:

$$m_{ao} = m_{bo}\beta_a \tag{5.25}$$

式中　m_{ao}——计算配合比每立方米混凝土中外加剂用量,kg;

　　　m_{bo}——计算配合比每立方米混凝土中胶凝材料用量,kg;

　　　β_a——外加剂掺量,%,应经混凝土试验确定。

(4)胶凝材料、矿物掺合料和水泥用量

根据已经求得的水胶比和用水量,每立方米混凝土的胶凝材料用量(m_{bo})应按下式计算:

$$m_{bo} = \frac{m_{wo}}{\dfrac{W}{B}} \tag{5.26}$$

式中　m_{bo}——计算配合比每立方米混凝土中胶凝材料用量,kg/m³;

　　　m_{wo}——计算配合比每立方米混凝土中用水量,kg/m³;

　　　$\dfrac{W}{B}$——混凝土水胶比。

计算出的胶凝材料用量应大于表 5.7 规定的最小胶凝材料用量,如计算的胶凝材料用量小于最小胶凝材料用量,则应取最小胶凝材料用量,以保证混凝土的耐久性。

每立方米混凝土的矿物掺合料用量(m_{fo})应按下式计算:

$$m_{fo} = m_{bo}\beta_f \tag{5.27}$$

式中　m_{fo}——计算配合比每立方米混凝土中矿物掺合料用量,kg/m³;

　　　β_f——矿物掺合料掺量,%。

每立方米混凝土的水泥用量(m_{co})应按下式计算:

$$m_{co} = m_{b0} - m_{fo} \tag{5.28}$$

式中　m_{co}——计算配合比每立方米混凝土中水泥用量,kg/m³。

(5)选用合理的砂率值(β_s)

砂率应当根据骨料的技术指标、混凝土拌合物性能和施工要求参考既有历史资料确定。当无历史资料可参考时,混凝土砂率的确定应符合下列规定:

①坍落度小于 10 mm 的混凝土,其砂率应经试验确定;

②坍落度为 10~60 mm 的混凝土,其砂率可根据粗骨料品种、最大公称粒径及水胶比按表 5.15 选取;

③坍落度大于 60 mm 的混凝土,其砂率可经试验确定,也可在表 5.15 的基础上,按坍落度每增大 20 mm,砂率增大 1%的幅度予以调整。

表 5.15　混凝土的砂率　　　　　　　　　　　　单位:%

水胶比 (W/B)	卵石最大公称粒径/mm			碎石最大公称粒径/mm		
	10.0	20.0	40.0	16.0	20.0	40.0
0.40	26~32	25~31	24~30	30~35	29~34	27~32
0.50	30~35	29~34	28~33	33~38	32~37	30~35
0.60	33~38	32~37	31~36	36~41	35~40	33~38
0.70	36~41	35~40	34~39	39~44	38~43	36~41

注:①本表数值系中砂的选用砂率,对细砂或粗砂,可相应地减少或增大砂率;

　　②采用人工砂配制混凝土时,砂率可适当增大;

　　③只用一个单粒级粗骨料配制混凝土时,砂率应适当增大。

(6)计算粗、细骨料的用量(m_{so},m_{go})

粗、细骨料的用量可用质量法或体积法求得。

①质量法。如果原材料情况比较稳定及相关技术指标符合标准要求,所配制的混凝土拌合物的表观密度将接近一个固定值,这样就可以假设 1 m³ 混凝土拌合物的质量值。因此可列出以下两式:

$$m_{fo} + m_{co} + m_{wo} + m_{so} + m_{go} = m_{cp}$$

$$\beta_s = \frac{m_{so}}{m_{so} + m_{go}} \times 100\% \tag{5.29}$$

式中　m_{so}——计算配合比每立方米混凝土中砂的用量,kg/m³;

　　　　m_{go}——计算配合比每立方米混凝土中石子的用量,kg/m³;

　　　　m_{cp}——计算配合比每立方米混凝土拌合物的假定质量,取 2 350~2 450 kg/m³;

　　　　β_s——混凝土砂率。

②体积法。根据 1 m³ 混凝土体积等于各组成材料绝对体积与所含空气体积之和,按下式计算:

$$\frac{m_{co}}{\rho_c} + \frac{m_{fo}}{\rho_f} + \frac{m_{so}}{\rho_s} + \frac{m_{go}}{\rho_g} + \frac{m_{wo}}{\rho_w} + 0.01\alpha = 1$$

$$\beta_s = \frac{m_{so}}{m_{so} + m_{go}} \times 100\% \tag{5.30}$$

式中　ρ_c——水泥的密度,kg/m³,可取 2 900~3 100 kg/m³;

　　　　ρ_f——矿物掺合料的密度,kg/m³;

　　　　ρ_s——细骨料的表观密度,kg/m³;

　　　　ρ_g——粗骨料的表观密度,kg/m³;

　　　　ρ_w——水密度,kg/m³,可取 1 000 kg/m³;

　　　　α——混凝土的含气量百分数,在不使用引气型外加剂时,可取 $\alpha=1$。

通过以上 6 个步骤,便可将水、水泥、砂和石子的用量全部求出,得出初步计算配合比,供试配用。以上混凝土配合比计算公式和表格,均以干燥状态骨料(指含水率小于 0.5% 的细骨料和含水率小于0.2%的粗骨料)为基准;当以饱和面干骨料为基准进行计算时,则应作相应的修正。

2)混凝土配合比的试配、调整与确定

以上求出的各材料用量,是借助于一些经验公式和数据计算出来,或是利用经验资料查得的,因而不一定能够完全符合具体的工程实际情况,必须通过试拌调整,直到混凝土拌合物的和易性符合要求为止,然后提出供检验强度用的基准配合比。

(1)试配

①按初步计算配合比,称取实际工程中使用的材料进行试拌。混凝土试配应采用强制式搅拌机,混凝土搅拌方法应与生产时用的方法相同。

②每盘混凝土试配的最小搅拌量应符合表5.16的规定,并不应小于搅拌机额定搅拌量的1/4。

表5.16　混凝土试配的最小搅拌量

粗骨料最大公称粒径/mm	最小搅拌的拌合物量/L
≤31.5	20
40.0	25

③试配时材料称量的精确度为:骨料为±1%;水泥及外加剂均为±0.5%。

④应在计算配合比的基础上进行试拌。宜在水胶比不变、胶凝材料用量和外加剂用量合理的原则下调整胶凝材料用量、外加剂用量和砂率等,一般调整幅度为1%~2%,直到混凝土拌合物性能符合设计和施工要求,然后提出试拌配合比。

混凝土拌合物和易性的调整方法:当坍落度小于要求时,应保持水胶比不变,增加水的用量,同时增加水泥和矿物掺合料的用量;当坍落度大于要求时,则应保持砂率不变,增加砂石用量;当坍落度合适,黏聚性和保水性不好时,则应适当加大砂率(保持砂石总量不变,提高砂用量,减少石子用量)。

⑤应在试拌配合比的基础上,进行混凝土强度试验,并应符合下列规定:

a.应至少采用3个不同的配合比。当采用3个不同的配合比时,其中1个应为试拌配合比,另外2个配合比的水胶比宜较试拌配合比分别增加和减少0.05,用水量应与试拌配合比相同,砂率可分别增加和减少1%。

b.进行混凝土强度试验时,拌合物性能应符合设计和施工要求。

c.进行混凝土强度试验时,每种配合比至少应制作一组试件,标准养护到28 d或设计强度要求的龄期时试压。

(2)配合比的调整与确定

①配合比调整应符合下述规定:

a.根据混凝土强度试验结果,绘制强度和胶水比的线性关系图,用图解法或插值法确定略大于配制强度对应的胶水比;

b.在试拌配合比的基础上,用水量(m_w)和外加剂用量(m_a)应根据确定的水胶比作适当调整;

c.胶凝材料用量(m_b)应以用水量乘以确定的胶水比计算得出；

d.粗骨料和细骨料用量(m_g和m_s)应根据用水量和胶凝材料用量进行相应调整。

②配合比应按以下规定进行校正：

a.应根据调整后的配合比按下式计算混凝土拌合物的表观密度：

$$\rho_{c,c} = m_c + m_f + m_g + m_s + m_w \tag{5.31}$$

式中　$\rho_{c,c}$——混凝土拌合物表观密度计算值，kg/m^3；

m_c——每立方米混凝土的水泥用量，kg/m^3；

m_f——每立方米混凝土的矿物掺合料用量，kg/m^3；

m_g——每立方米混凝土的粗骨料用量，kg/m^3；

m_s——每立方米混凝土的细骨料用量，kg/m^3；

m_w——每立方米混凝土的用水量，kg/m^3。

b.应按下式计算混凝土配合比校正系数δ：

$$\delta = \frac{\rho_{c,t}}{\rho_{c,c}} \tag{5.32}$$

式中　$\rho_{c,t}$——混凝土拌合物表观密度实测值，kg/m^3；

δ——混凝土配合比校正系数。

③当混凝土拌合物表观密度实测值与计算值之差的绝对值不超过计算值的2%时，调整的配合比可维持不变；当二者之差超过2%时，应将配合比中每项材料用量均乘以校正系数δ。

④配合比调整后，应测定拌合物水溶性氯离子含量，并应对设计要求的混凝土耐久性能进行试验，符合设计规定的氯离子含量和耐久性能要求的配合比方可确定为设计配合比。

⑤生产单位可根据常用材料设计出常用的混凝土配合比备用，并应在使用过程中予以验证或调整。遇有下列情况之一时，应重新进行配合比设计：

a.对混凝土性能有特殊要求时；

b.水泥外加剂或矿物掺合料品种质量有显著变化时。

3）施工配合比

设计配合比是以干燥材料为基准的，而工地存放的砂、石是露天堆放的，都含有一定的水分，而且随着气候的变化，含水情况经常变化。所以现场材料的实际称量应按工地砂、石的含水情况进行修正，修正后的配合比称施工配合比。

假定工地存放砂的含水率为$a\%$，石子的含水率为$b\%$，则将上述设计配合比换算为施工配合比，其材料称量为：

水泥用量 m_c' 　　　　$m_c' = m_c$

矿物掺合料用量 m_f 　　$m_f' = m_f$

砂用量 m_s' 　　　　　$m_s' = m_s(1+a\%)$

石子用量 m_g' 　　　　$m_g' = m_g(1+b\%)$

用水量 m_w' 　　　　　$m_w' = m_w - m_s \times a\% - m_g \times b\%$

5.3.5　普通混凝土配合比设计实例

某现浇钢筋混凝土工程,该工程为潮湿环境,无冻害,混凝土的设计强度等级为C40,施工要求坍落度为35~50 mm(混凝土由机械搅拌、机械振捣),根据施工单位历史统计资料,混凝土强度标准差 $\sigma = 4.0$ MPa。采用的原材料为:

①水泥:62.5级硅酸盐水泥(实测28 d强度70.6 MPa),密度 $\rho_c = 3\,100$ kg/m³;

②矿物掺合料采用S95级粒化高炉矿渣粉,其密度为 $\rho_c = 3\,050$ kg/m³,掺量为20%;

③砂:中砂,表观密度 $\rho_s = 2\,650$ kg/m³;

④石子:碎石,表观密度 $\rho_g = 2\,700$ kg/m³;最大粒径 $D_{max} = 40$ mm;

⑤水:自来水。

试设计混凝土配合比(按干燥材料计算)。施工现场砂含水率为3%,碎石含水率为1%,求施工配合比。

1)计算配合比

(1)确定配制强度

$$f_{cu,o} = f_{cu,k} + 1.645\sigma = 40\ \text{MPa} + 1.645 \times 4\ \text{MPa} = 46.6\ \text{MPa}$$

(2)确定水胶比

$$\frac{W}{B} = \frac{\alpha_a f_b}{f_{cu,o} + \alpha_a \alpha_b f_b} = \frac{0.53 \times 70.6}{46.6 + 0.53 \times 0.20 \times 70.6} = 0.69$$

根据工程的环境条件查表5.5,确定为二 a 环境等级,查表5.6确定最大水胶比为 $W/B = 0.55$,小于计算的水胶比,所以取 $W/B = 0.55$。

(3)确定单位用水量

根据粗骨料为碎石,最大粒径 $D_{max} = 40$ mm,施工要求坍落度为35~50 mm,查表5.14可得单位用水量 $m_{wo} = 175$ kg。

(4)确定胶凝材料用量

$$m_{bo} = \frac{m_{wo}}{W/B} = \frac{175\ \text{kg}}{0.55} = 318\ \text{kg}$$

根据本工程的水胶比,查表5.7可知最小胶凝材料用量为300 kg,小于计算的胶凝材料用量,所以最后取 $m_{bo} = 318$ kg。矿物掺合料用量和水泥用量分别为:

$$m_{fo} = m_{bo}\beta_f = 318\ \text{kg} \times 20\% = 64\ \text{kg}$$

$$m_{co} = m_{bo} - m_{fo} = 318\ \text{kg} - 64\ \text{kg} = 254\ \text{kg}$$

(5)选用合理的砂率值(β_s)

根据水胶比和骨料情况,查表5.15,选取 $\beta_s = 35\%$。

(6)计算粗、细骨料的用量(m_{so} , m_{go})

用质量法计算,假定1 m³混凝土拌合物的质量为2 400 kg,则

$$m_{co} + m_{fo} + m_{wo} + m_{so} + m_{go} = m_{cp}$$

$$\beta_s = \frac{m_{so}}{m_{so} + m_{go}} \times 100\%$$

$$由\begin{cases}318+175+m_{so}+m_{go}=2\ 400\\ \dfrac{m_{so}}{m_{so}+m_{go}}\times100\%=0.35\end{cases}$$

解得：$m_{so}=668$ kg，$m_{go}=1\ 239$ kg。

以上结果为初步计算配合比，每立方米混凝土的材料用量为：水泥 $m_{co}=254$ kg，矿渣粉 $m_{fo}=64$ kg，砂 $m_{so}=668$ kg，石子 $m_{go}=1\ 239$ kg，水 $m_{wo}=175$ kg。其质量比为 $m_{co}:m_{fo}:m_{so}:m_{go}=254:64:668:1\ 239=1:0.3:2.6:4.9$，$W/B=0.55$。

2) 配合比的试配、调整与确定

（1）基准配合比

按初步计算配合比试拌混凝土 25 L，其材料用量为：

水泥：　　　　　0.025×254 kg＝6.35 kg

矿渣粉：　　　　0.025×64 kg＝1.6 kg

砂子：　　　　　0.025×668 kg＝16.7 kg

石子：　　　　　0.025×1 239 kg＝30.97 kg

水：　　　　　　0.025×175 kg＝4.37 kg

搅拌均匀后做和易性试验，测得坍落度为 25 mm，不符合要求。增加 5% 的胶凝材料浆用量，即水泥用量增加到 6.67 kg，矿渣粉增加到 1.68 kg，水用量增加到 4.6 kg，重新拌和后，测得坍落度为 45 mm，黏聚性、保水性均良好。试拌调整后的各材料用量为：水泥 6.67 kg，矿渣粉 1.68 kg，水 4.6 kg，砂 16.7 kg，石子 30.97 kg，试拌材料总质量为 60.62 kg，实测试拌混凝土的体积密度为 2 415 kg/m^3。

试拌配合比为：

$$水泥用量=\frac{6.67}{60.62}\times2\ 415\ \text{kg}=265\ \text{kg}$$

$$矿渣粉=\frac{1.68}{60.62}\times2\ 415\ \text{kg}=66.9\ \text{kg}$$

$$用水量=\frac{4.6}{60.62}\times2\ 415\ \text{kg}=183\ \text{kg}$$

$$砂子用量=\frac{16.7}{60.62}\times2\ 415\ \text{kg}=665.3\ \text{kg}$$

$$石子用量=\frac{30.97}{60.62}\times2\ 415\ \text{kg}=1\ 233.8\ \text{kg}$$

（2）设计配合比

在试拌配合比的基础上，拌制 3 种不同水胶比的混凝土，并制作 3 组强度试件。其中 1 组水胶比为 0.55，另 2 组水胶比分别为 0.50 及 0.60，经试拌检查，和易性均满足要求。标准养护 28 d 后，进行强度试验，得出的强度值分别为：

①水胶比 0.50（胶水比 2.00），$f_{cu}=49.1$ MPa；

②水胶比 0.55（胶水比 1.82），$f_{cu}=43.6$ MPa；

③水胶比 0.60（胶水比 1.67），$f_{cu}=40.2$ MPa。

根据上述 3 组水胶比与其相对应的强度关系，根据强度和胶水比的线性关系，可计算得出混凝土配制强度（46.6 MPa）对应的胶水比为 1.92，即水胶比为 0.52。按 $W/B=0.52$ 计算各组成材料用量。

水：$\qquad m_w=183$ kg

胶凝材料：$m_b=183/0.52$ kg $=351.9$ kg（其中水泥 281.5 kg，矿渣粉 70.4 kg）

砂：$\qquad m_s=665.3$ kg

石子：$\qquad m_g=1\ 233.8$ kg

测得拌合物表观密度为：$\rho_{c,t}=2\ 515$ kg/m³

混凝土计算表观密度为：$\rho_{c,c}=(183+351.9+665.3+1\ 233.8)$ kg/m³ $=2\ 434$ kg/m³

$$\frac{\rho_{c,t}-\rho_{c,c}}{\rho_{c,c}}=\frac{2\ 515-2\ 434}{2\ 434}=3.32\%$$

校正系数为：$\delta=\dfrac{\rho_{c,t}}{\rho_{c,c}}=\dfrac{2\ 515}{2\ 434}=1.03$

由于实测值与计算值之差超过计算值的 2%，因此上述配合比需要校正。

设计配合比为：

水：$\qquad m_w=183$ kg $\times1.03=188.5$ kg

硅酸盐水泥：$m_c=281.5$ kg $\times1.03=289.9$ kg

矿渣粉：$\qquad m_f=70.4$ kg $\times1.03=72.5$ kg

砂：$\qquad m_s=665.3$ kg $\times1.03=685.3$ kg

石子：$\qquad m_g=1\ 233.8$ kg $\times1.03=1\ 270.8$ kg

（3）施工配合比

将设计配合比换算成施工配合比，用水量应扣除砂、石含水量，而砂、石量则应增加为砂、石含水的质量。所以施工配合比为：

水泥：$\qquad m_c'=289.9$ kg

矿渣粉：$\qquad m_f'=72.5$ kg

砂：$\qquad m_s'=685.3$ kg $\times(1+3\%)=705.9$ kg

石子：$\qquad m_g'=1\ 270.8$ kg $\times(1+1\%)=1\ 283.5$ kg

水：$\qquad m_w'=188.5$ kg -685.3 kg $\times3\%-1\ 270.8$ kg $\times1\%=155.2$ kg

5.4　普通混凝土性能检测

5.4.1　混凝土取样方法

1）现场搅拌混凝土取样

根据《混凝土结构工程施工质量验收规范》（GB 50204—2023）和《混凝土强度检验评定标准》（GB/T 50107—2010）的规定，结构混凝土的强度等级必须符合设计要求。用于检查结构构件混凝土强度的试件，应在混凝土的

混凝土的
取样方法

浇筑地点随机抽取。取样与试件留置应符合以下规定：

①每拌制 100 盘但不超过 100 m³ 的同配合比的混凝土,取样次数不得少于 1 次;

②每工作班拌制的同一配合比的混凝土不足 100 盘时,其取样次数不得少于 1 次;

③当一次连续浇筑超过 1 000 m³ 时,同一配合比的混凝土每 200 m³ 取样不得少于 1 次;

④同一楼层、同一配合比的混凝土,取样不得少于 1 次;

⑤每次取样应至少留置 1 组标准养护试件,同条件养护试件的留置组数应根据实际需要确定。

2)预拌(商品)混凝土取样

预拌(商品)混凝土,除应在预拌混凝土厂内按规定留置试块外,混凝土运到施工现场后,还应根据《预拌混凝土》(GB/T 14902—2012)规定取样。

混凝土出厂检验应在搅拌地点取样。混凝土的交货检验应在交货地点取样。交货检验试样应随机从同一运输车卸料量的 1/4 至 3/4 抽取。混凝土交货取样及坍落度试验应在混凝土运到交货地点时开始算起 20 min 内完成,制作试件应在混凝土运到交货地点时开始算起 40 min 内完成。

混凝土强度检验和坍落度检验的取样规定:出厂检验时,每 100 盘相同配合比的混凝土取样不得少于 1 次;每一工作班组相同的配合比的混凝土不足 100 盘时,取样亦不得少于 1 次;每次取样应至少进行 1 组试验。

交货检验的取样同现场搅拌混凝土的取样规定相同。

5.4.2 混凝土性能检测

1)混凝土拌合物和易性检测

(1)有关检验方法和标准

①《普通混凝土拌合物性能试验方法标准》(GB/T 50080—2016);

②《普通混凝土配合比设计规程》(JGJ 55—2011)。

混凝土拌合物
和易性试验

(2)取样

同一组混凝土拌合物的取样应从同一盘混凝土或同一车混凝土中取样,取样量应多于试验所需量的 1.5 倍,且不小于 20 L。混凝土拌合物取样应具有代表性,宜采用多次采样的方法。一般在同一盘混凝土或同一车混凝土中约 1/4,1/2,3/4 处之间分别取样,从第一次取样到最后一次取样不宜超过 15 min,然后人工搅拌均匀。从取样完毕到开始做各项性能试验不宜超过 5 min。

(3)试样的制备

①在实验室制备混凝土拌合物时,试验用原材料和实验室温度应保持在(20±5)℃,或与施工现场保持一致。

②拌和混凝土时,材料用量以质量计。称量精度:骨料为±1%;水、水泥、掺合料及外加剂均为±0.5%。

③混凝土拌合物的制备应符合《普通混凝土配合比设计规程》(JGJ 55—2011)中的有关规定。

④从试样制备完毕到开始做各项性能试验不宜超过 5 min。

（4）记录

①取样记录：取样日期和时间、工程名称、结构部位、混凝土强度等级、取样方法、试样编号、试样数量、环境温度及取样的混凝土温度。

②试样制备记录：实验室温度，各种原材料品种、规格、产地及性能指标，混凝土配合比和每盘混凝土的材料用量。

（5）混凝土拌和方法

①人工拌和：

a.按所定配合比称取各材料试验用量，以干燥状态为准。

b.将拌板和拌铲用湿布润湿后，将砂倒在拌板上，然后加入水泥，用拌铲自拌板一端翻拌至另一端；如此反复，直至充分混合、颜色均匀，再加入石子翻拌混合均匀。

混凝土拌合
物的拌制

c.将干混合料堆成锥形，在中间作一凹槽，将已量好的水，倒入一半左右（不要使水流出），仔细翻拌，然后徐徐加入剩余的水，继续翻拌，每翻拌 1 次，用铲在混合料上铲切 1 次，至拌和均匀为止。

d.拌和时力求动作敏捷，拌和时间自加水时算起，应符合标准规定：拌和体积为 30 L 以下时为 4~5 min，拌和体积为 30~50 L 时为 5~9 min，拌和体积为 51~75 L 时为 9~12 min。

e.拌好后，应立即做和易性试验或试件成型。从开始加水时起，全部操作须在 30 min 内完成。

②机械拌和：

a.按所定配合比称取各材料试验用量，以干燥状态为准。

b.按配合比称量的水泥、砂、水及少量石预拌 1 次，使水泥砂浆先黏附满搅拌机的筒壁，倒出多余的砂浆，以免影响正式搅拌时的配合比。

c.依次将称好的石子、砂和水泥倒入搅拌机内，干拌均匀，再将水徐徐加入，全都加料时间不得超过 2 min，加完水后，继续搅拌 2 min。

d.卸出拌合物，倒在拌板上，再经人工拌和 2~3 次。

e.拌好后，应立即做和易性试验或试件成型。从开始加水时起，全部操作须在 30 min 内完成。

坍落度试验

（6）检测方法

①坍落度法：坍落度试验适用于坍落度值不小于 10 mm，骨料最大粒径不大于 40 mm 的混凝土拌合物稠度测定。

a.检测目的：确定混凝土拌合物和易性是否满足施工要求。

b.主要仪器设备：坍落度筒（图 5.8）、捣棒、搅拌机、台秤、量筒、天平、拌铲、拌板、钢尺、装料漏斗、抹刀等。

扩展度试验

c.试验步骤：

● 润湿坍落度筒及铁板，在坍落度内壁和铁板上应无明水。铁板应放置在坚实水平面上，并把筒放在铁板中心，然后用脚踩住两边的脚踏板，坍落度筒在装料时应保持固定的位置。筒顶部加上漏斗,放在铁板上,双脚踩住脚踏板。

• 把混凝土试样用小铲分3层均匀地装入筒内,每层高度约为筒高的1/3;每层用捣棒插捣25次,插捣应沿螺旋方向由外向中心进行,各次插捣应在截面上均匀分布;插捣筒边混凝土时,捣棒可以稍稍倾斜;在插捣底层时,捣棒应贯穿整个深度;插捣第2层和顶层时,捣棒应插透本层至下一层的表面;浇灌顶层时,混凝土应灌到高出筒口;在插捣过程中,如混凝土沉落到低于筒口,则应随时添加;顶层插捣完后,刮去多余的混凝土,并用抹刀抹平。

• 清除筒边底板上的混凝土后,垂直平稳地提起坍落度筒。坍落度筒的提离过程应在5~10 s内完成;从开始装料到提坍落度筒的整个过程应不间断地进行,并应在150 s内完成。

• 结果评定。提起坍落度筒后,测量筒高与坍落后混凝土试体最高点之间的高度差,即为该混凝土拌合物的坍落度值,精确至1 mm(图5.9)。坍落度筒提离后,如混凝土发生崩塌或一边剪坏现象,则应重新取样另行测定;如第2次试验仍出现上述现象,则表示该混凝土和易性不好,应予以记录备查。

图5.8 坍落度筒

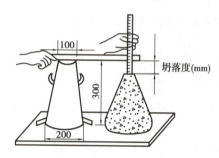

图5.9 坍落度值示意图

观察坍落后混凝土试体的黏聚性及保水性。黏聚性的检查方法是:用捣棒在已坍落的混凝土锥体侧面轻轻敲打,如果锥体逐渐下沉,则表示黏聚性良好;如果锥体倒塌、部分崩裂或出现离析现象,则表示黏聚性不好。保水性的检查方法是:坍落度筒提起后,如有较多的稀浆从底部析出,锥体部分的混凝土也因失浆而骨料外露,则表示保水性不好;如无稀浆或仅有少量稀浆自底部析出,则表示保水性良好。

混凝土拌合物坍落度以mm为单位,测量精确至1 mm,结果表达修约至5 mm。

②维勃稠度法:

a.使用条件:本方法适用于骨料最大粒径不大于40 mm,维勃稠度在5~30 s的混凝土拌合物稠度测定;坍落度≤50 mm或干硬性混凝土的稠度测定。

b.维勃稠度试验步骤:

• 维勃稠度仪应放置在坚实水平面上,用湿布把容器、坍落度筒、喂料斗内壁及其他用具润湿。

• 将喂料斗提到坍落度筒上方扣紧,校正容器位置,使其中心与喂料中心重合,然后拧紧固定螺钉。

• 把按要求取样或制作的混凝土拌合物试样用小铲分3层经喂料斗均匀地装入筒内。

• 把喂料斗转离,垂直地提起坍落度筒,此时应注意不使混凝土试体产生横向扭动。

• 把透明圆盘转到混凝土圆台顶面,放松测杆螺钉,降下圆盘,使其轻轻接触到混凝土顶面。

● 拧紧定位螺钉，并检查测杆螺钉是否已经完全放松。

● 在开启振动台的同时用秒表计时，当振动到透明圆盘的底面被水泥浆布满的瞬间停止计时，关闭振动台。

● 由秒表读出时间即为该混凝土拌合物的维勃稠度值，精确至 1 s。

2）普通混凝土力学性能检测

（1）有关检测方法和标准

①《普通混凝土拌合物性能试验方法标准》（GB/T 50080—2016）；

②《混凝土物理力学性能试验方法标准》（GB/T 50081—2019）。

（2）取样

混凝土立方体
抗压强度试验

普通混凝土的取样应符合《普通混凝土拌合物性能试验方法标准》（GB/T 50080—2016）中的有关规定，普通混凝土力学性能试验应以 3 个试件为 1 组，每组试件所用的拌合物应从同一盘混凝土或同一车混凝土中取样。

混凝土劈裂
抗拉强度试验

（3）检测目的

测定混凝土立方体抗压强度，作为评定混凝土质量的主要依据之一。

（4）主要仪器设备

①试模（图 5.10）：100 mm×100 mm×100 mm，150 mm×150 mm×150 mm，200 mm×200 mm×200 mm 3 种试模；应定期对试模进行自检，自检周期宜为 3 个月。

②振动台（图 5.11）：应符合《混凝土试验用振动台》（JG/T 245—2009）中技术要求的规定并应具有有效期内的计量检定证书。

图 5.10　混凝土试模

图 5.11　振动台

③压力试验机：除满足液压式压力试验机中的技术要求外，其测量精度为±1%，试件破坏荷载应大于压力机全量程的 20%，且小于压力机全量程的 80%，还应具有加荷速度指示装置或加荷控制装置，并应能均匀、连续地加荷。压力机应该具有有效期内的计量检定证书。

④其他量具及器具：

a.量程大于 600 mm、分度值为 1 mm 的钢板尺；

b.量程大于 200 mm、分度值为 0.02 mm 的卡尺；

c.符合《混凝土坍落度仪》（JG/ 248—2009）规定的直径为 16 mm、长 600 mm、端部呈半球形的捣棒。

（5）检测步骤

①基本要求：混凝土立方体抗压试件以 3 个为 1 组，每组试件所用的拌合物应从同一盘混凝土或同一车混凝土中取样；试件尺寸按粗骨料的最大粒径来确定，见表 5.17。

表 5.17　试件尺寸、插捣次数及抗压强度换算系数

试件尺寸/mm	骨料最大粒径/mm	每层插捣次数/次	抗压强度换算系数
100×100×100	≤31.5	12	0.95
150×150×150	≤40	25	1
200×200×200	≤63	50	1.05

②成型：

a.成型前应检查试模，并在其内表面涂一薄层矿物油或脱模剂。

b.坍落度不大于 70 mm 宜采用振动台成型。其方法是将混凝土拌合物一次性装入试模，装料时应用抹刀沿各试模壁插捣，并使混凝土拌合物高出试模，然后将试模放到振动台上并固定，开动振动台，至混凝土表面出浆为止。振动时试模不得有任何跳动，不得过振。最后沿试模边缘刮去多余的混凝土，用抹刀抹平。

混凝土试件的
成型与养护

c.坍落度大于 70 mm 宜采用捣棒人工捣实。其方法是将混凝土拌合物分 2 次装入试模，分层的装料厚度大致相等，插捣应按螺旋方向从边缘向中心均匀进行。在插捣底层混凝土时，插捣应达到试模底部；插捣上层混凝土时，捣棒应贯穿上层后插入下层 20~30 mm。插捣时捣棒应保持垂直，不得倾斜，然后用抹刀沿试模内壁插拔数次。每层插捣次数一般不得少于 12 次，插捣后应用橡皮锤轻轻敲击试模四周，直至插捣棒留下的空洞消失，最后刮去多余的混凝土并抹平。

③试件的养护：试件的养护方法有标准养护、与构件同条件养护两种。

采用标准养护的试件成型后应立即用不透水的薄膜覆盖表面，在温度为（20±5）℃的环境中静止 1~2 昼夜，然后编号拆模。拆模后立即放入温度为（20±2）℃、相对湿度为 95% 以上的标准养护室中养护，或在温度为（20±2）℃的不流动的 $Ca(OH)_2$ 饱和溶液中养护。试件应放在支架上，其间隔为 10~20 mm。试件表面应保持潮湿，并不得被水直接冲淋，至试验龄期 28 d。

同条件养护试件的拆模时间可与实际构件的拆模时间相同。拆模后，试件仍需保持同条件养护。

④抗压强度测定：

a.试件从养护地点取出后，应及时进行试验，并将试件表面与上下承压板面擦干净。

b.将试件安放在试验机的下压板或垫板上，试件的承压面应与成型时的顶面垂直。试件的中心应与试验机下压板中心对准，开动试验机，当上压板与试件或钢垫板接近时，调整球座，使其接触均衡。

c.在试验过程中应连续均匀地加荷，混凝土强度等级 <C30 时，加荷速度取 0.3~0.5 MPa/s；混凝土强度等级 >C30 且 <C60 时，取 0.5~0.8 MPa/s；混凝土强度等级 >C60 时，取 0.8~1.0 MPa/s。

d.当试件接近破坏开始急剧变形时,应停止调整试验机油门,直至试件破坏,记录破坏荷载。

⑤结果计算与评定:

a.计算:混凝土立方体抗压强度按下式计算,精确至 0.1 MPa。

$$f_{cc} = \frac{F}{A} \tag{5.33}$$

式中　f_{cc}——混凝土立方体抗压强度,MPa;

　　　F——试件破坏荷载,N;

　　　A——试件承压面积,mm^2。

b.评定:

● 以 3 个试件测定值的算术平均值作为该组试件的强度值,精确至 0.1 MPa。

● 3 个测定值中的最大值或最小值中如有 1 个与中间值的差值超过中间值的 15%,则把最大值及最小值一并舍除,取中间值作为该组试件的抗压强度值。

● 如最大值和最小值与中间值的差值均超过中间值的 15%,则该组试件的试验结果无效。

● 混凝土强度等级<C60 时,用非标准试件测得的强度值均应乘以尺寸换算系数,其值对 200 mm×200 mm×200 mm 试件为 1.05、对 100 mm×100 mm×100 mm 试件为 0.95。当混凝土强度等级≥C60 时,宜采用标准试件;使用非标准试件时,尺寸换算系数应由试验确定。

5.5　其他品种混凝土的认识

5.5.1　高强混凝土

高强混凝土是指混凝土强度等级为 C60 及以上的混凝土。

1)高强混凝土的特点

高强混凝土作为一种新的建筑材料,以其抗压强度高、抗变形能力强、密度大、孔隙率低的优越性,在高层建筑结构、大跨度桥梁结构以及某些特种结构中得到了广泛应用。高强混凝土最大的特点是抗压强度高,一般为普通混凝土强度的 4~6 倍,故可减小构件的截面,因此最适宜用于高层建筑。试验表明,在一定的轴压比和合适的配箍率情况下,高强混凝土框架柱具有较好的抗震性能;而且柱截面尺寸减小,减轻自重,避免短柱,对结构抗震也有利,而且提高了经济效益。高强混凝土材料为预应力技术提供了有利条件,可采用高强度钢材和人为控制应力,从而大大提高受弯构件的抗弯刚度和抗裂度。因此,世界范围内越来越多地采用施加预应力的高强混凝土结构,应用于大跨度房屋和桥梁中。此外,利用高强混凝土密度大的特点,可用作建造承受冲击和爆炸荷载的建(构)筑物,如原子能反应堆基础等。利用高强混凝土抗渗性能强和抗腐蚀性能强的特点,建造具有高抗渗和高抗腐要求的工业用水池等。

配制高强混凝土的特点是低水胶比并掺有足够数量的矿物细掺合料(如硅灰)和高效减水剂,从而使混凝土具有综合的优异的技术特性,但由此也产生了两个值得重视的性能缺陷:

①自干燥引起的自收缩。混凝土产生自干燥并非由于外部环境相对湿度的影响而引起的干燥脱水,而是由于混凝土内部结构微细孔内自由水量的不足,使混凝土内部供水不足,内部相对湿度自发地减小而引起自干燥,并导致了混凝土的收缩变形。

②脆性。混凝土的强度越高,混凝土的脆性就越大。混凝土脆性的增大会给工程结构特别是有抗震要求的工程结构带来很大危害。在高强混凝土中掺入纤维是一种有效的措施,钢纤维和碳纤维对改善高强混凝土的脆性比合成纤维更有效。

2)高强混凝土的原材料

高强混凝土的原材料应符合《普通混凝土配合比设计规程》(JGJ 55—2011)的规定:

①应选用硅酸盐水泥或普通硅酸盐水泥。

②粗骨料最大公称粒径不宜大于 25.0 mm,针片状颗粒含量不宜大于 5.0%;含泥量不应大于 0.5%,泥块含量不应大于 0.2%。

③细骨料的细度模数宜为 2.6~3.0,含泥量不应大于 2.0%,泥块含量不应大于 0.5%。

④宜采用减水率不小于 25%的高性能减水剂。目前采用具有高减水率的聚羧酸高性能减水剂配制高强混凝土的相对较多。其主要优点是减水率高,大多数不低于 28%;混凝土拌合物保塑性较好,混凝土收缩较小。

⑤宜复合掺入粒化高炉矿渣粉、粉煤灰和硅灰等矿物掺合料。粉煤灰应采用 F 类,并不应低于 Ⅱ 级;强度等级不低于 C80 的高强混凝土宜掺入硅灰,硅灰掺量一般为 3%~8%。

3)高强混凝土配合比

高强混凝土配合比应经试验确定。在缺乏试验依据的情况下,高强混凝土配合比设计宜符合下列要求:

①水胶比、胶凝材料用量和砂率可按表 5.18 选取,并应经试配确定;

②外加剂和矿物掺合料的品种、掺量,应通过试配确定;矿物掺合料掺量宜为 25%~40%;硅灰掺量不宜大于 10%;

③水泥用量不宜大于 500 kg/m^3。

表 5.18　高强混凝土水胶比、胶凝材料用量和砂率

强度等级	水胶比	胶凝材料用量/(kg·m^{-3})	砂率/%
≥C60 且<C80	0.28~0.34	480~560	
≥C80 且<C100	0.26~0.28	520~580	35~42
C100	0.24~0.26	550~600	

5.5.2　泵送混凝土

泵送混凝土是指可通过泵压作用沿输送管道强制流动到目的地并进行浇筑的混凝土。泵送混凝土已逐渐成为混凝土施工中一个常用的品种。它具有施工速度快、质量好、节省人工、施工方便等特点,因此广泛应用于一般房建结构混凝土、道路混凝土、大体积混凝土、高层建筑等工程。它既可以作水平及垂直运输(指用地泵),又可直接用布料杆浇注(指用汽

车泵)。它要求混凝土不仅要满足设计强度、耐久性等,还要满足管道输送对混凝土拌合物的要求,即要求混凝土拌合物有较好的可泵性。

混凝土可泵性是指在泵压下沿输送管道流动的难易程度以及稳定程度的特性。可泵性好的混凝土应该具有以下两个条件:一是输送过程中与管道之间的流动阻力尽可能小;二是有足够的黏聚性,保证在泵送过程中不泌水、不离析。

混凝土可泵性与流动性是两个完全不同的概念。

影响混凝土可泵性的因素主要有:水泥用量和水灰比,骨料,泵送剂,坍落度、砂率。

《普通混凝土配合比设计规程》(JGJ 55—2011)中对泵送混凝土作了明确规定。

①泵送混凝土所采用的原材料:

a.泵送混凝土宜选用硅酸盐水泥、普通硅酸盐水泥、矿渣硅酸盐水泥和粉煤灰硅酸盐水泥。

b.粗骨料宜采用连续级配,其针片状颗粒含量不宜大于10%;粗骨料的最大公称粒径与输送管径之比宜符合表5.19的规定。

表 5.19 粗骨料的最大公称粒径与输送管径之比(JGJ 55—2011)

粗骨料品种	泵送高度/m	粗骨料最大公称粒径与输送管径之比
碎石	<50	≤1:3.0
	50~100	≤1:4.0
	>100	≤1:5.0
卵石	<50	≤1:2.5
	50~100	≤1:3.0
	>100	≤1:4.0

c.泵送混凝土宜采用中砂,其通过公称直径315 μm 筛孔的颗粒含量不宜少于15%;

d.泵送混凝土应掺用泵送剂或减水剂,并宜掺用粉煤灰等矿物掺合料。

②泵送混凝土配合比应符合下列规定:

a.泵送混凝土的胶凝材料用量不宜小于300 kg/m^3;

b.泵送混凝土的砂率宜为35%~45%。

③泵送混凝土试配时应考虑坍落度经时损失。

④泵送混凝土的水灰比宜为0.4~0.6。

5.5.3 大体积混凝土

《大体积混凝土施工标准》(GB 50496—2018)中定义:大体积混凝土是指混凝土结构物实体最小几何尺寸不小于1 m 的大体量混凝土,或预计会因混凝土中胶凝材料水化引起的温度变化和收缩而导致有害裂缝产生的混凝土。《普通混凝土配合比设计规程》(JGJ 55—2011)中定义:大体积混凝土是指体积较大的、可能由胶凝材料水化热引起的温度应力导致有害裂缝的结构混凝土。

现代建筑中时常涉及大体积混凝土施工,如高层楼房基础、大型设备基础、水利大坝等。它的主要特点就是体积大,一般实体最小尺寸大于或等于 1 m。它的表面系数比较小,水泥水化热释放比较集中,内部温升比较快。混凝土内外温差较大时,会使混凝土产生温度裂缝,影响结构安全和正常使用。

《普通混凝土配合比设计规程》(JGJ 55—2011)规定:

①大体积混凝土所用的原材料:

a.大体积混凝土宜采用中、低热硅酸盐水泥或低热矿渣硅酸盐水泥,水泥的 3 d 和 7 d 水化热应符合标准规定;当采用硅酸盐水泥或普通硅酸盐水泥时应掺入矿物掺合料,胶凝材料的 3 d 和 7 d 水化热分别不宜大于 240 kJ/kg 和 270 kJ/kg。水化热试验方法应按现行国家标准《水泥水化热测定方法》(GB/T 12959—2008)执行。

b.粗骨料宜为连续级配,最大公称粒径不宜小于 31.5 mm,含泥量不应大于 1.0%;细骨料宜采用中砂,含泥量不应大于 3.0%。

c.宜掺用矿物掺合料和缓凝型减水剂。

②当设计采用混凝土 60 d 或 90 d 龄期强度时,宜采用标准试件进行抗压强度试验。

③大体积混凝土配合比应符合下列规定:

a.水胶比不宜大于 0.55,用水量不宜大于 175 kg/m³。

b.在保证混凝土性能要求的前提下,宜提高每立方米混凝土中的粗骨料用量;砂率宜为 38%~42%。

c.在保证混凝土性能要求的前提下,应减少胶凝材料中的水泥用量,提高矿物掺合料掺量。

④在配合比试配和调整时,控制混凝土绝热温升不宜大于 50 ℃。

⑤配合比应满足施工对混凝土拌合物泌水的要求。

5.5.4 预拌混凝土

《预拌混凝土》(GB/T 14902—2012)定义:预拌混凝土是指在搅拌站(楼)生产的、通过运输设备送至使用地点的、交货时为拌合物的混凝土,也称商品混凝土。

预拌混凝土是建材业和建筑业走向现代和文明的标志,在发达国家已经普遍应用,在我国也受到高度重视和应用。

1)预拌混凝土的优点

①预拌混凝土能提高建筑工程质量。由于混凝土工厂化和专业化,预拌混凝土所用原材料稳定,生产工艺先进,采用全电脑控制、计量准确,检验手段完备,混凝土质量稳定可靠,富余强度高,可杜绝自行搅拌混凝土过程中偷工减料、质量波动大等弊端,从而大大提高建(构)筑物质量水平。

②预拌混凝土能促进混凝土新技术的开发和应用,提高和改善混凝土的性能。预拌混凝土使用矿物活性掺合料(矿粉、粉煤灰等)和外加剂非常方便,可大大提高混凝土的防水、

防冻、抗裂和耐磨等长期性能,能提高建(构)筑物的使用年限。

③预拌混凝土能大大缩短建筑工期,实现机械化施工,提高建设速度。施工单位使用预拌混凝土,施工速度加快,设备、架管模板等周转租赁费用减少;业主单位可缩短建设周期,降低投资风险,降低综合造价。

④预拌混凝土能改进施工组织,减少施工人员,减轻劳动强度,降低施工管理费用、技术难度和质量风险。

⑤预拌混凝土能减少施工场地占用,不需另设砂、石、水泥堆放场地和搅拌场地,能满足施工场地狭小、环保要求高的工程施工。

⑥预拌混凝土能减少材料浪费。砂石、水泥在传统的现场搅拌中浪费很大,现场搅拌一般砂石损失为15%~30%,水泥损失在10%左右,预拌混凝土可以有效避免浪费。

⑦预拌混凝土能节省工程量。由于预拌混凝土质量稳定可靠,设计单位按使用预拌混凝土设计,可避免"肥梁、胖柱、厚板"出现。

⑧预拌混凝土能保护和改善环境。使用预拌混凝土能减少砂、石、水泥运输、堆放、搅拌、施工过程中抛洒、扬灰、噪声、泥水污染,减少对工地周边设施、建筑、人员的环境影响,有利于文明施工和建设和谐社会。

⑨预拌混凝土能促进资源综合利用,有利于人工砂、粉煤灰、矿渣等合理利用,提高资源综合利用率。

⑩预拌混凝土能促进建筑业和建材业的产业结构调整、融合和优化。

2)预拌混凝土分类

预拌混凝土根据特性要求分为常规品和特制品两种。

(1)常规品

常规品为除表5.20特制品以外的普通混凝土,代号为A,混凝土强度等级代号为C。

(2)特制品

特制品代号为B,包括的混凝土种类及代号应符合表5.20的规定。

表5.20　特制品的混凝土种类及代号

混凝土种类	高强混凝土	自密实混凝土	纤维混凝土	轻骨料混凝土	重混凝土
混凝土种类代号	H	S	F	L	W
强度等级代号	C	C	C(合成纤维混凝土) CF(钢纤维混凝土)	LC	C

3)预拌混凝土标记

①预拌混凝土标记应按下列顺序:

a.常规品或特制品的代号(常规品可不标记)。

b.特制品混凝土种类的代号,兼有多种情况可同时标出。

c.强度等级。

d.坍落度控制目标值,后附坍落度等级代号在括号中;自密实混凝土采用扩展度控制目标值,后附扩展度等级代号在括号中。

e.耐久性能等级代号,对于抗氯离子渗透性能和抗碳化性能,后附设计值在括号中。

f.本标准号。

②标记举例:

示例1:采用通用硅酸盐水泥、河砂、石、矿物掺合料、外加剂和水配制的普通混凝土,强度等级为C50,坍落度为180 mm,抗冻等级为F250,抗氯离子渗透性能电通量Q_s为1 000C,其标记为:

$$A\text{-}C50\text{-}180(S4)\text{-}F250\ Q\text{-}(1000)\ Ⅲ\text{-}GB/T\ 14902$$

示例2:采用通用硅酸盐水泥、砂、陶粒、矿物掺合料、外加剂、合成纤维和水配制的轻骨料纤维混凝土,强度等级为LC40,坍落度为210 mm,抗渗等级为P8,抗冻等级为F150,其标记为:

$$B\text{-}LF\text{-}LC40\text{-}210(S4)\text{-}P8F150\text{-}GB/T\ 14902$$

4)预拌混凝土的质量要求

(1)强度

混凝土强度满足设计要求,检验评定要符合《混凝土强度检验评定标准》(GB/T 50107—2010)的规定。

(2)坍落度和坍落度经时损失

混凝土坍落度实测值与目标控制值的允许偏差应符合表5.21的规定。常规品的泵送混凝土坍落度控制目标值不宜大于180 mm,并应满足施工要求,坍落度经时损失宜大于30 mm/h。

(3)扩展度

扩展度实测值与目标控制值的允许偏差应符合表5.21的规定,自密实混凝土扩展度的控制目标值不宜小于550 mm,并应满足施工要求。

表5.21　混凝土拌合物稠度允许偏差　　单位:mm

项　目	控制目标值	允许偏差
坍落度	≤40	±10
	50~90	±20
	≥100	±30
扩展度	≥350	±30

(4)含气量

混凝土含气量实测值不宜大于7%,并与合同规定值的允许偏差不宜超过±1.0%。

(5)水溶性氯离子含量

混凝土拌合物中的水溶性氯离子最大含量应符合表5.22的规定。

表 5.22　混凝土拌合物中的水溶性氯离子最大含量

环境条件	水溶性氯离子最大含量/%		
	钢筋混凝土	预应力混凝土	素混凝土
干燥环境	0.3		
潮湿但不含氯离子的环境	0.2	0.06	1.0
潮湿又含氯离子的环境、盐渍土的环境	0.1		
除冰盐等侵蚀性物质的腐蚀环境	0.06		

（6）耐久性能

混凝土的耐久性能应满足设计要求,检验评定应符合《混凝土耐久性检验评定标准》（JGJ/T 193—2009）的规定。

5）原材料储存

①各种材料必须分仓储存,并应有明显的标识。

②水泥应按水泥品种、强度等级和生产厂家分别标识和储存,应防止水泥受潮及污染,不应采用结块的水泥;水泥用于生产时的温度不宜高于 60 ℃;水泥出厂超过 3 个月应进行复检,合格者方可使用。

③骨料的堆场应为能排水的硬质地面,并应有防尘和遮雨设施;不同品种、规格的骨料应分别储存,避免混杂或污染。

④外加剂应按品种和生产厂家分别标识和储存,粉状外加剂应防止受潮结块,如有结块应进行检验,合格者粉碎至全部通过孔径为 300 μm 的方孔筛筛孔后方可使用;液态外加剂应储存在密闭容器内,并应防晒和防冻,如有沉淀等异常现象应经检验合格后使用。

⑤矿物掺合料应按品种、质量等级和产地分别标识、储存,不应与水泥等其他粉状料混杂,并应防潮、防雨。

⑥纤维品种、规格和生产厂家应分别标识和储存。

6）检验规则

（1）一般规定

①预拌混凝土质量的检验分为出厂检验和交货检验。出厂检验的取样和试验工作应由供方承担;交货检验的取样和试验工作应由需方承担,当需方不具备实验和人员技术资质等条件时,供需双方可协商确定并委托有检验资质的单位承担,并应在合同中予以明确。

②交货检验的试验结果应在试验结束后 10 d 内通知供方。

③预拌混凝土质量验收应以交货检验结果作为依据。

（2）检验项目

①常规品应检验混凝土强度、拌合物坍落度和设计要求的耐久性能;掺有引气型外加剂的混凝土应检验拌合物的含气量。

②特制品应检验混凝土强度、拌合物坍落度和设计要求的耐久性能;掺有引气型外加剂的混凝土应检验拌合物的含气量。此外,还应按相关标准和合同规定检验其他项目。

（3）取样与检验频率

①混凝土出厂检验应在搅拌地点取样；混凝土的交货检验应在交货地点取样。交货检验试样应随机从同一运输车卸料量的 1/4 至 3/4 抽取。

②混凝土交货取样及坍落度试验应在混凝土运到交货地点时开始算起 20 min 内完成，制作试件应在混凝土运到交货地点时开始算起 40 min 内完成。

③混凝土强度检验和坍落度检验的取样规定：出厂检验时，每 100 盘相同配合比的混凝土取样不得少于 1 次；每工作班组相同的配合比的混凝土不足 100 盘时，取样亦不得少于 1 次；每次取样应至少进行 1 组试验。交货检验的取样同现场搅拌混凝土的取样规定相同。

（4）合格判断

①强度的试验结果满足设计要求，检验评定符合《混凝土强度检验评定标准》（GB/T 50107—2010）的规定为合格。

②坍落度和含气量的试验结果分别符合表 5.21 和含气量的要求规定的为合格；若不符合要求，则应立即用试样余下部分或重新取样进行复检，若第 2 次试验结果分别符合规定，仍为合格。

③氯离子总含量的计算结果符合表 5.22 规定的为合格。

④混凝土的耐久性能应满足设计要求，检验评定符合《混凝土耐久性检验评定标准》（JGJ/T 193—2009）的规定的为合格。

⑤其他的混凝土性能检验结果符合标准或合同规定的要求的为合格。

5.5.5 抗渗混凝土

《普通混凝土配合比设计规程》（JGJ 55—2011）中定义：抗渗混凝土是指抗渗等级不低于 P6 的混凝土。抗渗混凝土通过提高混凝土的密实度，改善孔隙结构，从而减少渗透通道，提高抗渗性。常用的办法是掺用引气型外加剂，使混凝土内部产生不连通的气泡，截断毛细管通道，改变孔隙结构，从而提高混凝土的抗渗性。此外，减小水灰比，选用适当品种及强度等级的水泥，保证施工质量，特别是注意振捣密实、养护充分等，都对提高抗渗性能有重要作用。

1）抗渗混凝土分类

抗渗混凝土一般可分为普通防水混凝土、外加剂防水混凝土和膨胀水泥防水混凝土 3 大类。

（1）普通防水混凝土

普通防水混凝土所用原材料与普通混凝土基本相同，但两者的配制原则不同。普通防水混凝土主要借助于采用较小的水灰比，适当提高水泥用量、砂率及灰砂比，控制石子最大粒径，加强养护等方法，以抑制或减少混凝土孔隙率，改变孔隙特征，提高砂浆及其与粗骨料界面之间的密实性和抗渗性。普通防水混凝土施工简便、造价低廉、质量可靠，适用于地上和地下防水工程。

（2）外加剂防水混凝土

在混凝土拌合物中加入微量有机物（引气剂、减水剂、三乙醇胺）或无机盐（如氯化铁），以改善其和易性，提高混凝土的密实性和抗渗性。引气剂防水混凝土抗冻性好，能经受150～200 次冻融循环，适用于抗水性、耐久性要求较高的防水工程；减水剂防水混凝土具有良好的和易性,可调节凝结时间,适用于泵送混凝土及薄壁防水结构;三乙醇胺防水混凝土早期强度高,抗渗性能好,适用于工期紧迫、要求早强的防水工程;氯化铁防水混凝土具有较高的密实性和抗渗性,适用于水下、深层防水工程或修补堵漏工程。

（3）膨胀水泥防水混凝土

该种混凝土是利用膨胀水泥水化时产生的体积膨胀,使混凝土在约束条件下的抗裂性和抗渗性获得提高,主要用于地下防水工程和后灌缝。

2) 抗渗混凝土的优点

抗渗混凝土与采用卷材防水等相比较,抗渗混凝土具有以下优点:

①兼有防水和承重两种功能,能节约材料,加快施工速度。

②材料来源广泛,成本低廉。

③在结构物造型复杂的情况下,施工简便、防水性能可靠,适用性强。

④渗、漏水时易于检查,便于修补。

⑤耐久性好。

⑥可改善劳动条件。

3) 对抗渗混凝土的规定

《普通混凝土配合比设计规程》(JGJ 55—2011)中有关抗渗混凝土的规定:

①抗渗混凝土的原材料规定:

a.水泥宜采用普通硅酸盐水泥;

b.粗骨料宜采用连续级配,其最大公称粒径不宜大于 40.0 mm,含泥量不得大于 1.0%,泥块含量不得大于 0.5%;

c.细骨料宜采用中砂,含泥量不得大于 3.0%,泥块含量不得大于 1.0%;

d.抗渗混凝土宜掺用外加剂和矿物掺合料;粉煤灰应采用 F 类,并不应低于 Ⅱ 级。

②抗渗混凝土配合比的规定:

a.最大水胶比应符合表 5.23 的规定;

表 5.23　抗渗混凝土最大水胶比

设计抗渗等级	最大水胶比	
	C20~C30	C30 以上混凝土
P6	0.60	0.55
P8~P12	0.55	0.50
>P12	0.50	0.45

b.每立方米混凝土中的胶凝材料用量不宜小于 320 kg;

c.砂率宜为 35%~45%。

③配合比设计中混凝土抗渗技术要求应符合下列规定:

a.配制抗渗混凝土要求的抗渗水压值应比设计值提高 0.2 MPa;

b.抗渗试验结果应符合下式要求:

$$p_t \geq \frac{p}{10} + 0.2 \qquad\qquad (5.34)$$

式中　P_t——6个试件中不少于4个未出现渗水时的最大水压值，MPa；

　　　　P——设计要求的抗渗等级值。

掺用引气剂的抗渗混凝土，应进行含气量试验，含气量宜控制在 3.0% ~ 5.0%。

工程案例 5

混凝土标准差的大小

[工程概况]假设有三个施工单位生产 C20 混凝土，甲单位管理水平较高，乙单位管理水平中等，丙单位管理水平较低。经统计，甲、乙、丙三个单位的混凝土标准差分别为 2.0 MPa、4.0 MPa、6.0 MPa，试分析标准差的大小对试配强度以及混凝土成本的影响。

[原因分析]混凝土强度等级是用混凝土强度总体分布的平均值减去 1.645 倍标准差确定的，这样可以保证混凝土强度标准值具有95%的保证率，从而保证结构的安全。从这个定义推定，抽样检验的 N 组试件的混凝土强度平均值一定大于等于混凝土设计强度等级，而强度平均值的大小取决于施工管理水平，即取决于标准差 σ 的大小。

三种管理水平的施工单位均按95%的保证率要求控制混凝土的平均强度，甲单位 N 组混凝土强度平均值 $f_{cu} = 20+1.645\times2.0 = 23.29$（MPa），乙单位 N 组混凝土强度平均值 $f_{cu} = 20+1.645\times4.0 = 26.58$（MPa），丙单位 N 组混凝土强度平均值 $f_{cu} = 20+1.645\times6.0 = 29.87$（MPa）。可见，施工质量好（标准差 $\sigma = 2.0$MPa）的混凝土（强度平均值 23.29 MPa）与施工质量低劣（标准差 $\sigma = 6.0$ MPa）的混凝土（强度平均值 29.87 MPa）具有同等的保证率。因此，施工单位要尽量提高施工管理水平，使混凝土强度标准差降到最低值，这样既能保证工程质量，又降低了工程造价，是真正有效的节约措施。

单元小结

本单元是全书的重要章节。首先，介绍了混凝土的主要技术性质，包括混凝土拌合物的和易性、硬化混凝土的强度、混凝土的耐久性；其次，介绍了混凝土的质量控制和强度评定的方法：统计法和非统计法。本单元的核心内容就是混凝土的配合比设计，着重介绍了混凝土的技术性能指标的检测方法和过程；还简要介绍了其他类型的混凝土。

职业能力训练

一、填空题

1.国家标准规定，普通混凝土的强度测定时标准试件尺寸为_____。

2.决定混凝土强度的最主要因素是_____和_____。

3.新拌混凝土的和易性的测定方法有_____法和_____法。

4.在混凝土中，水泥浆在硬化前起到_____和_____作用，而在硬化后起_____

作用,砂石在混凝土中主要起_____作用,并不发生反应。

二、名词解释

1.混凝土拌合物的和易性

2.混凝土立方体抗压强度

3.混凝土的耐久性

三、判断题

1.混凝土的施工配合比相较于实验室配合比,其水胶比无变化。　　　　　(　　)

2.在水泥浆用量一定的条件下,砂率过大或过小都会使混合料的流动性变差。(　　)

3.坍落度越大,流动性越变差。　　　　　　　　　　　　　　　　　　(　　)

4.混凝土中水用量越多,混凝土的密实度及强度越高。　　　　　　　　　(　　)

5.当黏聚性和保水性不良时,可适当增加砂用量,即增大砂率。　　　　　(　　)

6.在正常养护条件下,混凝土强度将随龄期的增长而降低。　　　　　　　(　　)

四、单项选择题

1.混凝土的抗冻等级表示正确的是(　　　　)。

A.C25　　　　　B.F100　　　　　　　　C.M25　　　　　　　　D.P8

2.若混凝土拌合物中坍落度偏小,调整时一般采用适当增加(　　　　)。

A.水泥　　　　B.砂子　　　　　　　C.水泥浆(W/B不变) D.水

3.能提高混凝土抗碳化能力的措施是(　　　　)。

A.提高水胶比　　B.提高混凝土的密实度　C.降低砂率　　　　D.增加水泥用量

4.配合比确定后,混凝土拌合物的流动性偏大,可采取的措施是(　　　　)。

A.直接加水泥　　B.保持砂率不变,增加砂石用量

C.加混合材料　　D.保持水胶比不变,增加水泥浆量

5.混凝土拌合物的黏聚性差,改善方法可采用(　　　　)。

A.增大砂率　　　B.减小砂率　　　　　C.增加水胶比　　　　D.增加用水量

6.配制混凝土时,限制最大水胶比和最小水泥用量是为了满足(　　　　)的要求。

A.强度　　　　　B.变形　　　　　　　C.耐久性　　　　　　D.施工

7.改善混凝土耐久性的外加剂是(　　　　)。

A.缓凝剂　　　　B.早强剂　　　　　　C.引气剂　　　　　　D.速凝剂

8.下列混凝土材料中,(　　　　)是非活性矿物掺合料。

A.火山灰质材料　B.磨细石英砂　　　　C.钢渣粉　　　　　　D.硅粉

五、多项选择题

1.混凝土用砂,尽量选用(　　　　)。

A.含矿物质较多的砂　　　　　B.细砂　　　　　　C.中粗砂

D.级配好的砂　　　　　　　　E.粒径比较均匀的砂

2.影响混凝土和易性的因素有(　　　　)。

A.水泥强度等级　　　　　　　B.水泥浆数量　　　　C.集料的种类及性质

D.砂率　　　　　　　　　　　E.水胶比

3.混凝土配合比设计的三个重要参数是(　　　　)。

A.水胶比　　　　　　　B.单位用水量分　　C.砂率

D.配制强度　　　　　　E.标准差

4.影响混凝土的强度的因素包括(　　　)。

A.施工和易性　　　　　B.水胶比　　　　　C.水泥强度等级

D.粗集料的最大粒径　　E.缓凝剂

5.混凝土的耐久性包括(　　　)。

A.抗渗性　　　　　　　B.抗冻性　　　　　C.可泵性

D.碱骨料反应　　　　　E.钢筋锈蚀

六、计算题

1.一组边长为100 mm 的混凝土试块,经标准养护28 d 送实验室检测,破坏荷载分别为310 kN、300 kN 和280 kN。计算这组试件的立方体抗压标准强度。

2.已知混凝土试验室质量配合比 $m_c:m_s:m_g:m_w$ = 300∶630∶1320∶180,若工地砂、石含水率分别为5%和3%。求该混凝土的施工配合比(用 1 m³ 混凝土各材料用量表示,其中无矿物掺和料)。

七、简述题

1.混凝土的抗冻性和抗渗性如何表示?

2.影响混凝土拌合物和易性因素有哪些? 如何影响? 改善拌合物和易性措施有哪些?

3.什么是合理砂率? 为什么采用合理砂率时技术和经济效果都较好?

4.影响混凝土强度的因素有哪些? 提高混凝土的强度可采取哪些措施?

5.什么是混凝土的碳化? 它对混凝土性能有何影响? 如何提高混凝土抗碳化能力?

6.影响混凝土耐久性的主要因素是什么? 在骨料和水泥品种均已限定的条件下,如何保证混凝土的耐久性?

7.减水剂的作用原理是什么? 混凝土中掺减水剂的技术经济效果如何?

8.进行混凝土配合比设计时,应当满足哪些基本要求?

单元 6
建筑砂浆性能检测

单元导读

- **基本要求** 掌握砌筑砂浆的技术性质、配合比设计的方法和步骤；熟悉砌筑砂浆组成材料的品种、规格和技术性质；了解抹灰砂浆、防水砂浆、其他特种砂浆等性质和应用。
- **重点** 砌筑砂浆的和易性及检测；砌筑砂浆的强度及检测；砌筑砂浆的配合比设计。
- **难点** 砌筑砂浆的配合比设计。

建筑砂浆是由胶凝材料、细骨料和水按一定比例配制而成的建筑材料。它与混凝土的主要区别是组成材料中没有粗骨料，因此建筑砂浆也称为细骨料混凝土。

建筑砂浆介绍

建筑砂浆主要用于以下几个方面：在结构工程中，用于把单块砖、石、砌块等胶结成砌体，砖墙的勾缝、大中型墙板及各种构件的接缝；在装饰工程中，用于墙面、地面及梁、柱等结构表面的抹灰，镶贴天然石材、人造石材、瓷砖、陶瓷锦砖、马赛克等。

根据所用胶凝材料的不同，建筑砂浆分为水泥砂浆、石灰砂浆和混合砂浆等；根据用途又分为砌筑砂浆、抹面砂浆、防水砂浆、装饰砂浆及特种砂浆。

6.1 砌筑砂浆的性能检测和配合比设计

用于砌筑砖、石、砌块等砌体工程的砂浆称为砌筑砂浆。它起着黏结砌块、构筑砌体、传递荷载和提高墙体使用功能的作用，是砌体的重要组成部分。

6.1.1　砌筑砂浆的组成材料

1) 水泥

常用品种的水泥都可以用来配制砌筑砂浆。为了合理利用资源、节约原材料,在配制砂浆时要尽量采用强度较低的水泥或砌筑水泥。对于一些特殊用途如配制构件的接头、接缝或用于结构加固、修补裂缝,应采用膨胀水泥。水泥的强度等级一般为砂浆强度等级的 4.0~5.0 倍,常用强度等级为 32.5,32.5R。

2) 细骨料

砂浆用细骨料主要为天然砂,它应符合混凝土用砂的技术要求。由于砂浆层较薄,故对砂子最大粒径有所限制。对于毛石砌体用砂宜选用粗砂,其最大粒径应小于砂浆层厚度的 1/5~1/4。对于砖砌体以使用中砂为宜,粒径不得大于 2.5 mm。对于光滑的抹面及勾缝的砂浆则应采用细砂。砂的含泥量对砂浆的强度、变形性、稠度及耐久性影响较大。对 M5 以上的砂浆,砂中含泥量不应大于 5%;对 M5 以下的水泥混合砂浆,砂中含泥量可大于 5%,但不应超过 10%。若采用人工砂、山砂、炉渣等作为集料配制砂浆,应根据经验或经试配而确定其技术指标。

3) 拌和用水

砂浆拌和用水的技术要求与混凝土拌和用水相同,应选用无杂质的洁净水来拌制砂浆。

4) 掺加料

掺加料是指为了改善砂浆的和易性而加入的无机材料。常用的掺加料有石灰膏、黏土膏、电石膏、粉煤灰以及一些其他工业废料等。为了保证砂浆的质量,需将石灰预先充分"陈伏"熟化制成石灰膏,然后再掺入砂浆中搅拌均匀。如采用生石灰粉或消石灰粉,则可直接掺入砂浆搅拌均匀后使用。当利用其他工业废料或电石膏等作为掺加料时,必须经过砂浆的技术性质检验,在不影响砂浆质量的前提下才能够采用。

5) 外加剂

外加剂与混凝土相似,为改善或提高砂浆的某些技术性能,更好地满足施工条件和使用功能的要求,可在砂浆中掺入一定种类的外加剂。对所选择的外加剂品种和掺量必须通过试验来确定。

6.1.2　砌筑砂浆的主要技术性质

对新拌砂浆主要要求其具有良好的和易性。和易性良好的砂浆容易在粗糙的砖石底面上铺抹成均匀的薄层,而且能够和底面紧密黏结。使用和易性良好的砂浆,既便于施工操作,提高劳动生产率,又能保证工程质量。硬化后的砂浆则应具有所需的强度和对底面的黏结力,并应有适宜的变形性能。

1) 和易性

砂浆和易性是指砂浆便于施工操作的性能,包含流动性和保水性两方面的含义。

砂浆的流动性(稠度)是指在自重或外力作用下能产生流动的性能。流动性用"沉入度"表示,通常用砂浆稠度测定仪测定。沉入度大,砂浆流动性大,但流动性过大,硬化后强度将会降低;若流动性过小,则不便于施工操作。

砂浆流动性的大小与砌体材料种类、施工条件及气候条件等因素有关。对于多孔吸水的砌体材料和干热的天气,则要求砂浆的流动性大;相反,对于密实不吸水的材料和湿冷的天气,则要求流动性小。

根据《砌筑砂浆配合比设计规程》(JGJ/T 98—2010)的规定,砌筑砂浆施工时的稠度宜按表6.1选用。

表6.1　砌筑砂浆的施工稠度 (JGJ/T 98—2010)

砌体种类	施工稠度/mm
烧结普通砖砌体、粉煤灰砖砌体	70~90
烧结多孔砖砌体、烧结空心砖砌体、轻集料混凝土小型空心砌块砌体、蒸压加气混凝土砌块砌体	60~80
混凝土砖砌体、普通混凝土小型空心砌块砌体、灰砂砖砌体	50~70
石砌体	30~50

新拌砂浆能够保持水分的能力称为保水性。保水性也指砂浆中各项组成材料不易分离的性质。

保水性差的砂浆,在施工过程中很容易泌水、分层、离析,由于水分流失而使流动性变坏,不易铺成均匀的砂浆层。凡是砂浆内胶凝材料充足,尤其是掺入了掺加料的混合砂浆,其保水性好。砂浆中掺入适量的加气剂或塑化剂也能改善砂浆的保水性和流动性。通常可掺入微沫剂以改善新拌砂浆的性质。

砂浆的保水性用"分层度"表示。将搅拌均匀的砂浆,先测其沉入度,再装入分层度测定仪,静置30 min后,去掉上部200 mm厚的砂浆,再测其剩余部分砂浆的沉入度,先后两次沉入度的差值称为分层度。分层度值越小,则保水性越好。砌筑砂浆的分层度以在30 mm以内为宜;分层度大于30 mm的砂浆,容易产生离析,不便于施工;分层度接近于零的砂浆,容易发生干缩裂缝。

2)取样及试样制备

(1)砂浆拌合物的取样方法

①建筑砂浆试验用料应根据不同要求,从同一盘或同一车运送的砂浆中取出。取样量应不少于试验所需量的4倍。

②施工中取样进行砂浆试验时,其取样方法和原则按相应的施工验收规范执行。一般在使用地点的砂浆槽、砂浆运送车或搅拌机出料口,至少要从3个不同部位采集。

③砂浆拌合物取样后,应尽快进行试验,试验前应经人工再翻拌,以保证其质量均匀。从取样完毕到开始进行各项性能试验不宜超过15 min。

(2)试样制备

①实验室制备砂浆拌合物时,所用材料应提前24 h运入室内,拌和时实验室的温度应保持在(20±5)℃。当需要模拟施工条件所用的砂浆时,实验室原材料的温度宜保持与施工现场一致。

②试验所用原材料与现场使用材料一致。砂应通过公称粒径 5 mm 筛。

③实验室拌制砂浆时,材料用量以质量计。称量精度:水泥、外加剂和掺合料等为±0.5%,砂为 1%。

④在实验室搅拌砂浆时应采取机械搅拌,搅拌机应符合《试验用砂浆搅拌机》(JG/T 3033—1996)的规定,搅拌的用量宜为搅拌机容量的 30%～70%,搅拌时间不应少于 120 s。掺有掺合料和外加剂的砂浆,其搅拌时间不应少于 180 s。

砂浆稠度试验

3)流动性的测定

(1)试验目的

本方法适用于确定砂浆配合比或施工中控制砂浆的稠度,以达到控制用水量的目的。

(2)主要仪器设备

测定的主要仪器设备包括砂浆稠度测定仪(图6.1)、捣棒、台秤、拌锅、拌板、量筒、秒表等。

(3)测定步骤

①将拌和好的砂浆一次性装入圆锥筒内,装至距筒口约 10 mm 为止,用捣棒插捣 25 次,并将筒体振动 5～6 次,使表面平整,然后移至稠度测定仪底座上。

②放松制动螺丝,调整圆锥体,使得试锥尖端与砂浆表面接触,拧紧制动螺丝,调整齿条测杆,使齿条测杆的下端刚好与滑杆上端接触,并将指针对准零点。

③松开制动螺丝,圆锥体自动沉入砂浆中,同时计时,到 10 s 时固定螺丝。然后从刻度盘上读出下沉深度(精确至 1 mm)。

(4)结果评定

以两次测定结果的算术平均值作为砂浆稠度测定结果。如果两次测定值之差大于 10 mm,应再次拌和砂浆后重新测定。

4)砂浆保水性的测定

(1)试验目的

测定砂浆拌合物在运输及停放时间内各组分的稳定性。

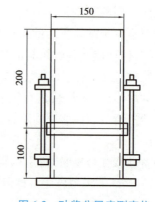

砂浆分层度试验

(2)主要仪器设备

主要仪器设备为分层度测定仪(即分层度筒,见图6.2);其他用具同砂浆稠度试验。

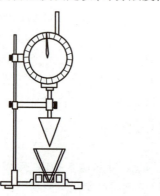

图 6.1　砂浆稠度测定仪

图 6.2　砂浆分层度测定仪

（3）试验步骤

①将拌和好的砂浆，先进行稠度试验；然后将砂浆从圆锥筒中倒出，重新拌和均匀，一次性注满分层度筒。用木锤在筒周围大致相等的4个不同地方轻敲1~2次，装满，并用抹刀抹平。

②静置30 min后，去掉上层200 mm的砂浆，取出底层100 mm的砂浆重新拌和均匀，再测定一次砂浆稠度。

③取两次砂浆稠度的差值作为砂浆的分层度（以mm为单位）。

（4）试验结果

以两次试验结果的算术平均值作为该砂浆的分层度值。若两次分层度值之差大于10 mm，则应重新做试验。

水泥砂浆立方体
抗压强度试验

5) 砂浆的强度和强度等级

砂浆强度是以边长为70.7 mm×70.7 mm×70.7 mm的立方体试块，在标准条件下养护28 d后，用标准试验方法测得的抗压强度（MPa）平均值来评定的。

水泥砂浆及预拌砂浆的强度等级划分为M5,M7.5,M10,M15,M20,M25,M30共7个强度等级。水泥混合砂浆的强度等级划分为M5,M7.5,M10,M15共4个强度等级。

砂浆的设计强度（即砂浆的抗压强度平均值），用f_2表示。在一般工程中，办公楼、教学楼以及多层建筑物宜选用M5.0~M10的砂浆，平房商店等多选用M2.5~M5.0的砂浆，仓库、食堂、地下室以及工业厂房等多选用M2.5~M10的砂浆，而特别重要的砌体宜选用M10以上的砂浆。

6) 砂浆的强度测定

（1）测定目的

测定砂浆的强度，确定砂浆是否达到设计要求的强度等级。

（2）主要仪器设备

主要仪器设备包括压力试验机，试模（70.7 mm×70.7 mm×70.7 mm，分无底试模和有底试模两种），捣棒、垫板等。

（3）试验步骤

①制作砂浆立方体试件：

a.制作砌筑吸水底材砂浆试件。将无底试模放在预先铺上吸水性较好的湿纸的普通砖上，砖的吸水率不小于10%，含水率小于2%。试模内壁应事先涂上机油作为隔离剂。然后将拌和好的砂浆一次性倒满试模，并用捣棒插捣，当砂浆表面出现麻斑点后（15~30 min），用刮刀将多余砂浆刮去，并抹平。

b.制作砌筑不吸水底材砂浆试件。采用有底试模，先将内壁涂上机油，拌和好的砂浆分两层装入，每层插捣12次，然后用刮刀沿试模内壁插捣数次，静置15~30 min后，将多余砂浆刮去并抹平。

c.试模成型后，在（20±5）℃环境下养护（24±2）h即可脱模。

②养护：

a.自然养护。放在室内空气中进行养护，混合砂浆在相对湿度为60%~80%、常温条件下养护；水泥砂浆放在常温条件下并保持试件表面处于湿润状态下（如湿砂堆中）养护。

b.标准养护。混合砂浆在（20±3）℃、相对湿度为60%~80%的条件下养护；水泥砂浆在

（20±2）℃、相对湿度为90%以上的条件下养护。

③抗压强度测定:取出经28 d养护的立方体试件,先将试件擦干净,然后将试件放在压力试验机的上下压板之间,开动压力机,连续均匀地加荷(加荷速度为0.5~1.5 kN/s),直至试件破坏,记录破坏荷载。

④结果评定:

a.按下式计算砂浆的抗压强度$f_{m,cu}$(MPa,精确至0.1 MPa):

$$f_{m,cu} = \frac{P}{A} \tag{6.1}$$

式中　P——试件的破坏荷载,N;

　　　A——试件的受压面积,mm^2。

b.以3个试件测定值的算术平均值的1.3(f_2)倍作为该组试件的砂浆立方体试件抗压强度平均值,精确至0.1 MPa。当3个测值的最大值或最小值中有一个与中间值差值超过中间值的15%时,则把最大值及最小值一并舍除,取中间值作为该组试件的抗压强度值。如有两个测值均超过中间值的15%,则该组试件的试验结果无效。

7)黏结力

砖石砌体是靠砂浆把块状的砖石材料黏结成为一个坚固整体的。因此要求砂浆对于砖石必须有一定的黏结力。一般情况下,砂浆的抗压强度越高其黏结力也越大。此外,砂浆黏结力的大小与砖石表面状态、清洁程度、湿润情况以及施工养护条件等因素有关。如砌筑烧结砖要事先浇水湿润,表面不沾泥土,就可以提高砂浆与砖之间的黏结力,保证墙体的质量。

6.1.3　砌筑砂浆的配合比设计

根据《砌筑砂浆配合比设计规程》(JGJ/T 98—2010)的规定,砌筑砂浆配合比的确定应按下列步骤进行:

1)水泥混合砂浆配合比设计

①计算砂浆试配强度:

$$f_{m,0} = kf_2 \tag{6.2}$$

式中　$f_{m,0}$——砂浆的试配强度,精确至0.1 MPa。

　　　f_2——砂浆强度等级值,精确至0.1 MPa。

　　　k——砂浆生产(拌制)质量水平系数,取1.15~1.25;砂浆生产(拌制)质量水平为优
　　　　　良、一般、较差时,k值分别为1.15,1.20,1.25。

②每立方米砂浆中的水泥用量,应按下式计算:

$$Q_c = \frac{1\,000(f_{m,0}-\beta)}{\alpha f_{ce}} \tag{6.3}$$

式中　Q_c——每立方米砂浆的水泥用量,精确至1 kg;

　　　$f_{m,0}$——砂浆的试配强度,精确至0.1 MPa;

　　　f_{ce}——水泥的实测强度,精确至0.1 MPa;

　　　α,β——砂浆的特征系数,其中$\alpha=3.03,\beta=-15.09$(各地区也可用本区试验资料确定
　　　　　α,β值,统计用的试验组数不得少于30组)。

在无法取得水泥的实测强度值时,可按下式计算:

$$f_{ce} = \gamma_c f_{ce,k} \qquad (6.4)$$

式中 $f_{ce,k}$——水泥强度等级值,MPa;

　　　γ_c——水泥强度等级值的富余系数,该值应按实际统计资料确定,无统计资料时可取1.0。

③确定 1 m³ 水泥混合砂浆的石灰膏用量:

$$Q_D = Q_A - Q_C \qquad (6.5)$$

式中 Q_D——每立方米砂浆的石膏用量,精确至 1 kg,石灰膏使用时的稠度宜为(120±5)mm;

　　　Q_A——每立方米砂浆中水泥和石灰膏的总量,精确至 1 kg,可为 350 kg;

　　　Q_C——每立方米砂浆的水泥用量,精确至 1 kg。

④砂浆中的水、胶结料是用来填充砂子的空隙的,因此,1 m³ 砂浆所用的干砂是 1 m³。所以每立方米砂浆中的砂子用量,应按干燥状态(含水率小于 0.5%)的堆积密度值作为计算值(kg)。

⑤每立方米砂浆中的用水量,根据砂浆稠度等要求可选用 210~310 kg。需要注意以下几点:

a.混合砂浆中的用水量,不包括石灰膏中的水;

b.当采用细砂或粗砂时,用水量分别取上限值或下限值;

c.稠度小于 70 mm 时,用水量可小于下限值;

d.施工现场气候火热或干燥季节,可酌量增加用水量。

2) 水泥砂浆配合比选用

水泥砂浆材料用量可按表 6.2 选用。

表 6.2　每立方米水泥砂浆材料用量(JGJ/T 98—2010)

强度等级	水泥/(kg·m⁻³)	砂	用水量/(kg·m⁻³)
M5	200~230		
M7.5	230~260		
M10	260~290		
M15	290~330	砂的堆积密度值	270~330
M20	340~400		
M25	360~410		
M30	430~480		

注:①M15 及以下强度等级水泥砂浆,水泥强度等级为 32.5 级;M15 以上强度等级水泥砂浆,水泥强度等级为 42.5 级。

②当采用细砂或粗砂时,用水量分别取上限值或下限值。

③稠度小于 70 mm 时,用水量可小于下限值。

④施工现场气候炎热或干燥季节,可酌量增加用水量。

3) 水泥粉煤灰砂浆配合比选用

水泥粉煤灰砂浆材料用量可按表 6.3 选用。

表 6.3 每立方米水泥粉煤灰砂浆材料用量(JGJ/T 98—2010)

强度等级	水泥和粉煤灰总量/kg	粉煤灰	砂	用水量/kg
M5	210~240	粉煤灰掺量可占胶凝材料总量的 15%~25%	砂的堆积密度值	270~330
M7.5	240~270			
M10	270~300			
M15	300~330			

注:①表中水泥强度等级为 32.5 级;

②当采用细砂或粗砂时,用水量分别取上限值或下限值;

③稠度小于 70 mm 时,用水量可小于下限值;

④施工现场气候炎热或干燥季节,可酌量增加用水量。

4)试配与调整

①按计算或查表所得配合比进行试拌时,应测定其拌合物的稠度和保水性,当不能满足要求时,应调整材料用量,直到符合要求为止,然后确定为试配时的砂浆基准配合比。

②试配时至少应采用 3 个不同的配合比,其中一个为基准配合比,其他配合比的水泥用量应按基准配合比分别增加和减少 10%。在保证稠度、保水性合格的条件下,可将用水量、石灰膏、保水增稠材料或粉煤灰等活性掺合料用量作相应调整。

③分别按规定成型试件,测定砂浆表观密度及强度,并选用符合试配强度及和易性要求且水泥用量最低的配合比作为砂浆配合比。

6.1.4 砌筑砂浆配合比设计实例

【例 6.1】 要求设计用于砌筑砖墙的水泥混合砂浆配合比。设计强度等级为 M7.5,稠度为 70~90 mm。

原材料的主要参数:水泥,32.5 级矿渣硅酸盐水泥;中砂,堆积密度为 1 450 kg/m³,含水率为 2%;石灰膏,稠度为 120 mm;施工水平一般。

【解】 (1)计算试配强度 $f_{m,0}$

$$f_{m,0}=kf_2$$

式中 $f_2=7.5$ MPa,$k=1.20$;

$f_{m,0}=kf_2=1.20\times7.5$ MPa$=9.0$ MPa。

(2)计算水泥用量 Q_c

$$Q_c=\frac{1\,000(f_{m,0}-\beta)}{\alpha f_{ce}}$$

式中 $f_{m,0}=9.0$ MPa;

$\alpha=3.03,\beta=-15.09$;

$f_{ce}=32.5$ MPa;

$Q_c=\frac{1\,000\times(9.0+15.09)}{3.03\times32.5}$ kg/m³$=245$ kg/m³。

（3）计算石灰膏用量 Q_D

$$Q_D = Q_A - Q_C$$

式中　$Q_A = 350 \text{ kg/m}^3$；

$Q_D = 350 \text{ kg/m}^3 - 245 \text{ kg/m}^3 = 105 \text{ kg/m}^3$。

（4）计算砂子用量 Q_s

$$Q_s = 1\ 450 \text{ kg/m}^3 \times (1+2\%) = 1\ 479 \text{ kg/m}^3$$

（5）根据砂浆稠度要求，选择用水量

$$Q_w = 300 \text{ kg/m}^3$$

砂浆试配时各材料的用量比例：

水泥：石灰膏：砂 = 245：105：1 479 = 1：0.43：6.04

【例6.2】　要求设计用于砌筑烧结多孔砖砌体的水泥砂浆，设计强度为 M10，稠度为 60~80 mm。原材料的主要参数为：水泥，32.5级矿渣硅酸盐水泥；砂，中砂，堆积密度为 1 380 kg/m³；施工水平一般。

【解】　①根据表6.2先取水泥用量 280 kg/m³。

②砂子用量 $Q_s = 1\ 380 \text{ kg/m}^3$。

③根据表6.2选用水量为 300 kg/m³。

砂浆试配时各材料的用量比例（质量比）：

水泥：砂 = 280：1 380 = 1：4.93

6.2　其他建筑砂浆的认识

6.2.1　抹灰砂浆

凡以薄层涂抹在建筑物或建筑构件表面的砂浆，可统称为抹面砂浆，也称抹灰砂浆。

根据抹面砂浆功能的不同，一般可将抹面砂浆分为普通抹面砂浆、装饰砂浆、防水砂浆和具有某些特殊功能的抹面砂浆（如绝热、耐酸、防射线砂浆等）。

抹面砂浆的组成材料要求与砌筑砂浆基本相同。根据抹面砂浆的使用特点，其主要技术性质的要求是具有良好的和易性和较高的黏结力，使砂浆容易抹成均匀平整的薄层，以便于施工，而且砂浆层能与底面黏结牢固。为了防止砂浆层的开裂，有时需加入纤维增强材料，如麻刀、纸筋、稻草、玻璃纤维等；为了使其具有某些特殊功能也需要选用特殊集料或掺加料。

1）普通抹面砂浆

普通抹面砂浆对建筑物和墙体起保护作用。它可以抵抗风、雨、雪等自然环境对建筑物的侵蚀，提高建筑物的耐久性。此外，经过砂浆抹面的墙面或其他构件的表面又可以达到平整、光洁和美观的效果。

普通抹面砂浆通常分为2层或3层进行施工。各层抹灰要求不同，所以每层所选用的砂浆也不一样。

底层抹灰的作用是使砂浆与底面能牢固地黏结,因此要求砂浆具有良好的和易性及较高的黏结力,其保水性要好,否则水分就容易被底面材料吸掉而影响砂浆的黏结力。底材表面粗糙有利于与砂浆的黏结。用于砖墙的底层抹灰,多用石灰砂浆或石灰炉灰砂浆;用于板条墙或板条顶棚的底层抹灰多用麻刀石灰砂浆;混凝土墙、梁、柱、顶板等底层抹灰多用混合砂浆。

中层抹灰主要是为了找平,多采用混合砂浆或石灰砂浆。

面层抹灰要达到平整美观的表面效果。面层抹灰多用混合砂浆、麻刀石灰砂浆或纸筋石灰砂浆。在容易碰撞或潮湿的地方,应采用水泥砂浆,如墙裙、踢脚板、地面、雨篷、窗台以及水池、水井等处一般多用1:2.5水泥砂浆。在硅酸盐砌块墙面上做抹面砂浆或粘贴饰面材料时,最好在砂浆层内夹一层事先固定好的钢丝网,以免日后剥落。普通抹面砂浆的配合比,可参考表6.4。

表 6.4　普通抹面砂浆参考配合比

材　料	配合比(体积比)	材　料	配合比(体积比)
水泥:砂	1:2~1:3	石灰:石膏:砂	1:0.4:2~1:2:4
石灰:砂	1:2~1:4	石灰:黏土:砂	1:1.1:4~1:1.1:8
水泥:石灰:砂	1:1.1:6~1:1.2:9	石灰膏:麻刀	100:1.3~100:2.5(质量比)

2) 装饰砂浆

涂抹在建筑物内外墙表面,具有美观和装饰效果的抹面砂浆统称为装饰砂浆。装饰砂浆的底层和中层抹灰与普通抹面砂浆基本相同。面层要选用具有一定颜色的胶凝材料和骨料以及采用某种特殊的施工工艺,使表面呈现出各种不同的色彩、线条与花纹等装饰效果。装饰砂浆所采用的胶凝材料有普通水泥、矿渣水泥、火山灰质水泥和白水泥、彩色水泥,或是在常用水泥中掺入耐碱矿物颜料配成彩色水泥以及石灰、石膏等。骨料常采用大理石、花岗石等带颜色的细石渣或玻璃、陶瓷碎粒等。

一般外墙面的装饰砂浆有如下几种常用的工艺做法。

(1)拉毛墙面

先用水泥砂浆做底层,再用水泥石灰混合砂浆做面层,在砂浆尚未凝结之前,用抹刀将表面拍拉成凹凸不平的形状。

(2)干粘石

在水泥浆面层的整个表面上,黏结粒径5 mm以下的彩色石渣、小石子或彩色玻璃碎粒。要求石渣黏结牢固不脱落。干粘石多用于建筑物的外墙装饰,具有一定的质感,经久耐用。干粘石的装饰效果与水刷石相同,但其施工是采用干操作,避免了水刷石的湿操作,施工效率高、污染小,也节约材料。

(3)水磨石

用普通水泥、白色水泥或彩色水泥拌和各种色彩的大理石石渣作面层。硬化后用机械磨平抛光表面。水磨石多用于地面装饰,可事先设计图案和色彩,抛光后更具有艺术效果;

除可用作地面之外,还可预制成楼梯踏步、窗台板、柱面、台面、踢脚板和地面板等多种建筑构件。

（4）水刷石

用颗粒细小（约5 mm）的石渣所拌成的水泥石子浆作面层,在水泥初始凝固时,即喷水冲刷表面,使石渣半露而不脱落。水刷石由于施工污染大、费工费时,目前工程中已逐渐被干粘石所取代。

（5）斩假石

斩假石又称剁斧石。它是在水泥浆硬化后,用斧刃将表面剁毛并露出石渣。斩假石表面具有粗面花岗岩的装饰效果。

（6）假面砖

将普通砂浆用木条在水平方向压出砖缝印痕,用钢片在竖面方向压出砖印,再涂刷涂料,即可在平面上做出清水砖墙图案效果。

6.2.2　防水砂浆

用作防水层的砂浆叫作防水砂浆。砂浆防水层又叫刚性防水层,仅适用于不受振动和具有一定刚度的混凝土或砖石砌体工程。对于变形较大或可能发生不均匀沉陷的建筑物,不宜采用刚性防水层。

防水砂浆可以使用普通水泥砂浆,按以下施工方法进行:

（1）喷浆法

利用高压喷枪将砂浆以约100 m/s的速度喷至建筑物表面,砂浆被高压空气强烈压实,密实度大,抗渗性好。

（2）人工多层抹压法

砂浆分4~5层抹压,抹压时,每层厚度约为5 mm,在涂抹前先在润湿清洁的底面上抹纯水泥浆,然后抹一层5 mm厚的防水砂浆,在初凝前用木抹子压实一遍,第2,3,4层都是用同样的操作方法,最后一层要进行压光,抹完后要加强养护。

防水砂浆也可以在水泥砂浆中掺入防水剂来提高抗渗能力。常用防水剂有氯化物金属盐类防水剂和金属皂类防水剂等。氯化物金属盐类防水剂,主要有氯化钙、氯化铝,掺入水泥砂浆中,能在凝结硬化过程中生成不透水的复盐,起促进结构密实作用,从而提高砂浆的抗渗性能,一般用于水池和其他地下建筑物。由于氯化物金属盐会引起混凝土中钢筋锈蚀,故采用这类防水剂,应注意钢筋的锈蚀情况。金属皂类防水剂是由硬脂酸、氨水、氢氧化钾（或碳酸钠）和水按一定比例混合加热皂化而成,主要也是起填充微细孔隙和堵塞毛细管的作用。

6.2.3　其他特种砂浆

1）绝热砂浆

采用水泥、石灰、石膏等胶凝材料与膨胀珍珠岩砂、膨胀蛭石或陶粒砂等轻质多孔集料,按一定比例配制的砂浆称为绝热砂浆。绝热砂浆具有体积密度小、轻质和绝热性能好等优点,其导热系数为0.07~0.10 W/(m·K),可用于屋面绝热层、绝热墙壁以及供热管道绝热层等。

2) 吸声砂浆

一般绝热砂浆是由轻质多孔骨料制成的,都具有良好吸声性能,故也可作吸声砂浆。另外,还可以用水泥、石膏、砂、锯末(其体积比约为1:1:3:5)配制成吸声砂浆,或在石灰、石膏砂浆中掺入玻璃纤维、矿物棉等松软纤维材料也能获得一定的吸声效果。吸声砂浆用于室内墙壁和顶棚的吸声。

3) 耐酸砂浆

用水玻璃和氟硅酸钠配制成耐酸涂料,掺入石英岩、花岗岩、铸石等粉状细骨料,可拌制成耐酸砂浆。水玻璃硬化后具有很好的耐酸性能。耐酸砂浆多用作耐酸地面和耐酸容器的内壁防护层。

4) 防射线砂浆

在水泥浆中掺入重晶石粉、砂可配制成防X射线能力的砂浆。其配合比约为水泥:重晶石粉:重晶石砂=1:0.25:4.5。如在水泥浆中掺加硼砂、硼酸等可配制抗中子辐射能力的砂浆,此类防射线砂浆应用于射线防护工程。

5) 膨胀砂浆

在水泥砂浆中掺入膨胀剂,或使用膨胀型水泥可配制膨胀砂浆。膨胀砂浆可在修补工程中及大板装配工程中填充缝隙,达到黏结密封的作用。

6) 自流平砂浆

在现代施工技术条件下,地坪常采用自流平砂浆,从而使施工迅捷方便、质量优良。自流平砂浆中的关键性技术是掺用合适的化学外加剂;严格控制砂的级配、含泥量、颗粒形态;同时选择合适的水泥品种。良好的自流平砂浆可使地坪平整光洁,强度高,无开裂,技术经济效果良好。

7) 干混砂浆

商品砂浆特别是干混砂浆的出现,是从观念到技术对传统建材的一个重大突破。干混砂浆曾称为干粉料、干混料或干粉砂浆。它是由胶凝材料、细骨料、外加剂(有时根据需要加入一定量的掺合料)等固体材料组成,经工厂准确配料和均匀混合而制成的砂浆半成品,不含拌和水。拌和水是在使用前在施工现场搅拌时加入。干混砂浆的特点是集中生产,性能优良,质量稳定,品种多样,运输、储存和使用方便;储存期可达3个月至半年。干混砂浆的使用,有利于提高砌筑、抹灰、装饰、修补工程的施工质量,改善砂浆现场施工条件。

工程案例 6

水泥地面开裂、空鼓和起砂

[现象]某工程的室内地面采用水泥砂浆抹灰,验收时发现地面有开裂、空鼓和起砂等问题,试分析原因。

[原因分析]

1)地面开裂和空鼓的原因

（1）自身原因

①温度变化时,地面往往会产生温度裂缝,因此大面积的地面必须分段分块施工,做伸缩缝。

②水泥砂浆在凝结硬化过程中,因水分挥发造成体积收缩而产生裂缝。

③水泥地面尚未达到设计强度等级时,如受到震动则容易造成开裂;实际施工时立体交叉作业不可避免,如在地面未达到一定强度时就打洞钻孔、运输踩踏,都会造成开裂。

（2）施工原因

①基层灰砂浮尘没有彻底清除、冲洗干净,砂浆与基层黏结不牢。

②基层不平整,突出的地方砂浆层薄,收缩失水快,易空鼓。

③基层不均匀沉降,会产生裂纹或空鼓。

④配合比不合理,搅拌不均匀。一般地面的水泥砂浆配合比宜为1∶2（水泥∶砂子）,如果水泥用量过大,可能导致裂缝。

（3）材料原因

对水泥、砂子等材料检验不严格,砂子含泥量过大,水泥强度等级达不到要求或存放时间过长等原因,均会使水泥砂浆地面产生裂缝。

2）地面起砂原因

①砂浆拌制时加水过量或搅拌不均匀。

②表面压光次数不够,压得不实,出现析水起砂。

③压光时间掌握不好,或在终凝后压光,砂浆表层遭破坏而起砂。

④砂浆收缩时浇水,吃水不一致,水分过多处起砂脱皮。

⑤使用的水泥强度等级低,造成砂浆达不到要求的强度等级。

单元小结

本单元介绍了砂浆种类、用途,介绍了砂浆常用原材料的品种及质量要求;同时简要介绍了普通抹灰砂浆、防水砂浆、其他特种砂浆等的性质和应用。

职业能力训练

一、填空题

1.建筑砂浆是由_____、_____和_____按一定比例配制而成的建筑材料。

2.根据所用胶凝材料的不同,建筑砂浆分_____、_____和_____等,根据用途又分为_____、_____、_____及_____。

3.砂浆的和易性包括_____和_____两方面的含义。

4.砂浆的流动性指标是_____,其单位是_____;砂浆保水性指标是_____,其单位是_____。

5.测定砂浆强度的试件尺寸是_____的立方体。在_____条件下养护_____,测定其_____。

二、名词解释

1.砌筑砂浆

2.抹面砂浆

3.保水性

三、单项选择题

1.表示砌筑砂浆保水性的指标是(   )。

A.坍落度   B.沉入度   C.分层度   D.维勃稠度

2.砌筑砂浆用砂宜优先选用(   ),既可满足和易性要求,又可节约水泥。

A.特细砂   B.细砂   C.中砂   D.粗砂

3.在潮湿环境或水中使用的砂浆,则必须选用(   )作为胶凝材料。

A.石灰   B.石膏   C.水玻璃   D.水泥

4.砂浆强度等级立方体试件的边长是(   )。

A.70 mm   B.70.2 mm   C.70.5 mm   D.70.7 mm

5.表示砂浆流动性的指标是(   )。

A.坍落度   B.沉入度   C.分层度   D.维勃稠度

四、多项选择题

1.用于砖砌体的砂浆强度主要取决于(   )。

A.水泥用量   B.砂子用量   C.混合材料用量   D.水胶比

E.水泥实测强度

2.为改善砌筑砂浆的和易性和节约水泥,常掺入(   )。

A.石灰膏   B.黏土膏   C.纸筋   D.石膏

E.粉煤灰

3.用于石砌体的砂浆强度主要决定于(   )。

A.水泥实测强度   B.水泥用量   C.砂子用量   D.混合材料用量

E.水胶比

4.新拌砂浆应具备的技术性质是(   )。

A.黏结力   B.流动性   C.保水性   D.变形性

E.强度

5.建筑砂浆按所用胶凝材料的不同,可分为(   )。

A.水泥砂浆   B.石灰砂浆   C.水泥石灰混合砂浆

D.砌筑砂浆   E.抹面砂浆

6.为改善砂浆和易性而加入的掺合料有(   )。

A.石灰膏   B.黏土膏   C.粉煤灰   D.防水粉

E.沸石粉

7.影响砌筑砂浆强度的因素有(   )。

A.组成材料   B.配合比   C.组砌方式

D.养护条件   E.砌体材料的吸水率

五、简述题

1.砌筑砂浆的组成材料有哪些？对组成材料有哪些要求？

2.砌筑砂浆的主要性质包括哪些？

3.新拌砂浆的和易性包括哪两个方面的含义？如何测定？砂浆和易性不良对工程应用有何影响？

4.影响砂浆抗压强度的主要因素有哪些？

5.抹面砂浆的技术要求包括哪几个方面？它与砌筑砂浆的技术要求有何异同？

六、计算题

某工程砌砖墙,需配制 M10、稠度为 90 mm 水泥石灰混合砂浆,施工水平一般。材料选择如下:水泥为 32.5 级的普通水泥;中砂,堆积密度为 1 500 kg/m³;石灰膏稠度为 110 mm。试求 1 m³ 砂浆中各材料的用量。

单元 7

砌墙砖和砌块检测

单元导读

- **基本要求**　通过掌握各种砌墙砖和墙用砌块的质量等级、技术要求、适用范围、测定方法,培养能够根据实际工程环境选用合适的墙体材料的能力。
- **重点**　各类砌墙砖和砌块的品种、技术要求以及应用。
- **难点**　墙体材料的外观和抗压强度检测。

7.1　砌墙砖的认识

凡是由黏土、工业废料或其他地方资源为主要原料,以不同工艺制成的,在建筑中用于砌筑承重和非承重墙体的砖统称为砌墙砖。

砌墙砖可分为普通砖(图7.1)和空心砖(图7.2)两种。普通砖是没有孔洞或孔洞率小于15%的砖;而孔洞率(孔洞率是指砖面上孔洞总面积占砖面积的百分率)大于或等于15%的砖称为空心砖,其中孔的尺寸小而数量多者称为多孔砖。根据生产工艺又有烧结砖和非烧结砖之分。经焙烧制成的砖为烧结砖;经常压蒸汽养护(或高压蒸汽养护)硬化而成的蒸养砖属于非烧结砖,也称免烧砖。

7.1.1　烧结普通砖

烧结普通砖是以黏土、页岩、煤矸石、粉煤灰等为主要原料,经焙烧而制成的实心的或孔洞率不大于15%的砖;按主要原料的不同可分为黏土砖(N)、页岩砖(Y)、煤矸石砖(M)、粉煤灰砖(F)。以黏土为主要原料,经配料、制坯、干燥、焙烧而成的烧结普通砖简称黏土砖,有红砖和青砖两种。当砖窑中焙烧时为氧化气氛,则制得红砖;若砖坯在氧化气氛中烧成后,再在还原气氛中闷窑,促使砖内的红色高价氧化铁还原成青灰色的低价氧化铁,即得青砖。青砖较红砖结实,且耐碱性能好、耐久性强。

图 7.1　普通砖

图 7.2　空心砖

按焙烧方法的不同,烧结黏土砖又可分为内燃砖和外燃砖。内燃砖是将煤渣、粉煤灰等可燃性工业废料掺入制坯黏土原料中,当砖坯在窑内被烧制到一定温度后,坯体内的燃料燃烧而瓷结成砖。内燃砖比外燃砖节省了大量外投煤,节约原料黏土 5%～10%,强度提高 20%左右,砖的表观密度减小,隔音保温性能增强。

砖坯焙烧时火候要控制适当,以免出现欠火砖和过火砖。欠火砖色浅、敲击声暗哑,强度低、吸水率大、耐久性差。过火砖色深、敲击时声音清脆、强度较高、吸水率低,但多弯曲变形。欠火砖和过火砖均为不合格产品。

烧结普通砖的外形为直角六面体,其公称尺寸为:长 240 mm、宽 115 mm、高 53 mm(图 7.3),如果加上 10 mm 砌筑灰缝,4 块砖长或 8 块砖宽、16 块砖厚均为 1 m。1 m^3 砖砌体需砖 512 块。

其他规格尺寸由供需双方协商确定。

根据《烧结普通砖》(GB/T 5101—2017)规定,烧结普通砖主要技术要求如下:

①尺寸偏差。尺寸允许偏差应符合表 7.1 的规定。

图 7.3　烧结普通砖

表 7.1　尺寸允许偏差　　　　　　　　　　　　　单位:mm

公称尺寸	优等品		一等品		合格品	
	样本平均偏差	样本极差 ≤	样本平均偏差	样本极差 ≤	样本平均偏差	样本极差 ≤
240	±2.0	6	±2.5	7	±3.0	8
115	±1.5	5	±2.0	6	±2.5	7
53	±1.5	4	±1.6	5	±2.0	6

②外观质量。砖的外观质量应符合表7.2的规定。砖的外观质量,主要要求其两条面高度差、弯曲、杂质凸出高度、缺棱掉角尺寸、裂纹长度及完整面等6项内容符合规范规定。

表 7.2　外观质量　　　　　　　　　　　　　　单位:mm

项　目		优等品	一等品	合格品
两条面高度差　　　　　　　　　　　≤		2	3	4
弯曲　　　　　　　　　　　　　　　≤		2	3	4
杂质凸出高度　　　　　　　　　　　≤		2	3	4
缺棱掉角的3个破坏尺寸　　不得同时大于		5	20	30
裂纹长度≤	a.大面上宽度方向及其延伸至条面的长度	30	60	80
	b.大面上长度方向及其延伸至顶面的长度或条顶面上水平裂纹的长度	50	80	100
完整面ᵃ　　　　　　　　　　　不得少于		二条面和二顶面	一条面和一顶面	—
颜色		基本一致	—	—

注:为装饰而施加的色差、凹凸纹、拉毛、压花等不算作缺陷。

ᵃ 凡有下列缺陷之一者,不得称为完整面:
①缺损在条面或顶面上造成的破坏面尺寸同时大于 10 mm×10 mm;
②条面或顶面上裂纹宽度大于 1 mm,其长度超过 30 mm;
③压陷、粘底、焦花在条面或顶面上的凹陷或凸出超过 2 mm,区域尺寸同时大于 10 mm×10 mm。

③强度。烧结普通砖根据抗压强度分为 MU30,MU25,MU20,MU15,MU10 共 5 个强度等级。强度应符合表7.3的规定。

表 7.3　烧结普通砖的强度等级　　　　　　　　単位:MPa

强度等级	抗压强度平均值 ≥	变异系数 δ≤0.21	变异系数 δ>0.21
		强度标准值 f_k ≥	单块最小抗压强度值 f_{min} ≥
MU30	30.0	22.0	25.0
MU25	25.0	18.0	22.0
MU20	20.0	14.0	16.0

续表

强度等级	抗压强度平均值 ≥	变异系数 δ≤0.21	变异系数 δ>0.21
		强度标准值 f_k ≥	单块最小抗压强度值 f_{min} ≥
MU15	15.0	10.0	12.0
MU10	10.0	6.5	7.5

④抗风化性能。抗风化性能是指砖在长期受到风、雨、冻融等综合条件下,抵抗破坏的能力。开口孔隙率小、水饱和系数小的烧结制品,抗风化能力强。风化区的划分见表7.4。严重风化区中的1,2,3,4,5地区的砖必须进行冻融试验。其他地区砖的抗风化性能符合表7.5的规定时可不做冻融试验;否则,必须进行冻融试验。

表7.4 风化区划分

严重风化区		非严重风化区	
1.黑龙江省	11.河北省	1.山东省	11.福建省
2.吉林省	12.北京市	2.河南省	12.台湾地区
3.辽宁省	13.天津市	3.安徽省	13.广东省
4.内蒙古自治区	14.西藏自治区	4.江苏省	14.广西壮族自治区
5.新疆维吾尔自治区		5.湖北省	15.海南省
6.宁夏回族自治区		6.江西省	16.云南省
7.甘肃省		7.浙江省	17.上海市
8.青海省		8.四川省	18.重庆市
9.陕西省		9.贵州省	
10.山西省		10.湖南省	

表7.5 抗风化性能

砖种类	严重风化区				非严重风化区			
	5 h沸煮吸水率/% ≤		饱和系数 ≤		5 h沸煮吸水率/% ≤		饱和系数 ≤	
	平均值	单块最大值	平均值	单块最大值	平均值	单块最大值	平均值	单块最大值
黏土砖、建筑渣土砖	18	20	0.85	0.87	19	20	0.88	0.90
粉煤灰砖	21	23			23	25		
页岩砖	16	18	0.74	0.77	18	20	0.78	0.80
煤矸石砖								

⑤泛霜。泛霜是砖在使用中的一种析盐现象。砖内过量的可溶盐受潮吸水溶解后,随水分蒸发向砖表面迁移,并在过饱和下结晶析出,使砖表面出现白色附着物,或产生膨胀,使砖面与砂浆抹面层剥离。对于优等砖,不允许泛霜,合格砖不得严重泛霜。

⑥石灰爆裂。石灰爆裂是指砖坯体中夹杂着石灰块,吸潮熟化而产生膨胀出现爆裂现象。对于优等品砖,不允许出现最大破坏尺寸>2 mm 的爆裂区域。对于一等品:最大破坏尺寸>2 mm 且≤10 mm 的爆裂区域,每组砖样不得多于 15 处;不允许出现最大破坏尺寸>10 mm的爆裂区域。对于合格品砖,要求不允许出现破坏尺寸>15 mm 的爆裂区域。

强度、抗风化性能和放射性物质合格的砖,根据尺寸偏差、外观质量、孔型及孔洞排列、泛霜和石灰爆裂分为优等品(A)、一等品(B)和合格品(C)3 个质量等级。优等品适用于清水墙和装饰墙,一等品、合格品可用于混水墙。中等泛霜的砖不能用于潮湿部位。

砖的产品标记按产品名称、类别、强度等级、质量等级和标准标号顺序编写。示例:烧结普通砖,等级 MU15,一等品的黏土砖,标记为:

烧结普通砖 N MU15 B GB 5101

烧结普通砖是传统的墙体材料,具有较高的强度和耐久性,又因其多孔而具有保温绝热、隔音吸声等优点,因此适宜做建筑围护结构,被大量应用于砌筑建筑物的内墙、外墙、柱、拱、烟囱、沟道及其他构筑物,也可在砌体中置适当的钢筋或钢丝以代替混凝土构造柱和过梁。

7.1.2 烧结多孔砖

烧结多孔砖是以黏土、页岩、煤矸石、粉煤灰、淤泥及其他固体废弃物等为主要原料,经成型、干燥和焙烧而成,孔洞率≥28%,孔的尺寸小而数量多的砖;它主要用于承重部位的墙体,按主要原料的不同分为黏土砖(N)、页岩砖(Y)、煤矸石砖(M)、粉煤灰砖(F)、淤泥砖(U)、固体废弃物砖(G)。

砖的外形为直角六面体,在与砂浆的结合面上应设有增加结合力的粉刷槽。混水墙用砖,应在条面和顶面上设有均匀分布的粉刷槽或类似结构,深度不得小于 2 mm。烧结多孔砖的结构如图 7.4 所示。砖的长度、宽度、高度尺寸应符合下列要求(单位为 mm):290,240,190,180,140,115,90。其他规格尺寸由供需双方协商确定。

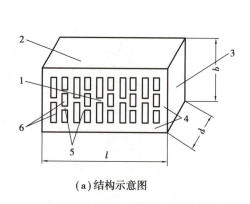

(a)结构示意图　　　　　　　　　(b)实物图

图 7.4　烧结多孔砖

1—大面(坐浆面);2—条面;3—顶面;4—外壁;5—肋;6—孔洞;l—长度;d—宽度;b—高度

根据《烧结多孔砖和多孔砌块》(GB 13544—2011)规定,烧结多孔砖主要技术要求如下:

①尺寸偏差。尺寸允许偏差应符合表7.6的规定。

表7.6　尺寸允许偏差　　　　　　　　　　　　　单位:mm

尺　寸	样本平均偏差	样本极差　≤
>400	±3.0	10.0
300~400	±2.5	9.0
200~300	±3.5	8.0
100~200	±2.0	7.0
<100	±1.5	6.0

②外观质量。砖的外观质量应符合表7.7的规定。砖的外观质量,主要要求其两条面高度差、弯曲、杂质凸出高度、缺棱掉角尺寸、裂纹长度及完整面等6项内容符合规范规定。

表7.7　外观质量　　　　　　　　　　　　　　　单位:mm

项　　目		指　　标
1.完整面	不得少于	一条面和一顶面
2.缺棱掉角的3个破坏尺寸	不得同时大于	30
3.裂纹长度		
a.大面上深入孔壁15 mm以上的宽度方向及其延伸到条面的长度　≤		80
b.大面上深入孔壁15 mm以上的长度方向及其延伸到顶面的长度　≤		100
c.条顶面上的水平裂纹　≤		100
4.杂质在砖上造成的凸出高度　≤		5

注:凡有下列缺陷之一者,不得称为完整面:
　①缺损在条面或顶面上造成的破坏面尺寸同时>20 mm×30 mm;
　②条面或顶面上裂纹宽度>1 mm,其长度超过70 mm;
　③压陷、粘底、焦花在条面或顶面上的凹陷或凸出超过2 mm,区域尺寸同时>20 mm×30 mm。

③密度等级。砖的密度等级分为1 000,1 100,1 200,1 300共4个等级。密度等级应符合表7.8的规定。

表7.8　密度等级　　　　　　　　　　　　　　单位:kg/m³

密度等级	3块砖干燥表观密度平均值
1 000	900~1 000
1 100	1 000~1 100
1 200	1 100~1 200
1 300	1 200~1 300

④强度。烧结多孔砖根据抗压强度分为MU30,MU25,MU20,MU15,MU10共5个强度等级。强度等级应符合表7.9的规定。

表 7.9　烧结多孔砖强度等级　　　　单位:MPa

强度等级	抗压强度平均值　≥	强度标准值 f_k　≥
MU30	30.0	22.0
MU25	25.0	18.0
MU20	20.0	14.0
MU15	15.0	10.0
MU10	10.0	6.5

⑤孔形、孔结构及孔洞率。孔形、孔结构及孔洞率应符合表 7.10 的规定。砖孔洞排列如图 7.5 所示。

表 7.10　孔形、孔结构及孔洞率

孔形	孔洞尺寸/mm		最小外壁厚/mm	最小肋厚/mm	孔洞率/%	孔洞排列
	孔宽度尺寸 b	孔长度尺寸 l				
矩形条孔或矩形孔	≤13	≤40	≥12	≥5	≥28	1.所有孔宽应相等,孔采用单向或双向交错排列; 2.孔洞排列上下、左右应对称,分布均匀,手抓孔的长度方向尺寸必须平行于砖的条面

注:①矩形孔的孔长 l、孔宽 b 满足式 $l \geq 3b$,为矩形条孔。
　　②孔 4 个角应做成过渡圆角,不得做成直尖角。
　　③规格大的砖应设置手抓孔,手抓孔尺寸为(30~40)mm×(75~85)mm。

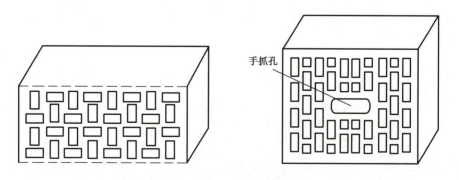

图 7.5　砖孔洞排列示意图

⑥泛霜。每块砖不允许有泛霜。

⑦石灰爆裂。大于 2 mm 且小于或等于 15 mm 的爆裂区域,每组砖不得多于 15 处,其中大于 10 mm 的不得多于 7 处;不允许出现破坏尺寸大于 15 mm 的爆裂区域。

⑧抗风化性能。抗风化性能是指砖在长期受到风、雨、冻融等综合条件下,抵抗破坏的能力。开口孔隙率小、水饱和系数小的烧结制品,抗风化能力强。风化区的划分见表 7.4。

严重风化区中的1,2,3,4,5地区的砖和其他地区以淤泥、固体废弃物为主要原料生产的砖必须进行冻融试验。其他地区以黏土、粉煤灰、煤矸石为主要原料生产的砖的抗风化性能符合表7.11的规定时可不做冻融试验；否则，必须进行冻融试验。15次冻融循环试验后，每块砖不允许出现裂纹、分层、掉皮、缺棱掉角等冻坏现象。

表7.11　抗风化性能

种类	严重风化区				非严重风化区			
	5 h沸煮吸水率/%　≤		饱和系数　≤		5 h沸煮吸水率/%　≤		饱和系数　≤	
	平均值	单块最大值	平均值	单块最大值	平均值	单块最大值	平均值	单块最大值
黏土砖	21	33	0.85	0.87	23	25	0.88	0.90
粉煤灰砖ᵃ	23	25			30	32		
页岩砖	16	18	0.74	0.77	18	20	0.78	0.80
煤矸石砖	19	21			21	23		

ᵃ 粉煤灰掺入量(体积比)<30%时,按黏土砖规定判定。

⑨产品中不允许有欠火砖、酥砖。

⑩放射性核素限量。

烧结多孔砖的产品标记按产品名称、品种、规格、强度等级、密度等级和标准编号顺序编写。

标记示例:规格尺寸290 mm×140 mm×90 mm,强度等级MU25,密度等级1 200级的黏土烧结多孔砖标记为:

烧结多孔砖 N 290×140×90 MU25 1 200 GB 13544—2011

产品存放时,应按品种、规格、颜色分类整齐存放,不得混杂。在运输装卸时,要轻拿轻放,严禁碰撞、扔摔,禁止翻斗卸。

7.1.3　烧结空心砖

烧结空心砖(图7.6)是以黏土、页岩、煤矸石、粉煤灰为主要原料,经焙烧而成,孔洞率≥40%,孔的尺寸大而数量少的砖,常用于建筑物的非承重部位。按主要原料分,烧结空心砖可分为黏土砖和砌块(N)、页岩砖和砌块(Y)、煤矸石砖和砌块(M)、粉煤灰砖和砌块(F)。

砖的外形为直角六面体,其结构如图7.6所示。砖的长度、宽度、高度尺寸应符合下列尺寸要求:390,290,240,190,180(175),140,115,90 mm。其他规格尺寸由供需双方协商确定。

强度、密度、抗风化性能和放射性物质合格的砖,根据尺寸偏差、外观质量、孔洞排列及其结构、泛霜、石灰爆裂、吸水率分为优等品(A)、一等品(B)和合格品(C)3个质量等级。

根据《烧结空心砖和空心砌块》(GB/T 13545—2014)的规定,烧结空心砖的主要技术要求如下:

①尺寸允许偏差。尺寸允许偏差应符合表7.12的规定。

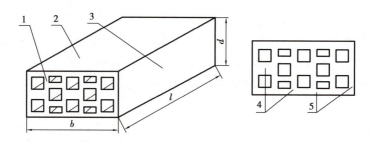

图 7.6 烧结空心砖示意图

1—顶面(坐浆面);2—大面;3—条面;4—肋;5—壁;l—长度;d—宽度;b—高度

表 7.12 尺寸允许偏差　　单位:mm

尺寸	优等品		一等品		合格品	
	样本平均偏差	样本极差≤	样本平均偏差	样本极差≤	样本平均偏差	样本极差≤
>300	±2.5	6.0	±3.0	7.0	±3.5	8.0
200~300	±2.0	5.0	±2.5	6.0	±3.0	7.0
100~200	±1.5	4.0	±2.0	5.0	±2.5	6.0
<100	±1.5	3.0	±1.7	4.0	±2.0	5.0

②外观质量。砖的外观质量应符合表 7.13 的规定。

表 7.13 外观质量　　单位:mm

项　目		优等品	一等品	合格品
1.弯曲	≤	3	4	5
2.缺棱掉角的 3 个破坏尺寸不得同时大于		15	30	40
3.垂直度差	≤	3	4	5
4.未贯穿裂纹长度	≤			
①大面上宽度方向及其延伸到条面的长度		不允许	100	120
②大面上长度方向或条面上水平方向的长度		不允许	120	140
5.贯穿裂纹长度	≤			
①大面上宽度方向及其延伸到条面的长度		不允许	40	60
②壁、肋沿长度方向、宽度方向及水平方向的长度		不允许	40	60
6.壁、肋内残缺长度	≤	不允许	40	60
7.完整面[a]	不少于	一条面和一大面	一条面或一大面	—

[a] 凡有下列缺陷之一者,不能称为完整面:

①缺陷在大面、条面上造成的破坏面尺寸同时大于 20 mm×30 mm。

②大面、条面上裂纹宽度大于 1 mm,其长度超过 70 mm。

③压陷、粘底、焦花在大面、条面上的凹陷或凸出超过 2 mm,区域尺寸同时大于 20 mm×30 mm。

③强度。根据抗压强度分为 MU10,MU7.5,MU5.0,MU3.5 共 4 个强度等级。强度等级应符合表 7.14 的规定。

表 7.14　烧结空心砖强度等级　　　　　　　　　　　　　单位:mm

强度等级	抗压强度平均值 f ≥	变异系数 $\delta \leq 0.21$ 强度标准值 f ≥	变异系数 $\delta > 0.21$ 单块最小抗压强度值 f ≥	密度等级范围 /$(kg \cdot m^{-3})$
MU10	10	7.0	8.0	
MU7.5	7.5	5.0	5.8	≤1 100
MU5.0	5.0	3.5	4.0	
MU3.5	3.5	2.5	2.8	

④密度等级。根据密度分为 800,900,1 000,1 100 共 4 个密度等级。密度等级应符合表 7.15 的规定。

表 7.15　烧结空心砖密度等级　　　　单位:kg/m³

密度等级	5 块密度平均值
800	≤800
900	801～900
1 000	901～1 000
1 100	1001～1 100

⑤孔洞及其结构。孔洞率和孔洞排数应符合表 7.16 的规定。

表 7.16　孔洞及其结构

等　　级	孔洞排列	孔洞排数/排 宽度方向	孔洞排数/排 高度方向	孔洞率/% ≥
优等品	有序交错排列	$b \geq 200$ mm　≥7 $b < 200$ mm　≥5	≥2	
一等品	有序排列	$b \geq 200$ mm　≥5 $b < 200$ mm　≥4	≥2	40
合格品	有序排列	≥3	—	

注:b 为宽度尺寸。

⑥泛霜。每块砖应符合下列规定:优等品无泛霜;一等品不允许出现中等泛霜;合格品不允许出现严重泛霜。

⑦石灰爆裂。每组砖应符合下列规定:优等品不允许出现最大破坏尺寸>2 mm 的爆裂区域。一等品最大破坏尺寸>2 mm 且≤10 mm 的爆裂区域,每组砖不得大于 15 处;不允许出现最大破坏尺寸>10 mm 的爆裂区域。合格品最大破坏尺寸>2 mm 且≤15 mm 的爆裂区域,每组砖不得多于 15 处,其中>10 mm 的不得多于 7 处;不允许出现最大破坏尺寸>15 mm 的爆裂区域。

⑧吸水率。每组砖的吸水率平均值应符合表 7.17 的规定。

表 7.17　吸水率　　　　　　　　　　　　　　　　　　　　　　　单位:%

等　级	吸水率　≤	
	黏土砖、页岩砖、煤矸石砖	粉煤灰砖[a]
优等品	16.0	20.0
一等品	18.0	22.0
合格品	20.0	24.0

[a] 粉煤灰掺入量(体积比)小于 30%时,按黏土砖规定判定。

⑨抗风化性能。严重风化区中的 1,2,3,4,5 地区的砖必须进行冻融试验。其他地区砖和抗风化性能符合表 7.18 规定的可不做冻融试验;否则,必须进行冻融试验。冻融试验后,每块砖和砌块不允许出现裂纹、分层、掉皮、缺棱掉角等冻坏现象。

表 7.18　抗风化性能

分　类	饱和系数　≤			
	严重风化区		非严重风化区	
	平均值	单块最大值	平均值	单块最大值
黏土砖	0.85	0.87	0.88	0.90
粉煤灰砖				
页岩砖	0.74	0.77	0.78	0.80
煤矸石砖				

⑩产品不允许有欠火砖、酥砖。

⑪放射性物质。原料中掺入煤矸石、粉煤灰及其他工业废渣的砖,应进行放射性物质的检测。

烧结空心砖的产品标记按产品名称、品种、密度等级、规格、强度等级、质量等级和标准编号顺序编写。示例如下:

规格尺寸 290 mm×290 mm×190 mm、密度 800 级、强度等级 MU7.5、优等品的页岩空心砖。其标记为:

烧结空心砖 Y 800（290×190×190）7.5A　GB 13545

普通烧结砖有自重大、体积小、生产能耗高、施工效率低等缺点,用烧结多孔砖和烧结空心砖代替烧结普通砖,可使建筑物自重减轻 30%左右,节约黏土 20%～30%,节省燃料 10%～20%,墙体施工效率提高 40%,并改善砖的隔热、隔声性能。通常在相同的热工性能要求下,用空心砖砌筑的墙体厚度比用实心砖砌筑的墙体减薄半块砖左右。多孔砖使用时孔洞方向平行于受力方向;空心砖的孔洞则垂直于受力方向。

7.1.4　蒸压灰砂砖

蒸压灰砂砖是以砂、石灰为主要原料,允许掺入颜料和外加剂,经坯料制备、压制成型、蒸压养护而成的实心砖,简称灰砂砖。灰砂砖的颜色分为彩色(Co)和本色(N)。

根据《蒸压灰砂实心砖和实心砌块》(GB/T 11945—2019)的规定,对产品的尺寸允许偏差和外观质量、强度等级、抗冻性等均提出明确要求;根据抗压强度分为 MU30,MU25,MU20,MU15,MU10 共 4 个强度等级。

灰砂砖的外形为直角六面体,公称尺寸与普通实心黏土砖完全一致:长 240 mm,宽 115 mm,高 53 mm。

灰砂砖的主要技术要求如下:

①尺寸允许偏差和外观质量。尺寸允许偏差和外观质量应符合表 7.19 的规定。

表 7.19　尺寸允许偏差和外观质量

尺寸允许偏差/mm			
项目名称	实心砖(LSSB)	实心砌块(LSSU)	大型实心砌块(LLSS)
长度	±2	±2	±3
宽度			±2
高度	±1	+1,−2	±2
外观质量			
项目名称		允许范围	
弯曲/mm		≤2	
缺棱掉角	三个方向最大投影尺寸/mm	实心砖(LSSB)	≤10
		实心砌块(LSSU)	≤20
		大型实心砌块(LLSS)	≤30
裂纹延伸的投影尺寸累计/mm		实心砖(LSSB)	≤20
		实心砌块(LSSU)	≤40
		大型实心砌块(LLSS)	≤60

②颜色。颜色应基本一致,无明显色差,但对本色灰砂砖不作规定。

③强度等级。强度等级应符合表 7.20 的规定。

表 7.20　强度等级

强度等级	抗压强度/MPa	
	平均值	单个最小值
MU10	≥10.0	≥8.5
MU15	≥15.0	≥12.8
MU20	≥20.0	≥17.0
MU25	≥25.0	≥21.2
MU30	≥30.0	≥25.5

④抗冻性。抗冻性应符合表 7.21 的规定。

表 7.21　抗冻性指标

使用地区[a]	抗冻指标	干质量损失率[b]/%	抗压强度损失率/%
夏热冬暖地区	D15	平均值≤3.0 单个最大值≤4.0	平均值≤15 单个最大值≤20
温和与夏热冬冷地区	D25		
寒冷地区[c]	D35		
严寒地区[c]	D50		

[a] 区域划分执行 GB 50176 的规定。

[b] 当某个试件的试验结果出现负值时,按 0.0% 计。

[c] 当产品明确用于室内环境等,供需双方有约定时,可降低抗冻指标要求,但不应低于 D25。

蒸压灰砂砖是国家大力发展、应用的新型墙体材料。蒸压灰砂砖的抗冻性、耐蚀性等多项性能都优于实心黏土砖,所以用蒸压砖可以直接代替实心黏土砖。蒸压灰砂砖适用于各类民用建筑、公用建筑和工业厂房的内、外墙,以及房屋的基础。MU15,MU20,MU25 的砖可用于基础及其他建筑;MU10 的砖仅可用于防潮层以上的建筑。灰砂砖不得用于长期受热200 ℃以上、受急热急冷和有酸性介质侵蚀的建筑部位。

产品按代号、颜色、等级、规格尺寸和标准编号的顺序进行标记。

示例:

规格尺寸 240 mm×115 mm×53 mm,强度等级 MU15 的本色实心砖(标准砖),其标记为:

$$\text{LSSB-N}\quad \text{MU15}\quad 240×115×53\quad \text{GB/T 11945—2019}$$

灰砂砖应存放 3 d 以后出厂,产品储存、堆放应做到场地平整、分级分等、整齐稳妥。产品运输、装卸时,严禁摔、掷、翻斗卸货。

7.1.5　蒸压粉煤灰砖

蒸压粉煤灰砖是以粉煤灰、石灰或水泥为主要原料,掺入适量石膏、外加剂、颜料和集料等,以坯料制备、成型、高压或常压养护而制成的实心粉煤灰砖。砖的颜色分为本色(N)和彩色(Co)两种。

蒸压粉煤灰砖的外形为直角六面体,公称尺寸为:长 240 mm,宽 115 mm,高 53 mm。强度等级分为 MU30,MU25,MU20,MU15,MU10 共 5 个等级。根据尺寸偏差、外观质量、强度等级、干燥收缩分为优等品(A)、一等品(B)、合格品(C)3 个质量等级。

根据《蒸压粉煤灰砖》(JC/T 239—2014)的规定,蒸压粉煤灰砖的主要技术要求如下:

①尺寸偏差和外观。尺寸偏差和外观应符合表 7.22 的规定。

②色差。色差应不显著。

③强度等级。强度等级应符合表 7.23 的规定,优等品砖的强度等级应不低于 MU15。

表 7.22　尺寸偏差和外观　　　　　　　　　　　　　　　　单位:mm

项　目	指　标		
	优等品(A)	一等品(B)	合格品(C)
尺寸允许偏差:			
长	±2	±3	±4
宽	±2	±3	±4
高	±1	±2	±3
对应高度差　　　　　≤	1	2	3
缺棱掉角的最小破坏尺寸　≤	10	15	20
完整面　　　　　不少于	二条面和一顶面或二顶面和一条面	一条面和一顶面	一条面和一顶面
裂纹长度　　　　　≤ a.大面上宽度方向的裂纹 (包括延伸到条面上的长度) b.其他裂纹	30 50	50 70	70 100
层裂	不允许		

注:在条面或顶面上破坏面的两个尺寸同时大于 10 mm 和 20 mm 者为非完整面。

表 7.23　蒸压粉煤灰砖强度等级　　　　　　　　　　　　　单位:MPa

强度等级	抗压强度		抗折强度	
	平均值　≥	单块最小值　≥	平均值　≥	单块最小值　≥
MU10	10.0	8.0	2.5	2.0
MU15	15.0	12.0	3.7	3.0
MU20	20.0	16.0	4.0	3.2
MU25	25.0	20.0	4.5	3.6
MU30	30.0	24.0	4.8	3.8

④抗冻性。抗冻性应符合表 7.24 的规定。

⑤干燥收缩。干燥收缩值应不大于 0.50 mm/m。

⑥碳化性能。碳化系数 $K_c \geq 0.85$。

表 7.24　蒸压粉煤灰砖抗冻性

使用地区	抗冻指标	质量损失率	抗压强度损失率
夏热冬暖地区	D15		
夏热冬冷地区	D25	≤5%	≤25%
寒冷地区	D35		
严寒地区	D50		

　　蒸压粉煤灰砖是取代实心黏土砖的主要新型墙体材料,具有轻质、保温、隔热、可加工、缩短建筑工期等特点,能够消化大量的粉煤灰,节约耕地,减少污染,保护环境,而且施工方便,粉刷砂浆与墙面黏结力好,砌体墙面平整,适用于工业与民用建筑的墙体和基础;但用于基础或用于易受冻融和干湿交替作用的建筑部位必须使用 MU15 及以上强度等级的砖。蒸压粉煤灰砖不得用于长期受热(200 ℃以上)、受急冷急热和有酸性介质侵蚀的建筑部位。

　　蒸压粉煤灰砖的产品标记按产品名称(FB)、颜色、强度等级、质量等级、标准编号顺序编写。如下:

　　强度等级为 20 级、优等品的彩色粉煤灰砖标记为:

FB　Co　20 A　JC 231—2001

　　蒸压粉煤灰砖应存放 3 d 后出厂。产品储存、堆放应做到场地平整、分等分级、整齐稳妥。产品运输、装卸时,不得抛、掷、翻斗卸货。

7.2　墙用砌块的认识

　　砌块是砌筑用的人造块材,是一种新型墙体材料,外形多为直角六面体,也有各种异形体砌块。砌块系列中主要规格的长度、宽度或高度有一项或一项以上分别超过 365 mm、240 mm 或 115 mm,但砌块高度一般不大于长度或宽度的 6 倍,长度不超过高度的 3 倍。

　　砌块是利用混凝土、工业废料(炉渣、粉煤灰等)或地方材料制成的人造块材,外形尺寸比砖大,具有设备简单、砌筑速度快的优点,符合建筑工业化发展中墙体改革的要求。

　　砌块按尺寸和质量的大小不同分为小型砌块、中型砌块和大型砌块。砌块系列中主规格的高度为 115~380 mm 的称为小型砌块,高度为 380~980 mm 的称为中型砌块,高度大于 980 mm 的称为大型砌块。工程中以使用中小型砌块居多。

　　砌块按外观形状可以分为实心砌块和空心砌块。空心砌块有单排方孔、单排圆孔和多排扁孔 3 种形式,其中多排扁孔对保温较有利。按砌块在组砌中的位置与作用可以分为主砌块和各种辅助砌块。

　　根据材料的不同,常用的砌块有普通混凝土小型空心砌块、轻集料混凝土小型空心砌块、粉煤灰小型空心砌块、蒸压加气混凝土砌块、免蒸加气混凝土砌块(又称环保轻质混凝土砌块）和石膏砌块。吸水率较大的砌块不能用于长期浸水、经常受干湿交替或冻融循环的建筑部位。

7.2.1　粉煤灰混凝土小型空心砌块

粉煤灰混凝土小型空心砌块是以粉煤灰、水泥、集料、水为主要组分（也可加入外加剂等）拌和制成的小型空心砌块，代号为 FHB。

粉煤灰混凝土小型空心砌块的规格尺寸为 390 mm×190 mm×190 mm，其他规格尺寸可由供需双方商定。按砌块孔的排数分为单排孔（1）、双排孔（2）和多排孔（D）3 类。按砌块抗压强度分为 MU3.5，MU5.0，MU7.5，MU10，MU15，MU20 共 6 个等级。按砌块密度等级分为 600,700,800,900,1 000,1 200,1 400 共 7 个等级。

粉煤灰混凝土小型空心砌块按代号、分类、规格尺寸、密度等级、强度等级、标准编号的顺序进行标志。标志示例如下：

规格尺寸为 390 mm×190 mm×190 mm、密度等级为 800 级、强度等级为 5 的双排孔粉煤灰混凝土小型空心砌块，其标志为：

FHB2 390×190×190　800 MU5　JC/T 862—2008

1）粉煤灰小型空心砌块的特点

（1）有较好的后期强度储备

由于粉煤灰的火山灰效应在相当长的时间内还继续作用，因此后期强度不断增长，一般 90 d 龄期强度比 28 d 的要增长 80%～100%。

（2）有较好的韧性

粉煤灰小型空心砌块的材料弹性模量为混凝土的 10%，泊松系数比混凝土大 50%，因此，相比之下有较好的韧性，不易脆裂。这不仅有利于建筑物抗震时不易发生墙体脆性破坏，而且电锯切割开槽、冲击钻钻孔、人工钻凿洞时，均不易引起砌块破损，有利于装修及暗埋管线，同时运输装卸过程中也不易损坏。

（3）有良好的保温性能和抗渗性

I90 系列的单排孔粉煤灰小型空心砌块的保温性能超过 240 黏土砖墙。此外，经过多处的工程使用证明，粉煤灰砌块的外墙面很少产生渗漏现象。

（4）具有良好的经济效益和社会效益

粉煤灰小型砌块所用原料中，粉煤灰和炉渣等工业废料占 80%，在生产工艺中利用粉煤灰自身的部分热能，水泥用量比同强度的混凝土小型空心砌块少 30%，因而成本很低。

2）粉煤灰混凝土小型空心砌块的技术要求

根据《粉煤灰混凝土小型空心砌块》（JC/T 862—2008）的规定，粉煤灰混凝土小型空心砌块的技术要求如下：

①尺寸偏差和外观质量。尺寸允许偏差和外观质量应符合表 7.25 的规定。

表 7.25　尺寸允许偏差和外观质量

项　目		指　标/mm
尺寸允许偏差/mm	长度	±2
	宽度	±2
	高度	±2
最小外壁厚/mm	用于承重墙体	30
	用于非承重墙体	20
肋厚/mm	用于承重墙体	25
	用于非承重墙体	15
缺棱掉角	个数。不多于/个	2
	3 个方向投影的最小值,不大于/mm	20
裂缝延伸的累积尺寸,不大于/mm		20
弯曲,不大于/mm		2

②密度等级。密度等级应符合表 7.26 的规定。

表 7.26　密度等级

密度等级	砌块块体密度的范围/(kg·m⁻³)
600	≤600
700	610~700
800	710~800
900	810~900
1 000	910~1 000
1 200	1 100~1 200
1 400	1 210~1 400

③强度等级。强度等级应符合表 7.27 的规定。

表 7.27　强度等级

强度等级	抗压强度/MPa	
	平均值　≥	最小值　≥
MU3.5	3.5	2.8
MU5	5.0	4.0
MU7.5	7.5	6.0
MU10	10.0	8.0
MU15	15.0	12.0
MU20	20.0	16.0

④干燥收缩率。干燥收缩率不应大于0.060%。

⑤相对含水率。相对含水率应符合表7.28的规定。

表7.28　相对含水率

使用地区	潮　湿	中　等	干　燥
相对含水率不大于/%	45	35	30

注:①相对含水率即混凝土多孔砖含水率与吸水率之比:

$$W = \frac{w_1}{w_2} \times 100\%$$

　　式中　W——混凝土多孔砖的相对含水率,%;

　　　　　w_1——混凝土多孔砖的含水率,%;

　　　　　w_2——混凝土多孔砖的吸水率,%。

②使用地区的湿度条件:

潮湿——年平均相对湿度>75%的地区;

中等——年平均相对湿度为50%~75%的地区;

干燥——年平均相对湿度<50%的地区。

⑥抗冻性。抗冻性应符合表7.29的规定。

表7.29　抗冻性

使用条件	抗冻指标	质量损失率	强度损失率
夏热冬暖地区	F15		
夏热冬冷地区	F25	≤5%	≤25%
寒冷地区	F35		
严寒地区	F50		

⑦碳化系数和软化系数。碳化系数应不小于0.80;软化系数应不小于0.80。

⑧放射性。放射性应符合建筑材料放射性核素限量(GB 6566—2010)的规定。

砌块应按规格、密度等级、强度等级分批、分别储存;宜采用塑料布包装;储存、运输及砌筑时,应有防雨措施;装卸时,严禁碰撞、扔摔,应轻码轻放,不许翻斗倾卸。

粉煤灰混凝土小型空心砌块适用于一般工业与民用建筑的围护结构和基础,但不宜用于有酸性介质侵蚀、长期受高温影响和经常受较大振动影响的建筑物。

7.2.2　蒸压加气混凝土砌块

蒸压加气混凝土砌块是在钙质材料(如水泥、石灰)和硅质材料(如砂子、粉煤灰、矿渣)的配料中加入铝粉作为加气剂,经加水搅拌、浇注成型、发气膨胀、预养切割,再经高压蒸汽养护而成的多孔硅酸盐砌块。蒸压加气混凝土砌块发气剂又称为加气剂,是制造加气混凝土的关键材料。发气剂大多选用脱脂铝粉。掺入浆料中的铝粉,在碱性条件下产生化学反应;铝粉极细,产生的氢气形成许多小气泡,保留在很快凝固的混凝土中,这些大量的均匀分布的小气泡,使加气混凝土砌块具有许多优良特性。

蒸压加气混凝土砌块常用规格尺寸为：

长度：600 mm；

宽度：100,120,125,150,180,200,240,250,300 mm；

高度：200,240,250,300 mm。

蒸压加气混凝土砌块按尺寸偏差与外观质量、干密度、抗压强度和抗冻性分为优等品（A）、合格品（B）2 个等级；按强度分为 A1.0,A2.0,A2.5,A3.5,A5.0,A7.5,A10 共 7 个级别；按干密度分为 B03,B04,B05,B06,B07,B08 共 6 个级别。

蒸压加气混凝土砌块的产品标记按产品名称（ACB）、强度等级、干密度等级、规格尺寸、质量等级和标准编号顺序进行标记。

例如：强度等级为 A3.5,干密度等级为 B05,优等品,规格尺寸为 600 mm×200 mm×250 mm 的蒸压加气混凝土砌块,标记为：

ACB　A3.5　B05　600×200×250A　GB 11968

根据《蒸压加气混凝土砌块》（GB/T 11968—2020）的规定,蒸压加气混凝土砌块的技术要求如下：

①尺寸偏差和外观质量。砌块的尺寸偏差和外观质量应符合表 7.30 的规定。

表 7.30　尺寸允许偏差和外观质量

项　目			指标	
			优等品（A）	合格品（B）
尺寸允许偏差/mm		长（L）	±3	±4
		宽（B）	±1	±2
		高（H）	±1	±2
缺棱掉角	最小尺寸不得大于/mm		0	30
	最大尺寸不得大于/mm		0	70
	大于以上尺寸的缺棱掉角个数,不多于/个		0	2
裂纹长度	贯穿一棱二面的裂纹长度不得大于裂纹所在面的裂纹方向的尺寸总和的		0	1/3
	任一面上的裂纹长度不得大于裂纹方向尺寸的		0	1/2
	大于以上尺寸的裂纹条数,不多于/条		0	2
爆裂、黏膜和损坏深度不得大于/mm			10	30
平面弯曲			不允许	
表面疏松、层裂			不允许	
表面油污			不允许	

②抗压强度。砌块的抗压强度应符合表 7.31 的规定。

表 7.31 砌块的立方体抗压强度

强度等级	立方体抗压强度/MPa	
	平均值 ≥	单组最小值 ≥
A1.0	1.0	0.8
A2.0	2.0	1.6
A2.5	2.5	2.0
A3.5	3.5	2.8
A5.0	5.0	4.0
A7.5	7.5	6.0
A10.0	10.0	8.0

③干密度。砌块的干密度应符合表 7.32 的规定。

表 7.32 砌块的干密度　　　　　　　　　　　　　　　　单位:kg/m³

干密度等级		B03	B04	B05	B06	B07	B08
干密度	优等品(A) ≤	300	400	500	600	700	800
	合格品(B) ≤	325	425	525	625	725	825

④强度等级。砌块的强度等级应符合表 7.33 的规定。

表 7.33 砌块的强度等级

干密度等级		B03	B04	B05	B06	B07	B08
强度等级	优等品(A)	A1.0	A2.0	A2.5	A5.0	A7.5	A10.0
	合格品(B)			A3.5	A3.5	A5.0	A7.5

⑤砌块的干燥收缩、抗冻性和导热系数(干态)应符合表 7.34 的规定。

表 7.34 干燥收缩、抗冻性和导热系数

干密度等级			B03	B04	B05	B06	B07	B08
干燥收缩值[a]	标准法/(mm·m⁻¹) ≤		0.50					
	快速法/(mm·m⁻¹) ≤		0.80					
抗冻性	质量损失/% ≤		5.0					
	冻后强度/MPa ≥	优等品(A)	0.8	1.6	2.8	4.0	6.0	8.0
		合格品(B)			2.0	2.8	4.0	6.0
导热系数(干态)[W·(m·K)⁻¹] ≤			0.10	0.12	0.14	0.16	0.18	0.20

[a]规定采用标准法、快速法测定砌块干燥收缩值,若测定结果发生矛盾不能判定时,则以标准法测定的结果为准。

蒸压加气混凝土砌块的单位体积质量是黏土砖的 1/3,保温性能是黏土砖的 3~4 倍,隔音性能是黏土砖的 2 倍,抗渗性能是黏土砖的 1 倍以上,耐火性能是钢筋混凝土的 6~8 倍。蒸压加气混凝土砌块的施工特性也非常优良,它不仅可以在工厂内生产出各种规格,还可以像木材一样进行锯、刨、钻、钉,又由于它的体积比较大,因此施工速度也非常快,可作为各种建筑的填充材料。

蒸压加气混凝土砌块适用于各类建筑地面(±0.000)以上的内外填充墙和地面以下的内填充墙(有特殊要求的墙体除外)。蒸压加气混凝土砌块不应直接砌筑在楼面、地面上。对于厕浴间、露台、外阳台以及设置在外墙面的空调机承托板与砌体接触部位等经常受干湿交替作用的墙体根部,宜浇筑宽度同墙厚、高度不小于 0.2 m 的 C20 素混凝土墙垫;对于其他墙体,宜用蒸压灰砂砖在其根部砌筑高度不小于 0.2 m 的墙垫。

蒸压加气混凝土砌块不得使用在下列部位:建筑物±0.000 以下(地下室的室内填充墙除外)部位;长期浸水或经常干湿交替的部位;受化学侵蚀的环境,如强酸、强碱或高浓度二氧化碳等的环境;砌体表面经常处于 80 ℃以上的高温环境;屋面女儿墙。

砌块应存放 5 d 以后出厂。砌块储存堆放应做到:场地平整,同品种、同规格分级分等,整齐稳安,宜有防雨措施;产品运输时,宜成垛绑扎或有其他包装;保温隔热产品必须捆扎,加塑料薄膜封包运输;装卸时,宜用专用机具,严禁摔、掷、翻斗车自翻自卸货。

7.2.3　普通混凝土小型空心砌块

普通混凝土小型空心砌块是用水泥作胶结料,砂、石作骨料,经搅拌、振动(或压制)成型、养护等工艺过程制成的小型空心砌块,多用于承重结构。混凝土砌块在 19 世纪末起源于美国,砌块的原材料来源方便,适应性强,性能发展很快。我国从 20 世纪 20 年代开始生产和使用混凝土砌块,60 年代发展较快,1974 年国家建材局把混凝土砌块列为重点推广的新型墙体材料。目前,我国混凝土砌块的产量、种类、生产技术水平、设备均达到世界水平,已成为重要的墙体材料。

普通混凝土小型空心砌块按其尺寸偏差、外观质量分为优等品(A)、一等品(B)及合格品(C)3 个级别。按其强度等级分为 MU3.5,MU5.0,MU7.5,MU10.0,MU15.0,MU20.0 共 6 个级别。

普通混凝土小型空心砌块按产品名称(代号 NHB)、强度等级、外观质量等级和标准编号的顺序进行标记。示例如下:

强度等级为 MU7.5,外观质量为优等品(A)的砌块,其标记为:

NHB MU7.5A GB 8239

根据《普通混凝土小型砌块》(GB/T 8239—2014)规定,普通混凝土小型空心砌块的技术要求如下:

①规格。主规格尺寸为 390 mm×90 mm×190 mm,其他规格尺寸可由供需双方协商。普通混凝土小型空心砌块各部位名称如图 7.7 所示。要求最小外壁厚应不小于 30 mm,最小肋厚应不小于 25 mm;空心率应不小于 25%。尺寸允许偏差应符合表 7.35 的规定。

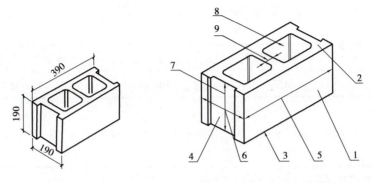

图 7.7　普通混凝土小型空心砌块示意图
1—条面;2—坐浆面;3—铺浆面;4—顶面;5—长度 L;
6—宽度 B;7—高度 H;8—壁;9—肋厚

表 7.35　尺寸允许偏差　　　　　　　　　　　　　　　　单位:mm

项目名称	优等品(A)	一等品(B)	合格品(C)
长度	±2	±3	±3
宽度	±2	±3	±3
高度	±2	±3	+3,−4

②外观质量应符合表 7.36 的规定。

表 7.36　外观质量

项目名称			优等品(A)	一等品(B)	合格品(C)
弯曲/mm		≤	2	2	3
缺棱掉角	个数/个	≤	0	2	2
	3 个方向投影尺寸的最小值/mm	≤	0	20	30
裂纹延伸的投影尺寸累计/mm		≤	0	20	30

③强度等级应符合表 7.37 的规定。

表 7.37　强度等级

强度等级	砌块抗压强度/MPa	
	平均值　≥	单块最小值　≥
MU3.5	3.5	2.8
MU5.0	5.0	4.0
MU7.5	7.5	6.0
MU10.0	10.0	8.0
MU15.0	15.0	12.0
MU20.0	20.0	16.0

④相对含水率。相对含水率应符合表 7.38 的规定。

表 7.38　相对含水率

使用地区	潮　湿	中　等	干　燥
相对含水率/%　≤	45	40	35

⑤抗渗性。用于清水墙的砌块,其抗渗性应符合表 7.39 的规定。

表 7.39　抗渗性

项目名称	指　标
水面下降高度/mm	3 块中任 1 块≤10

⑥抗冻性应符合表 7.40 的规定。

表 7.40　抗冻性

使用环境条件		抗冻标号	指　标
非采暖地区		不规定	—
采暖地区	一般环境	D15	强度损失≤25%
	干湿交替环境	D25	质量损失≤5%

注:非采暖地区指最冷月份平均气温>-5 ℃的地区;
　　采暖地区指最冷月份平均气温≤-5 ℃的地区。

普通混凝土小型空心砌块具有外观整齐、偏差小、质量轻、抗压强度高、强度等级范围大、耐久性好等优点,具有一定的保温、隔音、防火性能,适用于地震设计烈度为 8 度及 8 度以下地区的一般民用与工业建筑的内墙和外墙。

混凝土砌块的吸水率小,吸水速度慢,砌筑前不允许浇水,以免发生走浆现象,影响砂浆的饱满度和砌体的抗剪强度。但在特别干燥的气候条件下,可在砌筑时喷水湿润。与烧结砖砌体相比,混凝土砌块墙体易产生裂缝,应在构造上采取抗裂措施。另外,还应注意防止外墙面渗漏,粉刷时做好填缝,并压实、抹平。砌块应按规格、等级分批堆放,不得混杂;堆放运输时应有防雨措施。装卸时严禁碰撞、扔摔,应轻码轻放、不许翻斗倾卸。

7.2.4　轻集料混凝土小型空心砌块

轻集料混凝土是指轻粗集料、轻砂(或普通砂)、水泥等原材料配制而成的干表观密度≤1 950 kg/m³ 的混凝土。

轻集料混凝土小型空心砌块按砌块孔的排数分为:单排孔、双排孔、三排孔和四排孔。按砌块密度等级分为 8 级:700,800,900,1 000,1 100,1 200,1 300,1 400。按砌块强度等级分为 5 级:MU2.5,MU3.5,MU5.0,MU7.5,MU10.0。

轻集料混凝土小型空心砌块(LB)按代号、类别(孔的排数)、密度等级、强度等级、标准编号的顺序依次进行标记。示例如下:

符合《轻集料混凝土小型空心砌块》(GB/T 15229—2011)的,双排孔,800 密度等级,3.5 强度等级的轻集料混凝土小型空心砌块标记为:

LB2 800 MU3.5　GB/T 15229—2011

根据《轻集料混凝土小型空心砌块》(GB/T 15229—2011)的规定,轻集料混凝土小型空心砌块的技术要求如下:

①尺寸偏差和外观质量应符合表 7.41 的要求。

表 7.41　尺寸偏差和外观质量

项　目			指　标
尺寸偏差/mm	长度		±3
	宽度		±3
	高度		±3
最小外壁厚/mm	用于承重墙体	≥	30
	用于非承重墙体	≥	20
肋厚/mm	用于承重墙体	≥	25
	用于非承重墙体	≥	20
缺棱掉角	个数/个	≤	2
	3 个方向投影的最大值/mm	≤	20
裂缝延伸的累积尺寸/mm		≤	30

②密度等级应符合表 7.42 的规定。

表 7.42　密度等级

密度等级	砌块块体密度的范围/MPa
700	610~700
800	710~800
900	810~900
1 000	910~1 000
1 100	1 010~1 100
1 200	1 110~1 200
1 300	1 210~1 300
1 400	1 310~1 400

③强度等级应符合表 7.43 的规定。

表 7.43 强度等级

强度等级	砌块抗压强度/MPa		密度等级范围/(kg·m⁻³)
	平均值	最小值	
MU2.5	≥2.5	≥2.0	≤800
MU3.5	≥3.5	≥2.8	≤1 000
MU5.0	≥5.0	≥4.0	≤1 200
MU7.5	≥7.5	≥6.0	≤1 200ᵃ ≤1 300ᵇ
MU10.0	≥10.0	≥8.0	≤1 200ᵃ ≤1 400ᵇ

ᵃ 除自然煤矸石掺量≥砌块质量35%以外的其他砌块；

ᵇ 自然煤矸石掺量≥砌块质量35%的砌块。

④吸水率、干缩率和相对含水率。吸水率应≤18%；干燥收缩率应≤0.065%；相对含水率应符合表7.44的规定。

表 7.44 相对含水率

干缩收缩率/%	相对含水率/%		
	潮湿地区	中等湿度地区	干燥地区
<0.03	≤45	≤40	≤35
≥0.03,≤0.045	≤40	≤35	≤30
>0.045,≤0.065	≤35	≤30	≤25

⑤碳化系数和软化系数。碳化系数不应小于0.8；软化系数不应小于0.8。

⑥抗冻性应符合表7.45的要求。

表 7.45 抗冻性

使用条件	抗冻标号	质量损失/%	强度损失/%
温和与夏热冬暖地区	D15	≤5	≤25
夏热冬冷地区	D25		
寒冷地区	D35		
严寒地区	D50		

注:环境条件符合 GB 50176 的规定。

⑦放射性核素限量。砌块的放射性核素限量应符合《建筑材料放射性核素限量》（GB 6566—2023）的规定。

轻集料混凝土小型空心砌块具有自重轻、保温性能好、施工方便、砌筑效率高、增加使用面积、综合工程造价低等优点;适用于框架结构的填充墙,各类建筑非承重墙及一般低层建筑墙体。

7.3　砌墙砖和砌块检测

7.3.1　砌墙砖和砌块的取样方法及数量

1) 烧结普通砖

检验批按 3.5 万~15 万块为 1 批,不足 3.5 万块亦按 1 批计。外观质量检验的试样采用随机抽样法,在每一检验批的产品堆垛中抽取。尺寸偏差检验和其他检验项目的样品用随机抽样法从外观质量检验后的样品中抽取。抽样数量按表 7.46 进行。

表 7.46　抽样数量

序　号	检验项目	抽样数量/块
1	外观质量	50
2	尺寸偏差	20
3	强度等级	10
4	泛霜	5
5	石灰爆裂	5
6	吸水率和饱和系数	5
7	冻融	5
8	放射性	2

2) 普通混凝土小型空心砌块

砌块按外观质量等级和强度等级分批验收。它以同一种原材料配制成的相同外观质量等级、强度等级和同一工艺生产的 10 000 块砌块为 1 批,每月生产的块数不足 10 000 块亦按 1 批计。

每批随机抽取 32 块做尺寸偏差和外观质量检验。从尺寸偏差和外观质量检验合格的砌块中抽取如下数量进行其他项目检验:强度等级 5 块,相对含水率 3 块,抗渗性 3 块,抗冻性 10 块,空心率 3 块。

3) 烧结空心砖

检验批按 3.5 万~15 万块为 1 批,不足 3.5 万块亦按 1 批计。外观质量检验的试样采用随机抽样法,在每一检验批的产品堆垛中抽取。其他检验项目的样品用随机抽样法从外观质量检验后的样品中抽取。抽样数量按表 7.47 进行。

4) 轻集料混凝土小型空心砌块

(1) 组批规则

砌块按密度等级和强度等级分批验收。以同一品种轻集料和水泥按同一生产工艺制成的相同密度等级和强度等级的 300 m³ 砌块为 1 批；砌块数不足 300 m³ 者亦按 1 批计。

表 7.47　抽样数量

序　号	检验项目	抽取数量/块
1	外观质量	50
2	尺寸偏差	20
3	强度级别	10
4	密度级别	5
5	孔洞排列及其结构	5
6	泛　霜	5
7	石灰爆裂	5
8	吸水率和饱和系数	5
9	冻　融	5

（2）抽样规则

出厂检验时，每批随机抽取 32 块做尺寸偏差和外观质量检验，而后再从尺寸偏差和外观质量检验合格砌块中随机抽取如下数量进行其他项目的检验：强度 5 块，表观密度、吸水率和相对含水率 3 块。型式检验时，每批随机抽取 64 块，并在其中随机抽取 32 块做尺寸偏差和外观质量检验，如尺寸偏差和外观质量检验合格，则在 64 块中随机抽取尺寸偏差和外观质量合格的如下数量进行其他项目的检验：强度 5 块，表观密度、吸水率和相对含水率 3 块，干燥收缩率 3 块，抗冻性 10 块，软化系数 10 块，碳化系数 12 块，放射性 2 块。

5）蒸压加气混凝土砌块

（1）取样方法

同品种、同规格、同等级的砌块以 1 万块为 1 批，不足 1 万块亦为 1 批。随机抽取 50 块砌块进行尺寸偏差、外观检验。砌块外观验收在交货地点进行，从尺寸偏差与外观检验合格的砌块中，随机抽取 6 块砌块，制作 3 组试件进行立方体抗压强度检验，制作 3 组试件做干体积密度检验。

（2）试件制作方法

试件的制备采用机锯或刀锯，锯时不得将试件弄湿。体积密度、抗压强度试件，沿制品膨胀方向中心部分上、中、下顺序锯取一组，"上"块上表面距离制品顶面 30 mm，"中"块在制品正中处，"下"块下表面离制品底面 30 mm，制品的高度不同，试件间隔略有不同。

7.3.2　砌墙砖和砌块的检测

1）砌墙砖的尺寸测量和外观质量检查

依据《砌墙砖试验方法》（GB/T 2542—2012）进行检测。

砌墙砖的尺寸测量
和外观质量检查

（1）尺寸测量

①测量仪器设备：砖用卡尺（分度值为0.5 mm），如图7.8所示。

②测量方法：长度应在砖的2个大面的中间处分别测量2个尺寸，宽度应在砖的2个大面中间处分别测量2个尺寸，高度应在砖的2个条面中间分别测量2个尺寸，如图7.9所示。如被测处有缺损或凸出时，可在其旁边测量，但应选择不利的一侧；精确至0.5 mm。

③结果表示：每一方向尺寸以2个测量值的算术平均值表示。

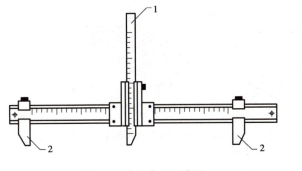

图7.8　砖用卡尺示意图
1—垂直尺；2—支脚

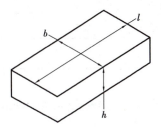

图7.9　砖尺寸测量示意图
l—长度；b—宽度；h—高度

（2）外观质量检查

①仪器设备：砖用卡尺（分度值为0.5 mm）、钢直尺（分度值不应大于1 mm）。

②测量方法：

a.缺损。缺棱掉角在砖上造成的破坏程度，以破损部分对长、宽、高3个棱边的投影尺寸来测量，如图7.10所示。缺损造成的破坏面是指缺损部分对条、顶面（空心砖为条、大面）的投影面积，如图7.11所示。其中l为长度方向的投影尺寸，b为宽度方向的投影尺寸，d为高度方向的投影尺寸。空心砖内壁残缺及肋残缺尺寸，以长度方向的投影尺寸来度量，单位为mm。

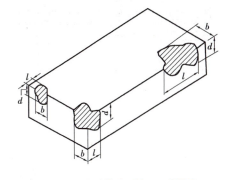

图7.10　缺棱掉角破坏尺寸量法

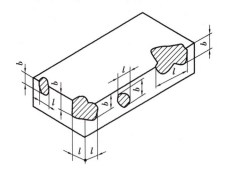

图7.11　缺损在条、顶面造成破坏面量法

b.裂纹。裂纹分为长度方向、宽度方向和水平方向3种，以被测方向的投影长度来表示。如裂纹从一个面延伸到其他面上时，则累计其延伸的投影长度。多孔砖的孔洞与裂纹相通时，则将孔洞包括在裂纹内一并测量。裂纹长度以在3个方向上分别测得的最长裂纹作为测量结果，如图7.12所示。

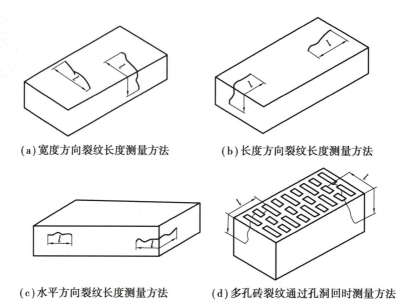

(a)宽度方向裂纹长度测量方法   (b)长度方向裂纹长度测量方法

(c)水平方向裂纹长度测量方法   (d)多孔砖裂纹通过孔洞回时测量方法

图 7.12　裂纹长度测量方法

c.弯曲。弯曲分别在大面和条面上测量。测量时,将砖用卡尺的两只脚沿棱边两端放置,择其弯曲最大处将直尺推至砖面,但不应将因杂质或碰伤造成的凹处计算在内。以弯曲中测得的较大者作为测量结果,如图 7.13 所示。

d.杂质凸出高度。杂质在砖面上造成的凸出高度,以杂质距砖面的最大距离表示。测量时将砖用卡尺的两只脚放在凸出两边的砖平面上以垂直尺测量,如图 7.14 所示。

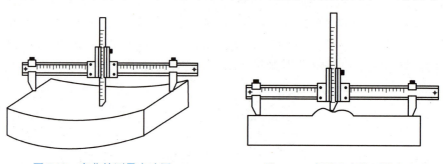

图 7.13　弯曲的测量方法图   图 7.14　杂质凸出的测量方法

e.色差。装饰面朝上随机分两排并列,在自然光下距离 2 m 处目测。

③结果评定:外观质量以 mm 为单位,不足 1 mm 者,按 1 mm 计。

2)抗压强度检测

(1)仪器设备

材料试验机:试验机的示值相对误差≤±1%,其下压板为球铰支座,预期最大破坏荷载应在量程的 20%~80%;钢直尺(分度值不应大于 1 mm);振动台、制样模具、搅拌机、切割设备、抗压强度试验用净浆材料。

砌墙砖(实心砖)
抗压强度试验

(2)试样数量

试样数量为 10 块。

（3）试样制备

一次成型试样适用于采用样品中间部位切割，交错叠加灌浆制成强度试验试样的方式。将试样锯成两个半截砖，两个半截砖用于叠合部分的长度不得小于 100 mm，如图 7.15 所示。若不足 100 mm，应另取备用试样补足。

将已锯断的两个半截砖放入室内的净水中浸泡 20~30 min 后取出，在铁丝网架上滴水 20~30 min，以断口相反方向装入制作模具中，用插板控制两个半砖间距不应大于 5 mm，砖大面与模具间距不应大于 3 mm，断砖面、顶面与模具间垫以橡胶垫或其他密封材料，模具内表面涂油或脱模剂。制样模具及插板如图 7.16 所示。将净浆材料按照配制要求，置于搅拌机搅拌均匀；将装好试样的模具置于振动台上，加入适量搅拌均匀的净浆材料，振动 0.5~1 min 后，停止振动，静置至净浆材料达到初凝时间（15~19 min）后拆模。

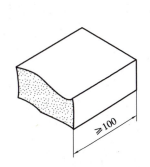

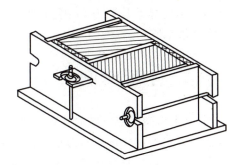

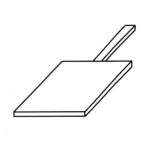

图 7.15　半截砖长度示意图　　　　图 7.16　一次成型制样模具及插板

（4）试件养护

制成的一次成型制样应放在不低于 10 ℃的不通风的室内养护 4 h，再进行试验。非烧结砖试件不需进行养护，直接进行试验。

（5）检测步骤

①测量每个试件连接面或受压面的长、宽尺寸各 2 个，分别取其平均值，精确至 1 mm。

②将试件平放在试验机压板中央，垂直于受压面加荷，加荷应均匀平稳，不得发生冲击和振动。加荷速度为 2~6 kN/s 为宜，直至试件破坏为止，记录试件破坏时的最大破坏荷载。

③检测结果：

a.每块试样的抗压强度按式（7.1）计算，精确至 0.1 MPa。

$$R_p = \frac{p}{L \times B} \tag{7.1}$$

式中　R_p——抗压强度，MPa；

　　　p——最大破坏荷载，N；

　　　L——受压面（连接面）的长度，mm；

　　　B——受压面（连接面）的宽度，mm。

试验结果以试样抗压强度的算术平均值和标准值或单块最小值表示。

b.按式（7.2）计算 10 块砖强度变异系数、抗压强度的平均值和标准值。

$$\delta = \frac{s}{\bar{f}_{mc}}, \ \bar{f}_{mc} = \sum_{i=1}^{10} f_{mc,i}, \ s = \sqrt{\frac{1}{9} \sum_{i=1}^{10} (f_{mc,i} - \bar{f}_{mc})^2} \tag{7.2}$$

式中　δ——砖强度变异系数,精确至 0.01 MPa;

　　　f_{mc}——10 块砖抗压强度的平均值,精确至 0.1 MPa;

　　　s——10 块砖抗压强度的标准差,精确至 0.01 MPa;

　　　$f_{mc,i}$——10 块砖的抗压强度值($i=1\sim10$),精确至 0.1 MPa。

(6)强度等级评定

a.平均值-标准值方法评定。当变异系数 $\delta\leqslant0.21$ 时,按实际测定的砖的抗压强度平均值和强度标准值,根据标准中强度等级规定的指标,评定砖的强度等级。

样本量 $n=10$ 时的强度标准值按下式计算:

$$f_k=\bar{f}_{mc}-1.8s \qquad (7.3)$$

式中　f_k——10 块砖抗压强度的标准值,精确至 0.1 MPa。

b.平均值-最小值方法评定。当变异系数 $\delta>0.21$ 时,按抗压强度平均值、单块最小值评定砖的强度等级。单块抗压强度最小值精确至 0.1 MPa。

工程案例 7

混凝土小型空心砌块墙体细裂纹

[现象]北京某小区混凝土小型空心砌块墙体局部出现细裂纹。

[原因分析]混凝土小型空心砌块墙体局部出现细裂纹现象,主要是由于该处砌块含水率过高。虽然《普通混凝土小型空心砌块》(GB 8239—2014)对相对含水率作出了规定,但由于混凝土小型空心砌块在运至现场后敞开放置,并未密封,相对含水率随环境而变化,无法控制。个别砌块含水过多,干燥时收缩率比其他部位要大,导致开裂。

加气混凝土砌块墙抹面层易干裂或空鼓

[现象]加气混凝土砌块墙体抹面时,采用与烧结普通砖墙体一样的方法,即往墙上浇水后即抹,发现一般的砂浆往往被加气混凝土吸去水分而容易干裂或空鼓。

[原因分析]加气混凝土砌块的气孔大部分是"墨水瓶"结构,只有小部分是水分蒸发形成的毛细孔,肚大口小,毛细管作用较差,故吸水速度缓慢。烧结普通砖淋水后易吸足水,而加气混凝土表面浇水不少,实则吸水不多。用一般的砂浆抹灰易被加气混凝土吸去水分,进而产生开裂或空鼓。因此,加气混凝土砌块墙体应分多次浇水,宜采用保水性好、黏结强度高的抗裂砂浆。

单元小结

本单元主要介绍了常用的墙体材料,包括各种砌墙砖和砌块。对这些墙体材料,着重介绍了它们的技术要求和应用,还有尺寸测量和外观质量的检测、抗压强度的检测方法。

职业能力训练

一、填空题

1.目前所用的墙体材料有_____、_____和_____三大类。

2.烧结普通砖的外形为直角六面体,其公称尺寸是_____。

3.烧结普通砖具有_____、_____、_____和_____等缺点。

4.砌块按尺寸和质量的大小不同分为_____、_____和_____。

5.根据生产工艺不同,砌墙砖分为_____和_____。

二、名词解释

1.泛霜

2.石灰爆裂

3.灰砂砖

4.蒸压加气混凝土砌块

三、单项选择题

1.下面不属于加气混凝土砌块的特点的有(　　　)。

A.轻质　　　　　B.保温隔热　　　　　C.加工性能好　　　　　D.韧性好

2.烧结普通砖的质量等级是根据(　　　)划分的。

A.强度等级和风化性能　　　　　　　B.尺寸偏差和外观质量

C.石灰爆裂和泛霜　　　　　　　　　D.以上都对

3.黏土砖在砌墙前要浇水润湿,其目的是(　　　)。

A.把砖冲洗干净　　　　　　　　　　B.保证砌筑砂浆的稠度

C.增加砂浆与砖的黏结力　　　　　　D.提高砖的强度

4.检验烧结普通砖的强度等级,需取试验块数是(　　　)块。

A.1　　　　　　B.5　　　　　　C.10　　　　　　D.15

5.按标准规定,烧结普通砖的尺寸规格是(　　　)。

A.240 mm×120 mm×53 mm　　　　　B.240 mm×115 mm×53 mm

C.240 mm×115 mm×55 mm　　　　　D.240 mm×115 mm×50 mm

四、多项选择题

1.利用煤矸石和粉煤灰等工业废渣烧砖,可以(　　　)。

A.减少环境污染　　　　　　　　　　B.节约大片良田黏土

C.节省大量燃料煤　　　　　　　　　D.大幅提高产量

E.改善墙体性能

2.普通黏土砖评定强度等级的依据是(　　　)。

A.抗压强度的平均值　　　　　　　　B.抗折强度的平均值

C.抗压强度的单块最小值　　　　　　D.抗折强度的单块最小值

E.抗拉强度的平均值

五、简述题

1.什么叫砌墙砖？它分为哪几类？

2.砖的泛霜原因是什么？泛霜为何会使砖表面脱皮？

3.各种砌墙砖的质量等级划分的依据是什么？如何划分？

4.依据外部尺寸划分,砌块有几大类？按照所用原材料划分,砌块有哪些品种？各有什么用途？

5.烧结多孔砖与烧结空心砖有何异同？

6.通过搜集相关资料,谈谈我国为什么要禁止或限制使用烧结普通砖墙体材料。

六、计算题

有一批烧结普通砖经抽样检验,其抗压强度分别为 14.3,10.4,19.2,17.3,18.3,15.2,11.3,16.7,17.1,13.6MPa,试确定该批砖的强度等级。

单元 8
建筑钢材检测

单元导读

- **基本要求** 掌握钢材的力学性能、工艺性能及检测方法;熟悉建筑工程常用钢品种与应用及钢筋混凝土用钢材的性质与应用;了解钢材的分类,钢材的化学成分对钢材性能的影响,钢材的腐蚀与防止。
- **重点** 钢材的拉伸性能:4个阶段、屈服强度、抗拉强度、屈强比、伸长率;钢材的冷弯性能;钢材的冷加工及时效;热轧钢筋的性能及应用。
- **难点** 钢材的拉伸性能及冷弯性能检测;热轧钢筋的性能及应用。

建筑钢材主要指用于钢结构中的各种型材(如角钢、槽钢、工字钢、圆钢等)、钢板、钢管和用于钢筋混凝土结构中的各种钢筋、钢丝、钢绞线等。

建筑钢材具有较高的强度,有良好的塑性和韧性,能承受冲击和振动荷载;可焊接或铆接,易于加工和装配,所以被广泛应用于建筑工程中。但钢材也存在易锈蚀、维修费用高及耐火性差等缺点。

8.1 钢材的认识

8.1.1 钢材的冶炼与分类

1) 钢材的冶炼

把铁矿石、焦炭、石灰石(助溶剂)按一定比例装入高炉中,在炉内高温条件下,焦炭中的碳与矿石中的氧化铁发生化学反应,将矿石中的铁还原出来,生成一氧化碳和二氧化碳由炉顶排出,使矿石中的铁和氧分离,通过这种冶炼得到的铁,仍含有碳和其他杂质,故性能既硬

建筑钢材的分类

又脆,影响使用,此过程称为炼铁。

将铁在炼钢炉中进一步熔炼,并供给足够的氧气,通过炉内的高温氧化作用,部分碳被氧化成一氧化碳气体而逸出,其他杂质则形成氧化物进入炉渣中除去,这样可使碳的含量降低,从而得到含碳量合乎要求的产品,即为钢,此过程称为炼钢。钢在强度、韧性等性质方面都较铁有了较大幅度的提高,在建筑工程中大量使用的都是钢材。

目前,我国常用的炼钢方法有转炉炼钢法、平炉炼钢法和电炉炼钢法。

在钢的冶炼过程中,不可避免地会有部分氧化铁残留在钢水中,降低钢的质量,因此要进行脱氧处理。脱氧程度不同,钢的内部状态和性能也不同。按照脱氧程度不同,钢可分为沸腾钢、镇静钢、半镇静钢和特殊镇静钢。

2) 钢材的分类

钢材的种类很多,性质各异,为了便于选用,钢有以下几种分类方式:

①钢按化学成分可分为碳素钢和合金钢两类。

a.碳素钢根据含碳量可分为:低碳钢(含碳量<0.25%)、中碳钢(含碳量为0.25%~0.60%)、高碳钢(含碳量>0.60%)。

b.合金钢是在碳素钢中加入某些合金元素(锰、硅、钒、钛等),用于改善钢的性能或使其获得某些特殊性能。按合金元素含量分为:低合金钢(合金元素含量<5%)、中合金钢(合金元素含量为5%~10%)、高合金钢(合金元素含量>10%)。

②按钢在熔炼过程中脱氧程度的不同分为:脱氧充分为镇静钢和特殊镇静钢(代号为Z和TZ),脱氧不充分为沸腾钢(代号为F)。

③钢按用途可分为:结构用钢(钢结构用钢和混凝土结构用钢),工具钢(制作刀具、量具、模具等),特殊性能钢(不锈钢、耐酸钢、耐热钢、磁钢等)。

④钢按主要质量等级分为:普通钢、优质钢、高级优质钢(主要对硫、磷等有害杂质的限制不同)。

目前,在建筑工程中常用的钢种是普通碳素结构钢和低合金高强度结构钢。

8.1.2 钢材的化学成分对其性能的影响

钢中除铁、碳两种基本元素外,还含有其他一些元素,它们对钢的性能和质量有一定的影响。

1) 碳

碳(C)是决定钢材性能的主要元素。如图8.1所示,随着含碳量的增加,钢的强度和硬度提高,塑性和韧性下降;但当含碳量大于1.0%时,由于钢材变脆,强度反而下降。

2) 硅和锰

硅(Si)和锰(Mn)是钢材中的有益元素。加入硅和锰可以与钢中有害成分FeO和FeS分别形成SiO_2、MnO和MnS而进入钢渣排出,起到脱氧、降硫的作用。

3) 硫和磷

硫(S)和磷(P)是主要的有害元素,炼钢时由原料带入。硫使钢材的热脆性增加,磷能使钢的强度、硬度提高,但会显著降低钢材的塑性和韧性,使钢材的冷脆性增加。

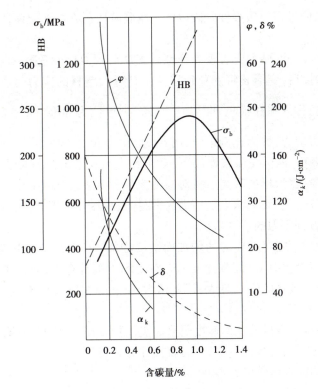

图 8.1 含碳量对热轧碳素钢性质的影响

σ_b—抗拉强度;α_k—冲击韧性;HB—硬度;δ—伸长率;φ—面积缩减率

4)氧、氮

氧(O)和氮(N)是钢材中的有害元素,它们是在炼钢过程中进入钢液的。它们可以降低钢材的强度、冷弯性能和焊接性能。氧还使钢的热脆性增加,氮使冷脆性及时效敏感性增加。

5)铝、钛、钒、铌

铝(Al)、钛(Ti)、钒(V)、铌(Nb)等元素是钢材的有益元素,它们均是炼钢时的强脱氧剂,也是合金钢常用的合金元素。适量地将这些元素加入钢材内,可改善钢材的组织、细化晶粒,显著提高强度和改善韧性。

8.2 钢材的技术性质检测

建筑钢材的性能主要包括力学性能(拉伸性能、冲击韧性、硬度等)、工艺性能(冷弯性能、可焊性等)和耐久性(如锈蚀)。

8.2.1 力学性能

1)拉伸性能

(1)低碳钢的拉伸过程

低碳钢的含碳量低、强度较低、塑性较好,其应力应变图(σ-ε 图)如图 8.2 所示。从图中

低碳钢拉伸试验

可以看出,低碳钢拉伸过程经历弹性阶段(OA)、屈服阶段(AB)、强化阶段(BC)和颈缩阶段(CD)4 个阶段。

①弹性阶段(OA)。钢材主要表现为弹性。当加荷到 OA 上任意一点 σ,此时产生的变形为 ε,当荷载 σ 卸掉后,变形 ε 将恢复到零。在 OA 段,钢材的应力与应变成正比,在此阶段应力和应变的比值称为弹性模量,即 $E = \dfrac{\sigma}{\varepsilon} = \tan \alpha$,单位为 MPa。$A$ 点的应力为应力和应变能保持正比的最大应力,称为比例极限,用 σ_p 表示,单位为 MPa。

②屈服阶段(AB)。钢材在荷载作用下,开始丧失对变形的抵抗能力,并产生明显的塑性变形。在屈服阶段,锯齿形的最高点所对应的应力称为上屈服点(σ_SU);最低点所对应的应力称为下屈服点(σ_SL)。下屈服点的应力为钢材的屈服强度,用 σ_s 表示,单位为 MPa。屈服强度是确定结构容许应力的主要依据。

③强化阶段(BC)。应变随应力的增加而继续增加。C 点的应力称为强度极限或抗拉强度,用 σ_b 表示,单位为 MPa。屈强比 $\sigma_\mathrm{s}/\sigma_\mathrm{b}$ 在工程中很有意义,此值越小,表明结构的可靠性越高,即防止结构破坏的潜力越大;但此值太小时,钢材强度的有效利用率低。合理的屈强比一般为 0.60~0.75。

④颈缩阶段(CD)。钢材的变形速度明显加快,而承载能力明显下降。此时在试件的某一部位,截面急剧缩小,出现颈缩现象,钢材将在此处断裂。

（2）高碳钢（硬钢）的拉伸特点

高碳钢（硬钢）的拉伸过程无明显的屈服阶段,如图 8.3 所示。通常以条件屈服点 $\sigma_{0.2}$ 代替其屈服点。条件屈服点是使硬钢产生 0.2% 塑性变形（残余变形）时的应力。

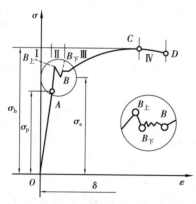

图 8.2　低碳钢拉伸 σ-ε 图

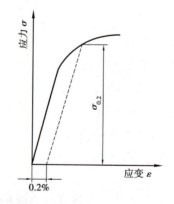

图 8.3　硬钢拉伸及条件屈服点

（3）钢材的拉伸性能指标

①强度指标:

屈服强度或屈服点:
$$\sigma_\mathrm{s} = \frac{F_\mathrm{s}}{A_0} \tag{8.1}$$

抗拉强度或强度极限:
$$\sigma_\mathrm{b} = \frac{F_\mathrm{b}}{A_0} \tag{8.2}$$

式中　σ_s,σ_b——分别为钢材的屈服强度和抗拉强度,MPa;

F_s,F_b——分别为钢材拉伸时的屈服荷载和极限荷载,N;

A_0——钢材试件的初始横截面积,mm^2。

②塑性指标:

伸长率: $$\delta = \frac{l_1 - l_0}{l_0} \times 100\% \qquad (8.3)$$

式中　l_1——试件断裂后标距的长度,mm;

　　　l_0——试件的原标距($l_0 = 5d_0$ 或 $l_0 = 10d_0$),mm;

　　　δ——伸长率(当 $l_0 = 5d_0$ 时,为 δ_5;当 $l_0 = 10d_0$ 时,为 δ_{10})。

伸长率是衡量钢材塑性的重要指标,δ 越大,则钢材的塑性越好。伸长率大小与标距大小有关,对于同一种钢材,$\delta_5 > \delta_{10}$。钢材具有一定的塑性变形能力,可以保证钢材应力重分布,从而不致产生突然脆性破坏。

2)拉伸性能的测定

钢筋的取样规定和检测方法　　钢材的拉伸性能试验

(1)试验目的

通过拉伸试验,反映拉力与变形之间的关系,计算钢筋的屈服强度、抗拉强度和伸长率,为评定钢筋的力学性能提供依据。

(2)主要仪器设备

①万能材料试验机:示值误差不大于1%;量程的选择:试验时达到最大荷载时,指针最好在第三象限(180°~270°)内,或者数显破坏荷载在量程的50%~75%。

②钢筋打点机或划线机、游标卡尺(精度为0.1 mm)等。

(3)试样制备

拉伸试验用钢筋试件不得进行车削加工,可以用两个或一系列等分小冲点或细画线标出试件原始标距,测量标距长度 L_0,精确至0.1 mm,如图8.4所示。根据钢筋的公称直径按表8.1选取公称横截面积(mm^2)。

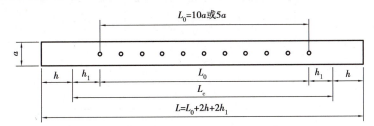

图8.4　钢筋拉伸试验试件

a—试样原始直径;L_0—标距长度;h_1—取($0.5\sim1$)a;h—夹具长度

表8.1　钢筋的公称横截面面积

公称直径/mm	公称横截面面积/mm^2	公称直径/mm	公称横截面面积/mm^2
8	50.27	22	380.1
10	78.54	25	490.9
12	113.1	28	615.8
14	153.9	32	804.2

续表

公称直径/mm	公称横截面面积/mm²	公称直径/mm	公称横截面面积/mm²
16	201.1	36	1 018
18	254.5	40	1 257
20	314.2	50	1 964

(4)试验步骤

①将试件上端固定在试验机上夹具内,调整试验机零点,装好描绘器、纸、笔等,再用下夹具固定试件下端。

②开动试验机进行拉伸。拉伸速度为:屈服前应力增加速度为 10 MPa/s;屈服后试验机活动夹头在荷载下移动速度不大于 $0.5\ L_c/\min(L_c=L_0+2h_1)$,直至试件拉断。

③在拉伸过程中,测力度盘指针停止转动时的恒定荷载,或第一次回转时的最小荷载,即为屈服荷载 $F_s(N)$。向试件继续加荷直至试件拉断,读出最大荷载 $F_b(N)$。

④测量试件拉断后的标距长度 L_1。将已拉断的试件两端在断裂处对齐,尽量使其轴线位于同一条直线上。

如拉断处距离邻近标距端点大于 $L_0/3$ 时,可用游标卡尺直接量出 L_1,如拉断处距离邻近标距端点≤ $L_0/3$ 时,可按下述移位法确定 L_1:在长段上自断点起,取等于短段格数得 B 点,再取等于长段所余格数[偶数如图 8.5(a)所示]之半得 C 点;或者取所余格数[奇数如图 8.5(b)所示]减 1 与加 1 之半得 C 与 C_1 点,则移位后的 L_1 分别为 $AB+2BC$ 或 $AB+BC+BC_1$。

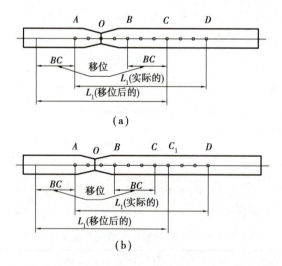

(a)

(b)

图 8.5 用移位法计算标距

如果直接测量所求得的伸长率能达到技术条件要求的规定值,则可不采用移位法。

(5)结果评定

①钢筋的屈服点 σ_s 和抗拉强度 σ_b 按下式计算:

$$\sigma_s = \frac{F_s}{A} \qquad \sigma_b = \frac{F_b}{A} \tag{8.4}$$

式中　σ_s, σ_b——分别为钢筋的屈服点和抗拉强度,MPa;

　　　　F_s, F_b——分别为钢筋的屈服荷载和最大荷载,N;

　　　　A——试件的公称横截面面积,mm^2。

当 σ_s, σ_b 大于 1 000 MPa 时,应计算至 10 MPa,按"四舍六入五单双法"修约;为 200 ~ 1 000 MPa 时,计算至 5 MPa,按"二五进位法"修约;小于 200 MPa 时,计算至 1 MPa,小数点数字按"四舍六入五单双法"处理。

②钢筋的伸长率 δ_5 或 δ_{10} 按下式计算:

$$\delta_5(\text{或}\ \delta_{10}) = \frac{L_1 - L_0}{L_0} \times 100\% \tag{8.5}$$

式中　δ_5, δ_{10}——分别为 $L_0 = 5a$ 或 $L_0 = 10a$ 时的伸长率(精确至1%);

　　　　L_0——原标距长度 $5a$ 或 $10a$,mm;

　　　　L_1——试件拉断后直接量出或按移位法的标距长度(精确至 0.1 mm),mm。

如试件在标距端点上或标距处断裂,则试验结果无效,应重做试验。

3)冲击韧性

冲击韧性是指钢材抵抗冲击荷载而不破坏的能力。规范规定以刻槽的标准试件,在冲击试验机的摆锤作用下,以破坏后缺口处单位面积所消耗的功来表示,符号为 α_k,单位为 J/cm^2。α_k 值越大,冲断试件消耗的功越多,或者说钢材断裂前吸收的能量越多,说明钢材的韧性越好,越不容易产生脆性断裂。钢材的冲击韧性会随环境温度下降而降低。

4)硬度

钢材的硬度是指其表面局部体积内抵抗外物压入产生塑性变形的能力。常用的测定硬度的方法有布氏法和洛氏法。

钢材的洛氏
硬度试验

布氏法的测定原理是利用直径为 $D(mm)$ 的淬火钢球,以荷载 $P(N)$ 将其压入试件表面,经规定的持续时间后卸除荷载,即得到直径为 $d(mm)$ 的压痕,以压痕表面积 $F(mm^2)$ 除荷载 P,所得的应力值即为试件的布氏硬度值 HB,以数字表示,不带单位。洛氏法测定的原理与布氏法相似,但是根据压头压入试件的深度来表示硬度值,洛氏法压痕很小,常用于判定工件的热处理效果。

5)耐疲劳性

在反复荷载作用下的结构构件,钢材往往在应力远小于抗拉强度时发生断裂,这种现象称为钢材的疲劳破坏。疲劳破坏的危险应力用疲劳极限来表示,它是指疲劳试验中,试件在交变应力作用下,于规定的周期基数内不发生断裂时所能承受的最大应力。

一般认为,钢材的疲劳破坏是由拉应力引起的,因此,钢材的疲劳极限与其抗拉强度有关,一般抗拉强度高,其疲劳极限也较高。由于疲劳裂纹是在应力集中处形成和发展的,故钢材的疲劳极限不仅与其内部组织有关,也和表面质量有关。

8.2.2 工艺性能

良好的工艺性能,可以保证钢材顺利进行各种加工,使钢材制品的质量不受影响。冷弯性能及可焊性均是钢材重要的工艺性能。

1)冷弯性能

冷弯性能是指钢材在常温下,以一定的弯心直径和弯曲角度对钢材进行弯曲,钢材能够承受弯曲变形的能力。

钢材的冷弯一般以弯曲角度 α、弯心直径 d 与钢材厚度(或直径)a 的比值 d/a 来表示弯曲的程度,如图 8.6 所示。弯曲角度越大,d/a 越小,表示钢材的冷弯性能越好。

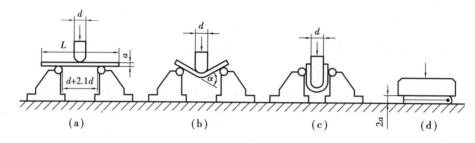

(a)　　　　　(b)　　　　　(c)　　　　　(d)

图 8.6　钢材冷弯试验示意图

在常温下,以规定弯心直径和弯曲角度(90°或180°)对钢材进行弯曲,在弯曲处外表面即受拉区或侧面无裂纹、起层、鳞落或断裂等现象,则钢材冷弯合格。如有一种及以上现象出现,则钢材的冷弯性能不合格。

伸长率较大的钢材,其冷弯性能也必然较好。但冷弯试验是对钢材塑性更严格的检验,有利于暴露钢材内部存在的缺陷,如气孔、杂质、裂纹、严重偏折等;同时在焊接时,局部脆性及焊接接头质量的缺陷也可通过冷弯试验而发现。因此钢材的冷弯性能也是评定焊接质量的重要指标。钢材的冷弯性能必须合格。

2)冷弯性能的测定

(1)试验目的

通过冷弯试验,对钢筋塑性进行严格检验,也间接测定钢筋内部的缺陷及可焊性。

钢材的冷弯
性能试验

(2)主要仪器设备

冷弯性能测定需要的仪器设备有万能材料试验机、具有一定弯心直径的冷弯冲头等。

(3)试验步骤

①按图 8.7(a)所示调整试验机各种平台上支辊距离 L_1。d 为冷弯冲头直径,$d=na$,n 为自然数,其值大小根据钢筋的等级确定。

②将试件按图 8.7(a)所示安放好后,平稳地加荷,钢筋弯曲至规定角度(90°或180°)后,停止冷弯,如图 8.7(b)和 8.7(c)所示。

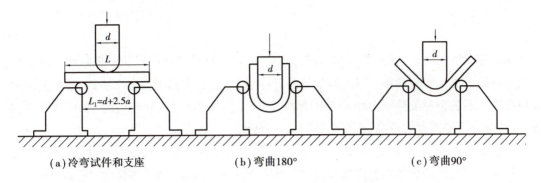

(a)冷弯试件和支座   (b)弯曲180°   (c)弯曲90°

图8.7 钢筋冷弯试验装置示意图

(4)结果评定

在常温下,在规定的弯心直径和弯曲角度下对钢筋进行弯曲,检测两根弯曲钢筋的外表面,若无裂纹、断裂或起层,即判定钢筋的冷弯合格,否则冷弯不合格。

3)可焊性

可焊性是指钢材适应一定焊接工艺的能力。可焊性好的钢材在一定的工艺条件下,焊缝及附近过热区不会产生裂缝及硬脆倾向,焊接后的力学性能(如强度)不会低于原材。

可焊性主要受化学成分种类及含量的影响。含碳量高、含硫量高、合金元素含量高等因素,均会降低可焊性。含碳量小于0.25%的非合金钢具有良好的可焊性。

焊接结构应选择含碳量较低的氧气转炉或平炉的镇静钢。当采用高碳钢及合金钢时,为了改善焊接后的硬脆性,焊接时一般要采用焊前预热及焊后热处理等措施。

8.3 钢材的冷加工及热处理

冷拔钢筋的制作

8.3.1 冷加工强化

冷加工强化是钢材在常温下,以超过其屈服点但不超过抗拉强度的应力对其进行的加工。建筑钢材常用的冷加工有冷拉、冷拔、冷轧、刻痕等。对钢材进行冷加工的目的,主要是利用时效提高强度,利用塑性节约钢材,同时也达到调直和除锈的目的。

钢材在超过弹性范围后,产生明显的塑性变形,使强度和硬度提高,而塑性和韧性下降,即发生冷加工强化。在一定范围内,冷加工导致的变形程度越大,屈服强度提高越多,塑性和韧性降低得越多。如图8.8所示,钢材未经冷拉的应力-应变曲线为$OBKCD$,经冷拉至

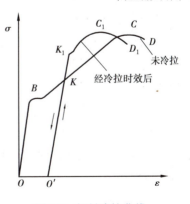

图8.8 钢材冷拉曲线

K点后卸荷,则曲线回到O'点,再受拉时其应力应变曲线为$O'KCD$,此时的屈服强度比未冷拉前的屈服强度高出许多。

8.3.2　时效

钢材随时间的延长,其强度、硬度提高,而塑性、冲击韧性降低的现象称为时效。时效分为自然时效和人工时效两种。自然时效是将其冷加工后,在常温下放置 15~20 d;人工时效是将冷加工后的钢材加热至 100~200 ℃保持 2 h 以上。经过时效处理后的钢材,其屈服强度、抗拉强度及硬度都将提高,而塑性和韧性会降低。

在建筑工程中,对于承受冲击荷载、振动荷载、起重机的吊钩等部位的钢材,不得采用冷加工钢材。因焊接的热影响会降低焊接区域钢材的性能,因此冷加工钢材的焊接必须在冷加工前进行,不得在冷拉后进行。

8.3.3　热处理

热处理是将钢材按一定规则加热、保温和冷却,以获得需要性能的一种工艺过程。热处理的方法有:退火、正火、淬火和回火。建筑钢材一般只在生产厂进行处理,并以热处理状态供应。在施工现场,有时需对焊接钢材进行热处理。

8.4　建筑钢材的标准与选用

8.4.1　建筑中常用钢品种

建筑工程需要消耗大量的钢材,应用最广泛的钢种主要有碳素结构钢和低合金高强度结构钢,另外在钢丝中也部分使用了优质碳素结构钢。以下讲述前两种。

1)碳素结构钢

普通碳素结构钢简称为碳素结构钢。它包括一般结构钢和工程用热轧钢板、钢带、型钢等。《碳素结构钢》(GB/T 700—2006)具体规定了它的牌号表示方法、代号和符号、技术要求、试验方法和检验规则等。

(1)牌号表示方法

标准中规定:碳素结构钢按屈服点的数值(MPa)分为 195,215,235,255 和 275 共 5 种;按硫磷杂质的含量由多到少分为 A、B、C 和 D 共 4 个质量等级;按照脱氧程度不同分为特殊镇静钢(TZ)、镇静钢(Z)和沸腾钢(F)。钢的牌号由代表屈服点的字母 Q、屈服点数值、质量等级和脱氧程度 4 个部分按顺序组成。对于镇静钢和特殊镇静钢,在钢的牌号中予以省略。如 Q235—A·F,表示屈服点为 235 MPa 的 A 级沸腾钢;Q235—C 表示屈服点为 235 MPa 的 C 级镇静钢。

(2)技术要求

碳素结构钢的技术要求包括化学成分、力学性能、冶炼方法、交货状态及表面质量 5 个方面,碳素结构钢的化学成分、力学性能和冷弯性能试验指标应分别符合表 8.2 至表 8.4 的要求。

表 8.2　碳素结构钢的化学成分（GB/T 700—2006）

牌号	等级	化学成分（质量分数）/%，≤					脱氧方法
		C	Mn	Si	S	P	
Q195	—	0.12	0.50	0.30	0.040	0.035	F，Z
Q215	A	0.15	1.20	0.35	0.050	0.045	F，Z
	B				0.045		
Q235	A	0.22	1.40	0.30	0.050	0.045	F，Z
	B	0.20*			0.045		
	C	0.17			0.040	0.040	Z
	D				0.035	0.035	TZ
Q275	A	0.24	1.50	0.35	0.050	0.045	F，Z
	B	0.21 或 0.22			0.045		Z
	C	0.20			0.040	0.040	Z
	D				0.035	0.035	TZ

注：* 经需方同意，Q235B 的碳含量可不大于 0.22%。

碳素结构钢的冶炼方法采用氧气转炉、平炉或电炉。一般为热轧状态交货，表面质量也应符合有关规定。

（3）钢材的性能

从表 8.3、表 8.4 中可知，钢材随钢号的增大，碳含量增加，强度和硬度相应提高，而塑性和韧性则降低。

表 8.3　碳素结构钢的力学性能（GB/T 700—2006）

牌号	等级	拉伸试验												温度/℃	V形冲击功（纵向）/J
		屈服点 σ_s/MPa						抗拉强度 σ_b/MPa	伸长率 δ_s/%						
		钢材厚度（或直径）/mm							钢材厚度（直径）/mm						
		≤16	>16~40	>40~60	>60~100	>100~150	>150~200		≤40	>40~60	>60~100	>100~150	>150		
		≥							≥						≥
Q195	—	195	185	—	—	—	—	315~450	33	—	—	—	—	—	—

续表

牌号	等级	屈服点 σ_s/MPa 钢材厚度（或直径）/mm ≥						抗拉强度 σ_b/ MPa	伸长率 δ_s/% 钢材厚度（直径）/mm ≥					温度 /℃	V形冲击功（纵向）/J ≥
		≤16	>16~40	>40~60	>60~100	>100~150	>150~200		≤40	>40~60	>60~100	>100~150	>150		
Q215	A	215	205	195	185	175	165	335~410	31	30	29	27	26	—	—
	B													+20	27
Q235	A	235	225	215	215	195	185	375~500	26	25	24	22	21	—	—
	B													+20	27
	C													0	
	D													−20	
Q275	A	275	265	255	245	225	215	410~540	22	21	20	18	17	—	—
	B													+20	27
	C													0	
	D													−20	

表 8.4　碳素结构钢的冷弯试验指标（GB/T 700—2006）

牌号	试样方向	冷弯试验 $B=2a$　180° 钢材厚度（或直径）/mm 弯心直径 d	
		≤60	>60~100
Q195	纵 横	0 0.5a	—
Q215	纵 横	0.5a a	1.5a 2a
Q235	纵 横	a 1.5a	2a 2.5a
Q275	纵 横	1.5a 2a	2.5a 3a

注：B 为试样宽度，a 为钢材厚度（或直径）。

建筑工程中,应用较广泛的是 Q235 号钢。其含碳量为 0.14%~0.22%,属低碳钢,具有较高的强度,良好的塑性、韧性及可焊性,综合性能良好,能满足一般钢结构和钢筋混凝土用钢要求,且成本较低。在钢结构中主要使用 Q235 钢轧制成的各种型钢、钢板。

Q195、Q215 号钢,强度低,塑性和韧性较好,易于冷加工,常用于制作钢钉、铆钉、螺栓及铁丝等。Q215 号钢经冷加工后可代替 Q235 号钢使用。

Q275 号钢,强度较高,但塑性、韧性较差,可焊性也差,不易焊接和冷弯加工,可用于轧制钢筋、制作螺栓配件等,但更多用于制作机械零件和工具等。

2) 低合金高强度结构钢

低合金高强度结构钢是在碳素结构钢的基础上,添加少量的一种或几种合金元素(总含量小于 5%)的一种结构钢。尤其近年来研究采用铌、钒、钛及稀土金属微合金化技术,不但大大提高了强度,改善了各项物理性能,而且降低了成本。

(1)牌号的表示方法

根据《低合金高强度结构钢》(GB/T 1591—2008)规定,共有 8 个牌号。所加元素主要有锰、硅、钒、钛、铌、铬、镍及稀土元素。其牌号的表示方法由屈服点字母 Q、屈服点数值、质量等级(A、B、C、D 和 E 五个等级)3 个部分组成。

(2)技术要求

标准与选用低合金高强度结构钢的化学成分、力学性能见表 8.5、表 8.6。

表 8.5　低合金高强度结构钢的化学成分(GB/T 1591—2008)

牌号	质量等级	化学成分/%										
		C≤	Mn≤	Si≤	P≤	S≤	V≤	Nb≤	Ti≤	Al≥	Cr≤	Ni≤
Q345	A	0.20	1.70	0.50	0.035	0.035	0.15	0.07	0.20	—	0.30	0.50
	B	0.20	1.70	0.50	0.035	0.035	0.15	0.07	0.20	—	0.30	0.50
	C	0.20	1.70	0.50	0.030	0.030	0.15	0.07	0.20	0.015	0.30	0.50
	D	0.18	1.70	0.50	0.030	0.025	0.15	0.07	0.20	0.015	0.30	0.50
	E	0.18	1.70	0.50	0.025	0.020	0.15	0.07	0.20	0.015	0.30	0.50
Q390	A	0.20	1.70	0.50	0.035	0.035	0.20	0.07	0.20	—	0.30	0.50
	B	0.20	1.70	0.50	0.035	0.035	0.20	0.07	0.20	—	0.30	0.50
	C	0.20	1.70	0.50	0.030	0.030	0.20	0.07	0.20	0.015	0.30	0.50
	D	0.20	1.70	0.50	0.030	0.025	0.20	0.07	0.20	0.015	0.30	0.50
	E	0.20	1.70	0.50	0.025	0.020	0.20	0.07	0.20	0.015	0.30	0.50

续表

牌号	质量等级	化学成分/%										
		C≤	Mn≤	Si≤	P≤	S≤	V≤	Nb≤	Ti≤	Al≥	Cr≤	Ni≤
Q420	A	0.20	1.70	0.50	0.045	0.045	0.20	0.07	0.20	—	0.30	0.80
	B	0.20	1.70	0.50	0.040	0.040	0.20	0.07	0.20	—	0.30	0.80
	C	0.20	1.70	0.50	0.035	0.035	0.20	0.07	0.20	0.015	0.30	0.80
	D	0.20	1.70	0.50	0.030	0.030	0.20	0.07	0.20	0.015	0.30	0.80
	E	0.20	1.70	0.50	0.025	0.025	0.20	0.07	0.20	0.015	0.30	0.80
Q460	C	0.20	1.80	0.60	0.030	0.030	0.20	0.11	0.20	0.015	0.30	0.80
	D	0.20	1.80	0.60	0.030	0.025	0.20	0.11	0.20	0.015	0.30	0.80
	E	0.20	1.80	0.60	0.025	0.020	0.20	0.11	0.20	0.015	0.30	0.80
Q500	C	0.18	1.80	0.60	0.030	0.030	0.12	0.11	0.20	0.015	0.60	0.80
	D	0.18	1.80	0.60	0.030	0.025	0.12	0.11	0.20	0.015	0.60	0.80
	E	0.18	1.80	0.60	0.025	0.020	0.12	0.11	0.20	0.015	0.60	0.80
Q550	C	0.18	2.00	0.60	0.030	0.030	0.12	0.11	0.20	0.015	0.80	0.80
	D	0.18	2.00	0.60	0.030	0.025	0.12	0.11	0.20	0.015	0.80	0.80
	E	0.18	2.00	0.60	0.025	0.020	0.12	0.11	0.20	0.015	0.80	0.80
Q620	C	0.18	2.00	0.60	0.030	0.030	0.12	0.11	0.20	0.015	1.00	0.80
	D	0.18	2.00	0.60	0.030	0.025	0.12	0.11	0.20	0.015	1.00	0.80
	E	0.18	2.00	0.60	0.025	0.020	0.12	0.11	0.20	0.015	1.00	0.80
Q690	C	0.18	2.00	0.60	0.030	0.030	0.12	0.11	0.20	0.015	1.00	0.80
	D	0.18	2.00	0.60	0.030	0.025	0.12	0.11	0.20	0.015	1.00	0.80
	E	0.18	2.00	0.60	0.025	0.020	0.12	0.11	0.20	0.015	1.00	0.80

注:表中的 Al 为全铝含量。如化验酸溶铝时,其含量应不小于0.010%。

在钢结构中常采用低合金高强度结构钢轧制型钢、钢板,建造桥梁、高层及大跨度建筑。

表 8.6 低合金高强度结构钢的力学性能（GB/T 1591—2008）

牌号	质量等级	屈服点 σ_s/MPa 厚度（直径、边长）/mm				抗拉强度 σ_b/MPa（≤40 mm）	伸长率 δ_s/%（≤40 mm）	冲击功（A_{kv}）（纵向）/J				180°弯曲试验 d=弯芯直径（直径） a=试样厚度（直径）/mm 钢材厚度（直径）/mm	
		≤16	>16~40	>40~63	>63~80			+20 ℃（12~150 mm）	0 ℃（12~150 mm）	-20 ℃（12~150 mm）	-40 ℃（12~150 mm）	≤16	>16~100
Q345	A	≥345	≥335	≥325	≥315	470~630	≥20	—	—	—	—	$d=2a$	$d=3a$
	B	≥345	≥335	≥325	≥315	470~630	≥20	≥34	—	—	—	$d=2a$	$d=3a$
	C	≥345	≥335	≥325	≥315	470~630	≥21	—	≥34	—	—	$d=2a$	$d=3a$
	D	≥345	≥335	≥325	≥315	470~630	≥21	—	—	≥34	—	$d=2a$	$d=3a$
	E	≥345	≥335	≥325	≥315	470~630	≥21	—	—	—	≥34	$d=2a$	$d=3a$
Q390	A	≥390	≥370	≥350	≥330	490~650	≥20	—	—	—	—	$d=2a$	$d=3a$
	B	≥390	≥370	≥350	≥330	490~650	≥20	≥34	—	—	—	$d=2a$	$d=3a$
	C	≥390	≥370	≥350	≥330	490~650	≥20	—	≥34	—	—	$d=2a$	$d=3a$
	D	≥390	≥370	≥350	≥330	490~650	≥20	—	—	≥34	—	$d=2a$	$d=3a$
	E	≥390	≥370	≥350	≥330	490~650	≥20	—	—	—	≥34	$d=2a$	$d=3a$
Q420	A	≥420	≥400	≥380	≥360	520~680	≥19	—	—	—	—	$d=2a$	$d=3a$
	B	≥420	≥400	≥380	≥360	520~680	≥19	≥34	—	—	—	$d=2a$	$d=3a$
	C	≥420	≥400	≥380	≥360	520~680	≥19	—	≥34	—	—	$d=2a$	$d=3a$
	D	≥420	≥400	≥380	≥360	520~680	≥19	—	—	≥34	—	$d=2a$	$d=3a$
	E	≥420	≥400	≥380	≥360	520~680	≥19	—	—	—	≥34	$d=2a$	$d=3a$
Q460	C	≥460	≥440	≥420	≥400	550~720	≥17	—	≥34	—	—	$d=2a$	$d=3a$
	D	≥460	≥440	≥420	≥400	550~720	≥17	—	—	≥34	—	$d=2a$	$d=3a$
	E	≥460	≥440	≥420	≥400	550~720	≥17	—	—	—	≥34	$d=2a$	$d=3a$

续表

牌号	质量等级	屈服点 σ_s/MPa 厚度（直径、边长）/mm				抗拉强度（≤40 mm）σ_b/MPa	伸长率 δ_s/%（≤40 mm）	冲击功（A_{kv}）（纵向）/J				180°弯曲试验 d=弯芯直径 a=试样厚度（直径） 钢材厚度（直径）/mm	
		≤16	>16~40	>40~63	>63~80			+20 ℃（12~150 mm）	0 ℃（12~150 mm）	-20 ℃（12~150 mm）	-40 ℃（12~150 mm）	≤16	>16~100
Q500	C	≥500	≥480	≥470	≥450	610~770	≥17	—	≥55	—	—		
	D	≥500	≥480	≥470	≥450	610~770	≥17	—	—	≥47	—		
	E	≥500	≥480	≥470	≥450	610~770	≥17	—	—	—	≥31		
Q550	C	≥550	≥530	≥520	≥500	670~830	≥16	—	≥55	—	—		
	D	≥550	≥530	≥520	≥500	670~830	≥16	—	—	≥47	—		
	E	≥550	≥530	≥520	≥500	670~830	≥16	—	—	—	≥31		
Q620	C	≥620	≥600	≥590	≥570	710~880	≥15	—	≥55	—	—		
	D	≥620	≥600	≥590	≥570	710~880	≥15	—	—	≥47	—		
	E	≥620	≥600	≥590	≥570	710~880	≥15	—	—	—	≥31		
Q690	C	≥690	≥670	≥660	≥640	770~940	≥14	—	≥55	—	—		
	D	≥690	≥670	≥660	≥640	770~940	≥14	—	—	≥47	—		
	E	≥690	≥670	≥660	≥640	770~940	≥14	—	—	—	≥31		

8.4.2　钢筋混凝土用钢材

钢筋是用于钢筋混凝土结构中的线材。按照生产方法、外形、用途等不同,工程中常用的钢筋主要有热轧光圆钢筋、热轧带肋钢筋、低碳钢热轧圆盘条、预应力钢丝、冷轧带肋钢筋等品种。钢筋具有强度较高、塑性较好、易于加工等优点,故广泛地应用于钢筋混凝土结构中。

1)钢筋混凝土热轧钢筋

钢筋混凝土热轧钢筋分为光圆钢筋和带肋钢筋两种。热轧光圆钢筋是横截面通常为圆形,且表面为光滑的配筋用钢材,采用钢锭经热轧成型并自然冷却而成。热轧带肋钢筋是指横截面为圆形,且表面通常有两条纵肋和沿长度方向均匀分布的横肋的钢筋。热轧带肋钢筋的外形如图8.9所示。

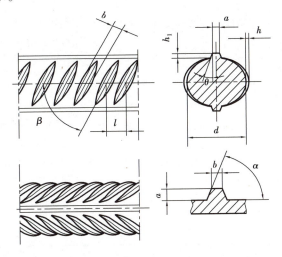

图8.9　热轧带肋钢筋的外形

热轧光圆钢筋可以是直条或盘卷交货,其公称直径范围为6~22 mm,常用的有6,8,10,12,16,20 mm;热轧带肋钢筋通常是直条,也可以盘卷交货,每盘应是一条钢筋,钢筋的公称直径(与钢筋的公称横截面面积相等的圆直径)范围为6~50 mm,常用的有6,8,10,12,16,20,25,32,40,50 mm。

(1)热轧钢筋的牌号表示方法与技术要求

根据《钢筋混凝土用钢　第1部分:热轧光圆钢筋》(GB 1499.1—2024)及《钢筋混凝土用钢　第2部分:热轧带肋钢筋》(GB 1499.2—2024)的规定,热轧光圆钢筋的牌号由HPB与屈服强度特征值构成,其中HPB是热轧光圆钢筋的英文(Hot rolled Plain Bars)缩写;热轧带肋钢筋的牌号由HRB与屈服强度特征值构成,其中HRB是热轧带肋钢筋的英文(Hot rolled Ribbed Bars)缩写。F是"细"的英文(Fine)缩写,E是"地震"的英文(Earthquake)缩写。热轧光圆钢筋的力学性能和冷弯性能应符合表8.7的规定,热轧带肋钢筋牌号的构成及含义应符合表8.8的规定,热轧带肋钢筋的力学性能应符合表8.9的规定,热轧带肋钢筋的工艺性能应符合表8.10的规定。

表 8.7　热轧光圆钢筋的力学性能和冷弯性能（GB/T 1499.1—2024）

牌　号	下屈服强度 R_{eL} /MPa	抗拉强度 R_m /MPa	断后伸长率 A /%	最大力总延伸率 A_{gt} /%	冷弯试验 180°
	不小于				
HPB300	300	420	25	10.0	$d=a$

注：d——弯芯直径；a——钢筋公称直径。

表 8.8　热轧带肋钢筋牌号的构成及含义（GB/T 1499.2—2024）

类　别	牌　号	牌号构成	英文字母含义
普通热轧钢筋	HRB400	由 HRB+屈服强度特征值构成	HRB——热轧带肋钢筋的英文（Hot rolled Ribbed Bars）缩写。E——"地震"的英文（Earthquake）首位字母
	HRB500		
	HRB600		
	HRB400E	由 HRB+屈服强度特征值+E 构成	
	HRB500E		
细晶粒热轧钢筋	HRBF400	由 HRBF+屈服强度特征值构成	HRBF——在热轧带肋钢筋的英文缩写后加"细"的英文（Fine）首位字母。E——"地震"的英文（Earthquake）首位字母
	HRBF500		
	HRBF400E	由 HRBF+屈服强度特征值+E 构成	
	HRBF500E		

表 8.9　热轧带肋钢筋的力学性能（GB/T 1499.2—2024）

牌　号	下屈服强度 R_{eL} /MPa	抗拉强度 R_m /MPa	断后伸长率 A /%	最大力总延伸率 A_{gt} /%	R_m^o/R_{eL}^o	R_{eL}^o/R_{eL}
	不小于					不大于
HRB400 HRBF400	400	540	16	7.5	—	—
HRB400E HRBF400E			—	9.0	1.25	1.30
HRB500 HRBF500	500	630	15	7.5	—	—
HRB500E HRBF500E			—	9.0	1.25	1.30
HRB600	600	730	14	7.5	—	—

注：R_m^o 为钢筋实测抗拉强度；R_{eL}^o 为钢筋实测下屈服强度。

表 8.10 热轧带肋钢筋的工艺性能（GB/T 1499.2—2024） 单位：mm

牌　号	公称直径 d	弯曲压头直径
HRB400 HRBF400 HRB400E HRBF400E	6～25	4d
	28～40	5d
	>40～50	6d
HRB500 HRBF500 HRB500E HRBF500E	6～25	6d
	28～40	7d
	>40～50	8d
HRB600	6～25	6d
	28～40	7d
	>40～50	8d

（2）热轧钢筋的应用

热轧光圆钢筋适用于钢筋混凝土用热轧直条、盘卷光圆钢筋，但不适用于由成品钢材再次轧制成的再生钢筋；热轧带肋钢筋适用于钢筋混凝土用钢筋，但不适用于由成品钢材再次轧制成的再生钢筋及余热处理钢筋。

2）低碳钢热轧圆盘条

低碳钢热轧圆盘条是由屈服强度较低的碳素结构钢热轧制成的盘条，大多通过卷线机卷成盘卷供应，也称为盘圆或线材，是目前用量最大、使用最广的线材。

根据《低碳钢热轧圆盘条》（GB/T 701—2008）的规定，低碳钢热轧圆盘条以氧气转炉、电炉冶炼，以热轧状态交货，每卷盘条的质量不应少于 1 000 kg，每批允许有 5% 的盘数（不足 2 盘的允许有 2 盘）由两根组成，但每根盘条的质量不得少于 300 kg，并且有明显标识。盘条应将头尾有害缺陷切除，截面不应有缩孔、分层及夹杂，表面应光滑，不应有裂纹、折叠、耳子、结疤等。

低碳钢热轧圆盘条的力学性能和工艺性能应符合表 8.11 的规定。

表 8.11 低碳钢热轧圆盘条的力学性能和工艺性能（GB/T 701 — 2019）

牌　号	力学性能		冷弯试验 180° d＝弯心直径 a＝试样直径
	抗拉强度/MPa	断后伸长率 $\delta_{11.3}$/%	
	≥		
Q195	410	30	d＝0
Q215	435	28	d＝0
Q235	500	23	d＝0.5a
Q275	540	21	d＝1.5a

低碳钢热轧圆盘条适用于供拉丝等深加工及其他一般用途的线材。

3）冷轧带肋钢筋

冷轧带肋钢筋是低碳钢热轧圆盘条经冷轧后，在其表面带有沿长度方向均匀分布的三面或两面横肋的钢筋。

（1）冷轧带肋钢筋的牌号表示方法与技术要求

根据《冷轧带肋钢筋》（GB/T 13788—2024）的规定，冷轧带肋钢筋按延性高低分为"冷轧带肋钢筋 CRB+抗拉强度特征值"和"高延性冷轧带肋钢筋 CRB+抗拉强度特征值+H"两类，有 CRB550、CRB650、CRB800、CRB600H、CRB680H、CRB800H 六个牌号。其中，CRB550、CRB600H 为普通钢筋混凝土用钢筋；CRB650、CRB800、CRB800H 为预应力混凝土用钢筋；CRB680H 既可作为普通钢筋混凝土用钢筋，也可作为预应力混凝土用钢筋使用。C、R、B、H 分别为冷轧（Cold rolled）、带肋（Ribbed）、钢筋（Bar）、高延性（High elongation）四个词的英文首位字母。冷轧带肋钢筋的公称直径范围：CRB550、CRB600H、CRB680H 钢筋的公称直径范围为 4~12 mm；CRB650、CRB800、CRB800H 公称直径为 4 mm、5 mm、6 mm。其力学性能和工艺性能应符合表 8.12 的规定。当进行弯曲试验时，受弯曲部位表面不得产生裂纹。反复弯曲试验的弯曲半径应符合表 8.13 的规定。

表 8.12　冷轧带肋钢筋的力学性能和工艺性能（GB/T 13788—2024）

分类	牌号	规定塑性延伸强度 $R_{p0.2}$ /MPa ≥	抗拉强度 R_m /MPa ≥	$R_m/R_{p0.2}$ ≥	断后伸长率 /% ≥		最大力总延伸率 /% ≥	弯曲试验[a] 180°	反复弯曲次数	应力松弛 初始应力 应相当于 公称抗拉 强度 的 70%
					A	A_{100}	A_{gt}			1 000 h/% ≤
普通钢筋混凝土用	CRB550	500	550	1.05	11.0	—	2.5	$D=3d$	—	—
	CRB600H	540	600	1.05	14.0	—	5.0	$D=3d$	—	—
	CRB680H[b]	600	680	1.05	14.0	—	5.0	$D=3d$	4	5
预应力混凝土用	CRB650	585	650	1.05	—	4.0	2.5		3	8
	CRB800	720	800	1.05	—	4.0	2.5		3	8
	CRB800H	720	800	1.05	—	7.0	4.0		4	5

注：[a] D 为弯心直径，d 为钢筋公称直径。

　　[b] 当该牌号钢筋作为普通钢筋混凝土用钢筋使用时，对反复弯曲和应力松弛不作要求；当该牌号钢筋作为预应力混凝土用钢筋使用时应进行反复弯曲试验代替 180°弯曲试验，并检测松弛率。

表 8.13　冷轧带肋钢筋反复弯曲试验的弯曲半径（GB/T 13788—2024）　　　单位：mm

钢筋公称直径	4	5	6
弯曲半径	10	15	15

（2）冷轧带肋钢筋的应用

冷轧带肋钢筋适用于预应力混凝土和普通钢筋混凝土用钢筋,也适用于制造焊接网用钢筋。

4）预应力混凝土用钢丝及钢绞线

（1）钢丝

预应力混凝土用钢丝简称预应力钢丝,是以优质碳素结构钢盘条为原料,经淬火、酸洗、冷拉制成的用作预应力混凝土骨架的钢丝。

钢丝按加工状态分为冷拉钢丝和消除应力钢丝两种;按外形分为光面钢丝和刻痕钢丝两种;按用途分为桥梁用、电杆及其他水泥制品用两类。

钢丝为成盘供应。每盘由1根组成,其盘重应不小于50 kg,最低质量不小于20 kg,每个交货批中最低质量的盘数不得多于10%。消除应力钢丝的盘径不小于1 700 mm;冷拉钢丝的盘径不小于600 mm。经供需双方协议,也可供应盘径不小于550 mm的钢丝。

钢丝的抗拉强度比低碳钢热轧圆盘条、热轧光圆钢筋、热轧带肋钢筋的强度高1~2倍。在构件中采用钢丝可节约钢材、减小构件截面积和节省混凝土。钢丝主要用作桥梁、吊车梁、电杆、楼板、大口径管道等预应力混凝土构件中的预应力筋。

（2）钢绞线

预应力混凝土用钢绞线简称预应力钢绞线,是由多根圆形断面钢丝捻制而成。钢绞线按左捻制成并经回火处理消除内应力。

钢绞线按应力松弛性能分为两级:Ⅰ级松弛（代号Ⅰ）、Ⅱ级松弛（代号Ⅱ）。钢绞线的公称直径有9.0,12.0,15.0 mm 3种规格,其直径允许偏差、中心钢丝直径加大范围和公称质量应符合标准规定。每盘成品钢绞线应由一整根钢绞线盘成,钢绞线盘的内径不得小于1 000 mm。如无特殊要求,每盘钢绞线的长度不得小于200 m。

钢绞线与其他配筋材料相比,具有强度高、柔性好、质量稳定、成盘供应不需接头等优点;适用于作大型建筑、公路或铁路桥梁、吊车梁等大跨度预应力混凝土构件的预应力钢筋,被广泛地应用于大跨度、重荷载的结构工程中。

5）钢筋（钢丝、钢绞线）品种的选用原则

《混凝土结构设计规范》（GB 50010—2024）中,根据"四节一环保"（节能、节地、节水、节材和环境保护）的要求,提倡应用高强、高性能钢筋。根据钢筋混凝土构件对受力的性能要求,规定以下混凝土结构用钢材品种的选用原则:

①推广400,500 MPa级高强热轧带肋钢筋作为纵向受力的主导钢筋;限制并准备逐步淘汰335 MPa级热轧带肋钢筋的应用;用300 MPa级光圆钢筋取代235 MPa级光圆钢筋。在规范的过渡期及对既有结构进行设计时,235 MPa级光圆钢筋的强度设计值仍按已替代规范《混凝土结构设计规范》（GB 5001—2002）取值。

②推广具有较好的延性、可焊性、机械连接性能及施工适应性的HRB系列普通热轧带肋钢筋;可采用控温轧制工艺生产的HRBF系列细晶粒带肋钢筋。

③根据近年来我国强度高、性能好的预应力钢筋（钢丝、钢绞线）已可充分供应的情况,故冷加工钢筋不再列入《混凝土结构设计规范》（GB 50010—2024）中。

④应用预应力钢筋的新品种,包括高强、大直径的钢绞线、大直径预应力螺纹钢筋(精轧螺纹钢筋)和中等强度预应力钢丝(以补充中等强度预应力筋的空缺,用于中、小跨度的预应力构件),淘汰锚固性能很差的刻痕钢丝。

6)建筑结构用钢材的验收

①钢筋进场应有产品合格证、出厂检验报告、钢筋标牌等。

②钢筋进场时需要进行外观质量检查,同时按照现行国家标准规定,抽取试件作力学性能检验,质量符合有关标准规定方可使用。

8.5 钢材的锈蚀与防止

8.5.1 钢材的锈蚀

钢材的锈蚀是指钢材的表面与周围介质发生化学作用或电化学作用遭到侵蚀而破坏的过程。

锈蚀不仅造成钢材的受力截面减小,表面不平整导致应力集中,降低钢材的承载能力,而且当钢材受到冲击荷载、循环交变荷载作用时,将产生锈蚀疲劳现象,使钢材疲劳强度大为降低,尤其是显著降低钢材的冲击韧性,使钢材出现脆性断裂。此外,混凝土中的钢筋锈蚀后,产生体积膨胀,使混凝土顺筋开裂。因此,为了确保钢材在工作中不产生锈蚀,必须采取防腐措施。

8.5.2 钢材锈蚀的原因

根据钢材锈蚀的作用机理不同,一般把锈蚀分为以下两类:

1)化学锈蚀

化学锈蚀是指钢材直接与周围介质发生化学反应而产生的锈蚀。这种锈蚀多数是氧化作用,使钢材表面形成疏松的铁氧化物。在干燥的环境下,锈蚀进展缓慢,但在温度或湿度较高的环境条件下,这种锈蚀进展会加快。

2)电化学锈蚀

电化学锈蚀是指钢材与电解质溶液相接触而产生电流,形成原电池作用而发生的锈蚀。钢材本身含有铁、碳等多种成分,由于这些成分的电极电位不同,形成原电池的两个极。在潮湿的空气中,钢材表面会覆盖一层薄的水膜致使钢材锈蚀。

8.5.3 钢材锈蚀的防止

为确保钢材在使用中不锈蚀,应根据钢材的使用状态及锈蚀环境采取以下措施:

1)保护层法

利用保护层使钢材与周围介质隔离,从而避免或减缓外界腐蚀性介质对钢材的锈蚀作用。例如,在钢材的表面喷刷涂料、搪瓷、塑料等,或以金属镀层作为保护膜,如锌、锡、铬等。

2)制成合金钢

在钢中加入合金元素铬、镍、钛、铜等,制成不锈钢,可以提高钢材的耐锈蚀能力。

对于钢筋混凝土中的钢筋,防止其锈蚀的经济而有效的方法是严格控制混凝土的质量,使其具有较高的密实度和碱度,施工时确保钢筋有足够的保护层,防止空气和水分进入而产生电化学锈蚀,同时严格控制氯盐外加剂的掺量。对于重要的预应力承重结构,可加入防锈剂,必要时采用钢筋镀锌、镍等方法。

工程案例8

钢材耐火性

[现象]2001 年 9 月 11 日,美国纽约世贸大厦、五角大楼相继遭到恐怖分子劫持的飞机撞击,110 层高(410 m)的纽约世贸大厦在一声巨响中被撞毁。

[原因分析]两座建筑物均为钢结构。钢材有一个致命的缺点,就是遇高温变软,丧失原有强度。一般的钢材超过 300 ℃,强度就急降一半;500 ℃左右的燃烧温度,就足以让无防护的钢结构建筑完全垮塌。耐火性差成为超高层建筑无法回避的固有缺陷,即使纽约世贸大楼这样由高强度的建筑钢材、高水平的结构设计技术建成的大楼还是未能躲过被大火毁灭的命运。

钢材的低温冷脆性

[现象]"泰坦尼克号"于 1912 年 4 月 14 日夜晚,在加拿大纽芬兰岛大滩以南约 150 km 的海面上与冰山相撞后,船的右舷撕开了长 91.5 m 的口子。

[原因分析]钢材在低温下会变脆,在极低的温度下甚至像陶瓷那样经不起冲击和震动。当低于脆性转变温度时,钢材的断裂韧度很低,因此对裂纹的存在很敏感,在受力不大的情况下,便可能导致裂纹迅速扩展造成断裂事故。

单元小结

建筑钢材是主要的建筑材料之一。在建筑工程中主要使用碳素结构钢和低合金高强度结构钢,用来制作钢结构构件及作混凝土结构中的增强材料。尤其是近年来高层和大跨度结构迅速发展,建筑钢材在建筑工程中的应用将越来越多。

建筑钢材是工程中耗量较大而价格昂贵的建筑材料,所以如何经济合理地利用建筑钢材,以及设法用其他较廉价的材料来代替建筑钢材,以节约建筑钢材资源,降低成本,也是非常重要的课题。

职业能力训练

一、填空题

1.钢按照化学成分可分为_____和_____两类;按主要质量等级分为_____、_____和高级优质钢。

2.低碳钢的受拉破坏过程,可分为_____、_____、_____和_____四个阶段。

3.建筑工程中常用的钢种是_____和_____。

4.冷弯试验是按规定的弯曲角度和弯心直径进行试验,试件的弯曲处不发生_____即认为冷弯性能合格。

5.对钢材冷弯性能要求越高,试验时采用的弯曲角度_____、弯心直径对试件直径的比值_____。

二、名词解释

1.钢材的疲劳破坏

2.钢材的冷加工

3.热处理

4.HRB400

三、判断题

1.钢筋进行冷拉处理,是为了提高其加工性能。 （　　）

2.δ_5是表示钢筋拉伸至变形达5%时的伸长率。 （　　）

3.钢材屈强比越大,表示结构使用安全度越高。 （　　）

4.钢筋冷拉后可提高其屈服强度和极限抗拉强度,而时效只能提高其屈服点。 （　　）

5.碳素结构钢的牌号越大,其强度越高,塑性越好。 （　　）

四、单项选择题

1.钢筋冷拉又经时效后,（　　）提高。

A.σ_s　　　　B.σ_b　　　　C.σ_s和σ_b　　　　D.σ_p

2.钢结构设计时,低碳钢以（　　）作为设计计算取值的依据。

A.σ_p　　　　B.σ_s　　　　C.σ_b　　　　D.$\sigma_{0.2}$

3.随着含碳量的增加,钢材的强度提高,其塑性和韧性（　　）。

A.增加　　　B.降低　　　C.不变　　　D.不一定

4.普通碳素结构钢按（　　）分为 A、B、C、D 四个质量等级。

A.硫、磷杂质的含量由多到少

B.硫、磷杂质的含量由少到多

C.碳的含量由多到少

D.硅、锰的含量由多到少

5.以下对于钢材来说有害的元素是（　　）。

A.Si、Mn　　　B.S、P　　　C.Al、Ti　　　D.V、Nb

五、简述题

1.低碳钢拉伸过程经历了哪几个阶段?各阶段有何特点?低碳钢拉伸过程的指标如何?

2.什么是钢材的冷弯性能?怎样判定钢材冷弯性能合格?对钢材进行冷弯试验的目的是什么?

3.对钢材进行冷加工和时效处理的目的是什么?

4.钢中含碳量的高低对钢的性能有何影响?

5.钢材的屈强比大小对钢结构有何实际意义?

6.预应力混凝土用钢绞线的特点和用途如何?结构类型有哪几种?

7.什么是钢材的锈蚀?钢材产生锈蚀的原因有哪些?防止锈蚀的方法如何?

六、计算题

一钢材试件,直径为 25 mm,原标距为 125 mm,做拉伸试验,当屈服点荷载为 201.0 kN,达到最大荷载为 250.3 kN,拉断后测的标距长为 138 mm,求该钢筋的屈服点、抗拉强度及拉断后的伸长率。

单元 9
防水材料检测

防水材料的应用

单元导读

- **基本要求** 了解防水材料的应用与作用;了解建筑密封堵漏材料的种类及应用;熟悉石油沥青的主要技术性质及检测;掌握石油沥青基防水卷材、改性沥青防水卷材、合成高分子防水卷材的应用及相关性能检测;掌握防水卷材的种类及应用;掌握防水卷材相关性能检测;掌握沥青类防水涂料、高聚物改性沥青防水涂料的性能及应用;了解防水涂料相关指标性能检测。
- **重点** 石油沥青的技术性质及石油沥青的选用;防水卷材的性能及各类防水卷材的性能与应用;防水涂料的必备性能及防水涂料的选用。
- **难点** 石油沥青的技术性质检测;防水卷材的性能检测;防水涂料的性能检测。

9.1 沥青的认识

9.1.1 建筑防水材料的种类

防水材料是保证房屋建筑能够防止雨水、地下水和其他水分渗透,以保证建筑物能够正常使用的一类建筑材料,是建筑工程中不可缺少的主要建筑材料之一。防水材料的质量对建筑物的正常使用寿命起着举足轻重的作用。近年来,防水材料突破了传统的沥青防水材料,改性沥青油毡迅速发展,高分子防水材料使用也越来越多,且生产技术不断改进,新品种新材料层出不穷。防水层的构造也由多层向单层发展;施工方法也由热熔法发展到冷粘法。

防水材料按其特性又可分为柔性防水材料和刚性防水材料,见表9.1。

表 9.1 常用防水材料的分类和主要应用

类　别	品　种	主要应用
刚性防水	防水砂浆	屋面及地下防水工程,不宜用于有变形的部位
	防水混凝土	屋面、蓄水池、地下工程、隧道等
沥青基防水材料	纸胎石油沥青油毡	地下、屋面等防水工程
	玻璃布胎沥青油毡	地下、屋面等防水防腐工程
	沥青再生橡胶防水卷材	屋面、地下室等防水工程,特别适合寒冷地区或有较大变形的部位
改性沥青基防水卷材	APP 改性沥青防水卷材	屋面、地下室等各种防水工程
	SBS 改性沥青防水卷材	屋面、地下室等各种防水工程,特别适合寒冷地区
合成高分子防水卷材	三元乙丙橡胶防水卷材	屋面、地下室、水池等各种防水工程,特别适合严寒地区或有较大变形的部位
	聚氯乙烯防水卷材	屋面、地下室等各种防水工程,特别适合较大变形的部位
	聚乙烯防水卷材	屋面、地下室等各种防水工程,特别适合严寒地区或有较大变形的部位
	氯化聚乙烯防水卷材	屋面、地下室、水池等各种防水工程,特别适合有较大变形的部位
	氯化聚乙烯-橡胶共混防水卷材	屋面、地下室、水池等各种防水工程,特别适合严寒地区或有较大变形的部位
黏结及密封材料	沥青胶	粘贴沥青油毡
	建筑防水沥青嵌缝油膏	屋面、墙面、沟、槽、小变形缝等的防水密封,重要工程不宜使用
	冷底子油	防水工程的最底层
	乳化石油沥青	代替冷底子油、粘贴玻璃布、拌制沥青砂浆或沥青混凝土
	聚氯乙烯防水接缝材料	屋面、墙面、水渠等的缝隙
	丙烯酸酯密封材料	墙面、屋面、门窗等的防水接缝工程,不宜用于经常被水浸泡的工程
	聚氨酯密封材料	各类防水接缝,特别是受疲劳荷载作用或接缝处变形大的部位,如建筑物、公路、桥梁等的伸缩缝
	聚硫橡胶密封材料	各类防水接缝,特别是受疲劳荷载作用或接缝处变形大的部位,如建筑物、公路、桥梁等的伸缩缝

9.1.2 防水材料的基本用材

防水材料的基本用材有石油沥青、煤沥青、改性沥青及合成高分子材料等。

1)石油沥青

石油沥青是一种有机胶凝材料,在常温下呈固体、半固体或黏性液体状态。颜色为褐色或黑褐色,如图9.1所示。它是由许多高分子碳氢化合物及其非金属(如氧、硫、氨等)衍生物组成的复杂混合物。由于其化学成分复杂,常将其物理、化学性质相近的成分归类为若干组,称为组分。不同的组分对沥青性质的影响不同,见表9.2。

图 9.1 石油沥青

表 9.2 石油沥青各组分的特征及其对沥青性质的影响

组分	含 量	分子量	碳氢比	密 度	特 征	在沥青中的主要作用
油分	45%~60%	100~500	0.5~0.7	0.7~1.0	淡黄至红褐色,黏性液体,可溶于大部分溶剂,不溶于酒精	是决定沥青流动性的组分;油分多,流动性大,而黏性小,温度感应性大
树脂	15%~30%	600~1 000	0.7~0.8	1.0~1.1	黄色至黑褐色的黏稠半固体,多呈中性,少量酸性;熔点低于100 ℃	是决定沥青塑性的主要组分;树脂含量增加,沥青黏结力和延伸性增大、温度感应性增大
地沥青质	10%~30%	1 000~6 000	0.8~1.0	大于1.0	黑褐色至黑色的硬而脆的固体微粒,加热后不溶解,而分解为坚硬的焦炭,使沥青带黑色	是决定沥青黏性的组分;含量高,沥青黏性大,温度感应性小,塑性降低,脆性增加

通常将沥青分为油分、树脂和地沥青质3组分。

（1）油分

油分为沥青中最轻的组分，呈淡黄至红褐色，密度为 $0.7 \sim 1$ g/cm^3，碳氢比为 $0.5 \sim 0.7$。在 170 ℃以下较长时间加热可以挥发。它能溶于大多数有机溶剂，如丙酮、苯、三氯甲烷等，但不溶于酒精。在石油沥青中，油分使沥青具有流动性，油分含量的多少直接影响沥青的柔软性、抗裂性及施工难度。

（2）树脂

树脂为黄色至黑褐色黏稠半固体，密度为 $1.0 \sim 1.1$ g/cm^3，碳氢比为 $0.7 \sim 0.8$。温度敏感性高，熔点低于 100 ℃。中性树脂赋予沥青具有一定的塑性、可流动性和黏结性，其含量增加，沥青的黏结力和延伸性也随即增加。

（3）地沥青质

地沥青质为深褐色至黑色无定型物（固体粉末），密度大于 $1.1 \sim 1.5$ g/cm^3，碳氢比为 $0.8 \sim 1.0$。它决定着沥青的黏结力、黏度、温度稳定性和硬度等。地沥青质含量增加时，沥青的黏度和黏结力增加，硬度和软化点提高。

另外，石油沥青中还含有 $2\% \sim 3\%$ 的沥青碳和似碳物，为无定形的黑色固体粉末，它是石油沥青在高温裂化、过度加热或深度氧化过程中脱氧而生成的，是石油沥青中分子量最大的，它能降低石油沥青的黏结力。

2）煤沥青

煤沥青是炼焦厂和煤气厂的副产品，如图 9.2 所示。煤沥青的大气稳定性与温度稳定性较石油沥青差。当与软化点相同的石油沥青比较时，煤沥青的塑性较差，因此当合用在温度变化较大（如屋面、道路面层等）的环境时，没有石油沥青稳定、耐久。煤沥青中含有酚，有毒性，防腐性较好，适于地下防水层或作防腐材料用。

图 9.2　煤沥青

由于煤沥青在技术性能上存在较多的缺点，而且成分不稳定，并有毒性，对人体和环境不利，已很少用于建筑、道路和防水工程之中。

3）改性沥青

普通石油沥青的性能不一定能全面满足使用要求，为此，常采取措施对沥青进行改性。性能得到不同程度改善后的沥青，称为改性沥青。

（1）橡胶改性沥青

橡胶改性沥青是指在沥青中掺入适量橡胶后使其改性的产品。沥青与橡胶的相容性较好,混溶后的改性沥青高温变形很小,低温时具有一定塑性。所用的橡胶有天然橡胶、合成橡胶和再生橡胶。

(2)树脂类改性沥青

用树脂改性石油沥青,可以改进沥青的耐寒性、耐热性、黏结性和不透气性。由于石油沥青中含芳香性化合物很少,故树脂和石油沥青的相溶性较差,而且可用的树脂品种也较少。常用的树脂有古马隆树脂、聚乙烯、无规聚丙烯(APP)等。

(3)橡胶和树脂改性沥青

橡胶和树脂用于沥青改性,使沥青同时具有橡胶和树脂的特性,且树脂比橡胶便宜,两者又有较好的混溶性,故效果较好。

配制时,采用的原材料品种、配比、制作工艺不同,可以得到多种性能各异的产品,主要有卷材、片材、密封材料、防水材料等。

(4)矿物填充料改性沥青

为了提高沥青的能力和耐热性,减小沥青的温度敏感性,经常加入一定数量的粉状或纤维状矿物填充料。常用的矿物粉有滑石粉、石灰粉、云母粉、硅藻土粉等。

9.2　石油沥青技术性能检测

9.2.1　取样方法及数量

将石油沥青从桶、袋、箱中取样时应在样品表面以下及容器侧面以内至少5 cm处采集。若沥青是能够打碎的固体块状物态,可以用洁净、适当的工具将其打碎后取样;若沥青呈较软的半固态,则需用洁净、适当的工具将其切割后取样。

1)同批产品的取样数量

当能确认供取样用的沥青产品是同一厂家、同一批号生产的产品时,应随机取出一件按前述取样方法取样约4 kg供检测用。

2)非同批产品的取样数量

当不能确认供取样用的沥青产品是否为同一批生产的产品时,需按随机取样的原则,选出若干件沥青产品后再按前述的取样方法进行取样。沥青供取样件数应等于沥青产品总件数的立方根。表9.3给出了不同装载件数所要取出的样品件数,每个样品的质量应不小于0.1 kg,这样取出的样品经充分混合后取出4 kg供检测用。

表9.3　石油沥青取样件数

装载件数	2~8	9~27	28~64	65~126	127~216	217~343	344~512	513~729	730~1 000	1 001~1 331
取样件数	2	3	4	5	6	7	8	9	10	11

9.2.2　石油沥青的主要技术性能及检测

1)黏滞性及针入度检测

（1）黏滞性

黏滞性是反映沥青材料在外力作用下,其材料内部阻碍(抵抗)产生相对流动(变形)的能力。液态石油沥青的黏滞性用黏度表示,黏度大时,表示沥青的稠度大。半固体或固体沥青的黏性用针入度表示,针入度大,说明沥青流动性大,黏性差。黏度和针入度是沥青划分牌号的主要指标。

石油沥青
针入度实验

（2）针入度测定

①主要仪器设备：

a.针入度仪:针连杆质量为(47.5±0.05)g,针和针连杆组合件的总质量为(50±0.05)g,如图9.3所示。

b.标准针:由硬化回火的不锈钢制成,洛氏硬度为54~60,尺寸要求如图9.4所示。

c.试样皿:金属圆柱形平底容器。针入度小于200时,内径为55 mm,内部深度35 mm;针入度在200~350时,内径为70 mm,内部深度为45 mm。

d.恒温水浴:容量不小于10 L,能保持温度在试验温度的±0.1 ℃范围内。水中应备有一个带孔的支架,位于水面下不少于100 mm、距底不少于50 mm处。

e.平底玻璃皿、秒表、温度计、金属皿或瓷柄皿、筛、砂浴或可控制温度的密闭电炉等。

图9.3　针入度仪

②试样制备：

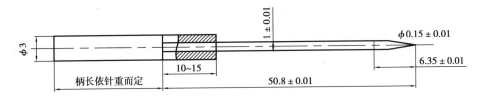

图9.4　标准钢针的形状及尺寸

a.将预先除去水分的沥青试样在砂浴或密闭电炉上小心加热,不断搅拌以防止局部过热,加热温度不得超过试样估计软化点100 ℃。加热时间不得超过30 min,用筛过滤除去杂质。加热搅拌过程中避免试样中混入空气。

b.将试样倒入预先选好的试样皿中,试样深度应大于预计穿入深度10 mm。

c.试样皿在15~30 ℃的空气中冷却1~1.5 h(小试样皿)或1.5~2 h(大试样皿),防止灰尘落入试样皿。然后将试样皿移入保持规定试验温度的恒温水浴中。小试验皿恒温1~1.5 h,大试验皿恒温1.5~2 h。

③试验步骤:

a.调节针入度仪的水平,检查针连杆和导轨,以确认无水和其他外来物,无明显摩擦。用甲苯或其他合适的溶剂清洗针,用干净布将其擦干,把针插入针连杆中固定。按试验条件放好砝码。

b.从恒温水浴中取出试验皿,放入水温控制在试验温度的平底玻璃皿中的三腿支架上,试样表面以上的水层高度应不小于 10 mm,将平底玻璃皿置于针入度仪的平台上。

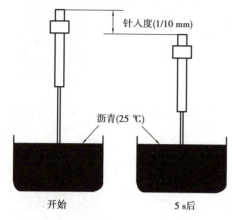

图9.5 针入度测定示意图

c.慢慢放下针连杆,使针尖刚好与试样接触。必要时用放置在合适位置的光源反射来观察。拉下活杆,使其与针杆顶端接触,调节针入度仪读数,使其为零。

d.用手紧压按钮,同时启动秒表,使标准针自由下落穿入沥青试样,到规定时间停压按钮,使针停止移动。

e.拉下活杆与针连杆顶端接触,此时的读数即为试样的针入度,如图9.5所示。

f.同一试样至少重复测定 3 次,测定点之间及测定点与试样皿之间的距离不应小于 10 mm。每次测定前应将平底玻璃皿放入恒温水浴。每次测定时换一根干净的针或取下针用甲苯或其他溶剂擦干净,再用干净布擦干。

g.测定针入度大于 200 的沥青试样时,至少用 3 根针,每次测定后将针留在试样中,直至3 次测定完成后,才能把针从试样中取出。

④结果评定:

a.取 3 次测定针入度的平均值,取至整数作为试验结果。3 次测定的针入度值相差不应大于表 9.4 中规定的数值;否则,试验应重做。

表9.4 针入度测定允许最大差值

针入度	0~49	50~149	150~249	250~350
最大差值	2	4	6	20

b.重复性和再现性的要求见表9.5。

表9.5 针入度测定的重复性与再现性要求

试样针入度(25 ℃)	重复性	再现性
<50	不超过 2 单位	不超过 4 单位
≥50	不超过平均值的 4%	不超过平均值的 8%

2）塑性及延度检测

（1）塑性

塑性是指沥青在外力作用下产生变形而不破坏,除去外力后仍能保持变形前的形状的性质。

沥青的塑性用"延伸度"（亦称延度）或"延伸率"表示。按标准试验方法,制成"8"形标准试件,试件中间最狭处断面积为 1 cm²,在规定温度（一般为 25 ℃）和规定速度（5 cm/min）条件下在延伸仪上进行拉伸,延伸度以试件拉细而断裂时的长度（cm）表示。沥青的延伸度越大,塑性越好。

（2）延度测定

①主要仪器设备:

a.延度仪:如图 9.6 所示。

b.试件模具:由两个端模和两个侧模组成,形状及尺寸如图 9.7 所示。

c.恒温水浴:容量不小于 10 L,能保持温度在试验温度的 ±0.1 ℃ 范围内;水中应备有一个带孔的支架,位于水面下不少于 100 mm、距浴底不少于 50 mm 处。

石油沥青
延伸度实验

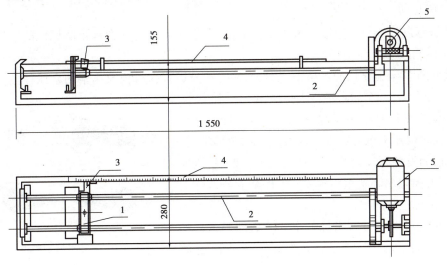

图 9.6　沥青延度仪
1—滑动器;2—螺旋杆;3—指针;4—标尺;5—电动机

d.温度计（0~50 ℃,分度 0.1 ℃ 和 0.5 ℃ 各一支）、金属皿或瓷皿、筛、砂浴或可控制温度的密闭电炉等。

②试样制备:

a.将甘油滑石粉隔离剂（甘油:滑石粉=2:1,以质量计）拌和均匀,涂于磨光的金属板上。

b.将除去水分的试样在砂浴上小心加热,防止局部过热,加热温度不得超过试样估计软化点 100 ℃。用筛过滤,充分搅拌,避免试样中混入空气。然后将试样呈细流状,自模的一端至另一端往返倒入,使试样略高于模具。

c.试样在 15~30 ℃ 的空气中冷却 30 min,然后放入（25±0.1）℃ 的水浴中,保持 30 min 后取出,用热刀将高出模具的沥青刮去,使沥青面与模具面平齐。沥青的刮法应自模的中间向两边,表面应十分光滑。将试件连同金属板再浸入(25±0.1)℃的水浴中恒温 1~1.5 h。

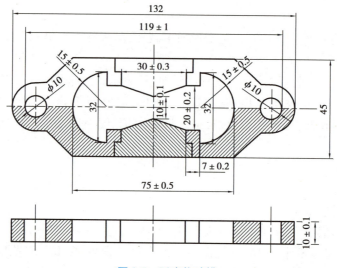

图 9.7　延度仪试模

③试验步骤:

a.检查延度仪的拉伸速度是否符合要求,然后移动滑板使其指针正对标尺的零点,保持水槽中水温为(25±0.5)℃。

b.将试件移至延度仪的水槽中,模具两端的孔分别套在滑板及槽端的金属柱上,水面距试件表面应不小于 25 mm,然后去掉侧模。

c.确认延度仪水槽中水温为(25±0.5)℃时,开动延度仪,此时仪器不得有振动。观察沥青的拉伸情况。在测定时,如发现沥青细丝浮于水面或沉入槽底,则应在水中加入食盐水调整水的密度,使其至少与试样的密度相近后再进行测定。

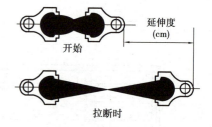

图 9.8　延伸度测定

d.试件拉断时指针所指标尺上的读数即为试样的延度,以 cm 表示,如图 9.8 所示。在正常情况下,应将试样拉伸成锥尖状,在断裂时实际横断面为零。如不能得到上述结果,则应报告在此条件下无测定结果。

④结果评定:

a.取平行测定 3 个结果的算术平均值作为测定结果。若 3 次测定值不在平均值的 5%以内,但其中 2 个较高值在平均值的 5%以内,则舍去最低测定值,取 2 个较高值的平均值作为测定结果。

b.2 次测定结果之差,不应超过:重复性平均值的 10%,再现性平均值的 20%。

3)温度敏感性及软化点检测

(1)温度敏感性

温度敏感性是指石油沥青的黏滞性和塑性随温度升降而变化的性能。温度敏感性较小的石油沥青,其黏滞性、塑性随温度的变化较小。作为屋面防水材料,受日照辐射作用可能发生流淌和软化,失去防水作用而不能满足使用要求,因此温度敏感性是沥青材料的一个很重要的性质。

温度敏感性大小常用软化点来表示,软化点是沥青材料由固体状态转变为具有一定流动性的膏体时的温度。软化点可通过"环球法"试验测定,如图9.9所示。

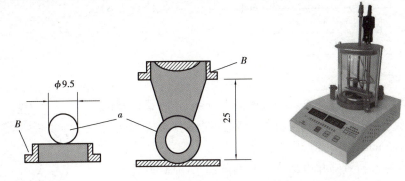

图9.9　软化点测定示意图及实物(单位:mm)

沥青的软化点大致为25~100 ℃。软化点高,说明沥青的耐热性能好,但软化点过高又不易加工;软化点低的沥青,夏季易产生变形,甚至流淌。所以,在实际应用时,希望沥青具有高软化点和低脆化点。为了提高沥青的耐寒性和耐热性,常常对沥青进行改性,如在沥青中掺入增塑剂、橡胶、树脂和填料等。

石油沥青软化点试验(环球法)

(2)软化点测定(环球法)

①主要仪器设备:

a.沥青软化点测定器:如图9.10所示,包括钢球、试样环(图9.11)、钢球定位器(图9.12)、支架、温度计等。

b.电炉及其他加热器。

c.金属板或玻璃板、刀、筛等。

②试样制备:

a.将黄铜环置于涂有甘油滑石粉质量比为2∶1的隔离剂的金属板或玻璃板上。

b.将预先脱水试样加热熔化,不断搅拌,以防止局部过热,加热温度不得高于试样估计软化点100 ℃,加热时间不得超过30 min,用筛过滤;将试样注入黄铜环内至略高出环面为止;若估计软化点在120 ℃以上,应将黄铜环和金属板预热至80~100 ℃。

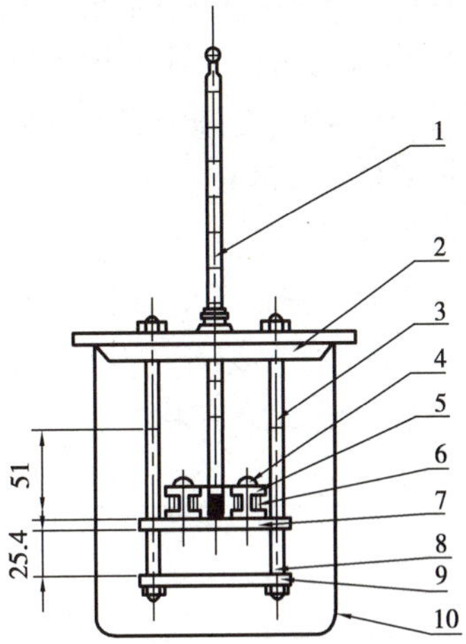

c.试样在15~30 ℃的空气中冷却30 min后,用热刀刮去高出环面的试样,使沥青与环面平齐。

d.估计软化点高于80 ℃的试样,将盛有试样的黄铜环及板置于盛有水的保温槽内,水温保持在(5±0.5)℃,恒温15 min。估计软化点高于80 ℃的试样,将盛有试样的黄铜环及板置于盛有甘油的

图9.10　沥青软化点测定器

1—温度计;2—上承板;
3—枢轴;4—钢球;5—环套;
6—环;7—中承板;8—支承座;
9—下承板;10—烧杯

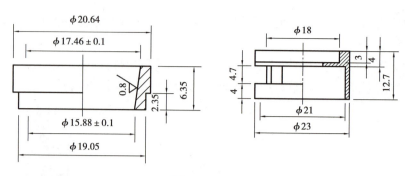

图 9.11 环

保温槽内,甘油温度保持在(32±1)℃,恒温 15 min,或将盛试样的环水平地安放在环架中承板的孔内,然后放在盛有水或甘油的烧杯中,恒温15 min,温度要求同保温槽。

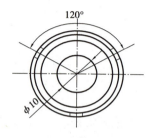

图 9.12 钢球定位器

e.烧杯内注入新煮沸并冷却至 5 ℃的蒸馏水(估计软化点不高于 80 ℃的试样),或注入预先加热至约 32 ℃的甘油(估计软化点高于 80 ℃的试样),使水平面或甘油面略低于环架连杆上的深度标记。

③试验步骤:

a.从水或甘油中取出盛有试样的黄铜环放置在环架中承板的圆孔中,套上钢球定位器,把整个环架放入烧杯内,调整水面或甘油液面至深度标记,环架上任何部分不得有气泡。将温度计由上层板中心孔垂直插入,使水银球底部与铜环下面平齐。

b.将烧杯移至有石棉网的三脚架或电炉上,然后将钢球放在试样上(须使各环的平面在全部加热时间内处于水平状态),立即加热,使烧杯内水或甘油温度在 3 min 内保持每分钟上升(5±0.5)℃,在整个测定过程中如温度的上升速度超出此范围,则试验应重做。

c.试验受热软化下坠至与下承板面接触时的温度,即为试样的软化点。

④结果评定:

a.取平行测定 2 个结果的算术平均值作为测定结果。

b.精密度:重复测定 2 个结果间的温度差不得超过表 9.6 的规定,同一试样由 2 个试验室各自提供的试验结果之差不应超过 5.5 ℃。

表 9.6 软化点测定的重复性要求

软化点/℃	<80	80~100	100~140
允许差数/℃	1	2	3

4)大气稳定性

大气稳定性是指石油沥青在热、阳光、氧气和潮湿等因素的长期综合作用下抵抗老化的性能,它反映沥青的耐久性。大气稳定性可以用沥青的蒸发减量及针入度变化来表示,即试样在160 ℃加热蒸发 5 h 后的质量损失百分率和蒸发前后的针入度比两项指标来表示。蒸发损失率越小,针入度比越大,则表示沥青的大气稳定性越好。

沥青材料受热后会产生易燃气体,与空气混合遇火即发生闪火现象。开始出现闪火时的温度,叫闪点,也称闪火点。它是加热沥青时,从防火要求提出的指标。易燃气体与空气混合较长时间遇火也会燃烧,燃烧时的温度称为燃点,一般燃点比闪点高 10 ℃。

5)施工安全性

黏稠沥青在使用时必须加热,当加热至一定温度时,沥青材料中挥发的油分蒸汽与周围空气组成混合气体,此混合气体遇火焰则易发生闪火;若继续加热,油分蒸汽的饱和度增加。由于此种蒸汽与空气组成的混合气体遇火焰极易燃烧而引发火灾。为此,必须测定沥青加热闪火和燃烧的温度,即闪点和燃点。

闪点是指加热沥青至挥发出的可燃气体和空气的混合物,在规定条件下与火焰接触,初次闪火(有蓝色闪光)时的沥青温度(℃)。

燃点是指加热沥青产生的气体和空气的混合物,与火焰接触能持续燃烧 5 s 以上时的沥青的温度(℃)。燃点温度比闪点温度约高 10 ℃。沥青质含量越多,闪点和燃点相差越大。液体沥青由于油分较多,闪点和燃点相差很小。

闪点和燃点的高低表明沥青引起火灾或爆炸的可能性大小,它关系到运输、储存和加热使用等方面的安全。

6)防水性

石油沥青是憎水性材料,几乎完全不溶于水,且本身构造致密;它与矿物材料表面有很好的黏结力,能紧密黏附于矿物材料表面;同时,它又具有一定的塑性,能适应材料或构件的变形,故广泛用作建筑工程的防潮、防水、抗渗材料。

7)溶解度

溶解度是指石油沥青在三氯乙烯、四氯化碳或苯中溶解的百分率,表示石油沥青中有效物质的含量,即纯净程度。那些不溶解的物质会降低沥青的性能(如黏性等),应把不溶物视为有害物质(如沥青碳或似碳物)而加以限制。

9.2.3　石油沥青的分类及选用

1)石油沥青的分类

石油沥青按照其用途主要划分为 3 大类:道路石油沥青、建筑石油沥青和防水防潮石油沥青。石油沥青的牌号基本都是按针入度指标来划分的,每个牌号还要保证相应的延度、软化点以及溶解度、蒸发损失、蒸发后针入度比、闪点等的要求。

在同一品种石油沥青材料中,牌号越小,沥青越硬;牌号越大,沥青越软。同时随着牌号的增加,沥青的黏性减小(针入度增加),塑性增加(延度增大),而温度敏感性增大(软化点降低)。各牌号的质量指标要求见表 9.7、表 9.8。

表 9.7　建筑石油沥青的技术要求(GB/T 494—2010)

项　目	质量指标		
牌号	10	30	40
针入度(25 ℃,100 g,5 s)/(1/10 mm)	10~25	26~35	36~50
针入度(46 ℃,100 g,5 s)/(1/10 mm)	报告	报告	报告

续表

项　目		质量指标		
针入度(0 ℃,200 g,5 s)/(1/10 mm)	≥	3	6	6
延度(25 ℃,5 cm/min)/cm	≥	1.5	2.5	3.5
软化点(环球法)/℃	≥	95	75	60
溶解度(三氯乙烯)/%	≥	99.0		
蒸发后质量变化(163 ℃,5 h)/%	≥	1		
蒸发后25 ℃针入度比/%	≥	65		
闪点(开口杯法)/℃	≥	260		

表 9.8　道路石油沥青的技术要求(NB/SH/T 0522—2010)

项　目		质量指标				
牌号		200	180	140	100	60
针入度(25 ℃,100 g,5 s)/(1/10 mm)		200~300	150~200	110~150	80~110	50~80
延度(注)(25 ℃/cm)	≥	20	100	100	90	70
软化点/℃		30~48	35~48	38~51	42~55	45~58
溶解度/%		99.0				
闪点(开口)/℃	≥	180	200	230		
密度(25 ℃)/(g·cm^{-3})		报告				
蜡含量/%	≤	4.5				
薄膜烘箱试验(163 ℃,5 h)						
质量变化/%	≤	1.3	1.3	1.3	1.2	1.0
针入度比/%		报告				
延度(25℃/cm)		报告				

注:如25 ℃延度达不到,15 ℃延度达到时,也认为是合格的,指标要求与25 ℃延度一致。

2)石油沥青的选用

选用沥青材料时,应根据工程性质(房屋、道路、防腐)、当地气候条件及所处工作环境(屋面、地下)来选择不同牌号的沥青。在满足使用要求的前提下,尽量选用较大牌号的石油沥青,以保证在正常使用条件下,石油沥青有较长的使用年限。

(1)道路石油沥青

道路石油沥青主要在道路工程中作胶凝材料,用来与碎石等矿质材料共同配制成沥青混凝土、沥青砂浆等。沥青拌合物用于道路路面或车间地面等工程。通常,道路石油沥青牌号越高,则黏性越小(即针入度越大),塑性越好(即延度越大),温度敏感性越大(即软化点越低)。

在道路工程中选用沥青时,要根据交通量和气候特点来选择。南方地区宜选用高黏度的石油沥青,以保证在夏季沥青路面具有足够的稳定性;而北方寒冷地区宜选用低黏度的石油沥青,以保证沥青路面在低温下仍具有一定的变形能力,减少低温开裂。

道路石油沥青还可用作密封材料和胶黏剂以及沥青涂料等,此时一般选用黏性较大和软化点较高的道路石油沥青。

（2）建筑石油沥青

建筑石油沥青针入度小(黏性较大),软化点较高(耐热性较好),但延伸度较小(塑性较小),主要用作制造油纸、油毡、防水涂料和沥青嵌缝膏。绝大部分用于屋面及地下防水、沟槽防水防腐及管道防腐等工程。使用时制成的沥青胶膜较厚,增大了对温度的敏感性。同时,黑色沥青表面又是好的吸热体,一般同一地区沥青屋面的表面温度比其他材料都高,据高温季节测试沥青屋面达到的表面温度比当地最高气温高 25~30 ℃;为避免夏季流淌,一般屋面用沥青材料的软化点还应比本地区屋面最高温度高 20 ℃以上,低了夏季易流淌,过高冬季低温易硬脆甚至开裂,所以选用石油沥青时要根据地区、工程环境及要求而定。

用于地下防潮、防水工程时,一般对软化点要求不高,但其塑性要好、黏性要大,使沥青层能与建筑物黏结牢固,并能适应建筑物的变形而保持防水层完整,不遭破坏。

（3）防水防潮石油沥青

防水防潮石油沥青的温度稳定性较好,特别适合作油毡的涂覆材料及建筑屋面和地下防水的黏结材料。其中 3 号沥青温度敏感性一般,质地较软,用于一般温度下的室内及地下结构部分的防水;4 号沥青温度敏感性较小,用于一般地区可行走的缓坡屋面防水;5 号沥青温度敏感性小,用于一般地区暴露屋顶或气温较高地区的屋面防水;6 号沥青温度敏感性最小,并且质地较软,除一般地区外,主要用于寒冷地区的屋面及其他防水防潮工程。

9.2.4　沥青的掺配使用

当单独用一种牌号的沥青不能满足工程的耐热性(软化点)要求时,可以用同产源的 2 种或 3 种沥青进行掺配。试验证明,同产源的沥青容易保证掺配后的沥青胶体结构的均匀性。所谓同产源是指同属石油沥青,或同属煤沥青(或焦油沥青)。两种沥青掺配量可按式(9.1)、式(9.2)计算:

$$Q_1 = \frac{T_2-T}{T_2-T_1} \times 100\% \tag{9.1}$$

$$Q_2 = 100 - Q_1 \tag{9.2}$$

式中　Q_1——较软沥青用量,%;

Q_2——较硬沥青用量,%;

T——掺配后的沥青软化点,℃;

T_1——较软沥青软化点,℃;

T_2——较硬沥青软化点,℃。

例如:某工程需要用软化点为 80 ℃的石油沥青,现有 10 号和 60 号两种石油沥青,应如何掺配以满足工程需要?

由试验测得,10 号石油沥青的软化点为 95 ℃,60 号石油沥青的软化点为 45 ℃。估算

掺配量:

$$60\ 号石油沥青的掺量 = \frac{95-80}{95-45} \times 100\% = 30\%$$

$$10\ 号石油沥青的掺量 = 100\% - 30\% = 70\%$$

沥青混合料试件
制作方法(击实法)

压实沥青混合料
密度试验(表干法)

根据估算的掺配比例和其邻近的比例±(5%～10%)进行试配(混合熬制均匀),测定掺配后沥青的软化点,然后绘制"掺配比-软化点"曲线,即可从曲线上确定所要求的掺配比例。同样地,可采用针入度指标按上述方法进行估算及试配。

在实际掺配过程中,按上式得到的掺配沥青,其软化点总是较低于计算软化点,这是因为掺配后的沥青破坏了原来两种沥青的胶体结构,两种沥青的加入量并非简单的线性关系。一般来说,若以调高软化点为目的掺配沥青,如两种沥青计算值各占50%,则在实配时其高软化点的沥青应多加10%左右。

如用3种沥青时,可先求出2种沥青的配比,然后再与第3种沥青进行配比计算。根据计算的掺配比例和在其邻近的比例±(5%～10%)进行试配,测定掺配后沥青的软化点,然后绘制"掺配比-软化点"曲线,即可从曲线上确定所要求的掺配比例。

石油沥青过于黏稠需要进行稀释时,通常可以采用石油产品系统的轻质油,如汽油、煤油和柴油等。

沥青混合料马歇尔
稳定度试验

沥青混合料
车辙试验

9.3 防水卷材的认识

防水卷材是建筑工程防水材料的重要品种之一。防水卷材是一种可卷曲的片状防水材料。根据其主要防水组成材料,可分为沥青防水卷材、高聚物改性沥青防水卷材和合成高分子防水卷材三大类。沥青防水卷材是传统的防水材料,但因其性能远不及改性沥青,因此逐渐被改性沥青卷材所代替。

高聚物改性沥青防水卷材和合成高分子防水卷材均应有良好的耐水性、温度稳定性和大气稳定性(抗老化性),并具备必要的机械强度、延伸性、柔韧性和抗断裂的能力。这两大类防水卷材已得到广泛的应用。

9.3.1 沥青基防水卷材

沥青防水卷材是在基胎(如原纸、纤维织物等)上浸涂沥青后,再在表面撒粉状或片状的隔离材料而制成的可卷曲的片状防水材料,如图9.13所示。

图9.13 沥青防水卷材　　　图9.14 石油沥青纸胎油毡

1)石油沥青纸胎油毡

石油沥青纸胎油毡是用低软化点石油沥青浸渍原纸,然后用高软化点石油沥青涂盖油纸两面,再撒以隔离材料所制成的一种纸胎防水卷材,如图9.14所示。

(1)等级

纸胎石油沥青防水卷材按浸涂材料总量和物理性能分为合格品、一等品、优等品3个等级。

(2)品种规格

纸胎石油沥青防水卷材按所用隔离材料分为粉状面和片状面两个品种;按原纸质量(每1 m^2 质量克数)分为200号、350号和500号3种标号;按卷材幅宽分为915 mm和1 000 mm 2种规格。

(3)适用范围

200号卷材适用于简易防水、非永久性建筑防水;350号和500号卷材适用于屋面、地下多叠层防水。

纸胎油毡易腐蚀、耐久性差、抗拉强度较低,且制作时会消耗大量优质纸源。目前,已大量用玻璃布及玻纤毡等为胎基生产沥青卷材。

2)石油沥青玻璃布油毡

玻纤布胎沥青防水卷材(以下简称玻璃布油毡)是采用玻纤布为胎体,浸涂石油沥青并在其表面涂或撒布矿物隔离材料制成的可卷曲的片状防水材料。

(1)等级

玻璃布油毡按可溶物含量及其物理性能分为一等品(B)和合格品(C)2个等级。

(2)规格

玻璃布油毡幅宽为1 000 mm。

(3)适用范围

玻璃布油毡的柔度优于纸胎油毡,且能耐霉菌腐蚀。玻璃布油毡适用于地下工程作防水、防腐层,也可用于屋面防水及金属管道(热管道除外)作防腐保护层。

3)石油沥青玻纤胎油毡

玻纤胎沥青防水卷材(以下简称玻纤胎油毡)是采用玻璃纤维薄毡为胎体,浸涂石油沥青,并在其表面涂撒矿物粉料或覆盖聚乙烯膜等隔离材料而制成的可卷曲的片状防水材料。

(1)等级

玻纤胎油毡按可溶物含量及其物理性能分为优等品(A)、一等品(B)、合格品(C)3个等级。

(2)品种规格

玻纤胎油毡按表面涂盖材料的不同,可分为膜面、粉面和砂面3个品种;按每10 m^2 标称质量分为15,25,35共3种标号;幅宽为1 000 mm一种规格。

(3)适用范围

15号玻纤胎油毡适用于一般工业与民用建筑屋面的多叠层防水,并可用于包扎管道

（热管道除外）作防腐保护层；25 号、35 号玻纤胎油毡适用于屋面、地下以及水利工程作多叠层防水，其中 35 号玻纤胎油毡可采用热熔法施工的多层或单层防水；彩砂面玻纤胎油毡用于防水层的面层，且可不再做表面保护层。

9.3.2 改性沥青防水卷材

改性沥青与传统的沥青相比，其使用温度区间大为扩展，做成的卷材光洁柔软，高温不流淌、低温不脆裂，且可做成 4~5 mm 的厚度；可以单层使用，具有 10~20 年可靠的防水效果，因此受到使用者青睐。

以合成高分子聚合物改性沥青为涂盖层，纤维毡、纤维织物或塑料薄膜为胎体，粉状、粒状、片状或塑料膜为覆面材料制成可卷曲的片状防水材料，称为高聚物改性沥青防水卷材，如图 9.15 所示。

1）弹性体改性沥青防水卷材（SBS 卷材）

SBS 改性沥青防水卷材，属弹性体沥青防水卷材中有代表性的品种，系采用纤维毡为胎体，浸涂 SBS 改性沥青，上表面撒布矿物粒、片料或覆盖聚乙烯膜，下表面撒布细砂或覆盖聚乙烯膜所制成的可卷曲的片状防水材料，如图 9.16 所示。

图 9.15 改性沥青防水卷材

图 9.16 SBS 改性沥青卷材

（1）等级

产品按可溶物含量及其物理性能分为优等品（A）、一等品（B）、合格品（C）3 个等级。

（2）规格

卷材幅宽为 1 000 mm。聚酯胎卷材厚度为 3 mm 或 4 mm；玻纤胎卷材厚度为 2 mm、3 mm 和 4 mm。每卷面积为 15 m²、10 m² 和 7.5 m² 3 种。

（3）品种

卷材使用玻纤胎或聚酯无纺布胎 2 种胎体，使用矿物粒（如板岩片）、砂粒（河砂或彩砂）以及聚乙烯等 3 种表面材料，共形成 6 个品种，见表 9.9。

以 10 m² 卷材的标称质量作为卷材的标号。玻纤毡胎的卷材分为 25 号、35 号和 45 号 3 种标号；聚酯无纺布胎的卷材分为 25 号、35 号、45 号和 55 号 4 种标号。

（4）适用范围

该系列卷材除适用于一般工业与民用建筑工程防水外，尤其适用于高层建筑的屋面和地下工程的防水防潮以及桥梁、停车场、游泳池、隧道、蓄水池等建筑工程的防水。其中35号及其以下的品种适用于多叠层防水;45号及其以上的品种适用于单层防水或高级建筑工程多叠层防水中的面层,并可采用热熔法施工。

表 9.9　SBS 卷材品种(GB 18242—2008)

上表面材料 ＼ 胎 基	聚酯胎	玻纤胎
聚乙烯膜	PY-PE	G-PE
细砂	PY-S	G-S
矿物粒(片)料	PY-M	G-M

SBS 卷材物理力学性能应符合表 9.10 的规定。

表 9.10　SBS 卷材物理力学性能(GB 18242—2008)

序号	项　目			指　标				
				I		II		
				PY	G	PY	G	PYG
1	可熔物含量/(g·m⁻²)　≥		3 mm	2 100			—	
			4 mm	2 900			—	
			5 mm	3 500				
2	不透水性	压力/MPa　≥		0.3	0.2	0.3		
		保持时间/min　≥		30				
3	耐热度/℃			90		105		
				无滑动、流淌、滴落				
4	拉力/(N·50 mm⁻¹)　≥			500	350	800	500	900
5	最大拉力时延伸率/%　≥			30	—	40	—	—
6	低温柔度/℃			−18	−25	−18		−25
				无裂纹				
7	人工气候加速老化	外观		无滑动、流淌、滴落				
		拉力保持率/%　≥		80				
		低温柔度/℃		−15		−20		
				无裂纹				

注:表中 1~6 项为强制项目。

2）塑性体改性沥青防水卷材（APP 卷材）

APP 改性沥青防水卷材属塑性体沥青防水卷材，是采用纤维毡或纤维织物为胎体，浸涂 APP 改性沥青，上表面撒布矿物粒、片料或覆盖聚乙烯膜，下表面撒布细砂或覆盖聚乙烯膜所制成的可卷曲片状防水材料，如图 9.17 所示。

（1）等级

产品按可溶物和物理性能分为优等品（A）、一等品（B）、合格品（C）3 个等级。

（2）品种规格

卷材使用玻纤毡胎、麻布胎或聚酯无纺布胎 3 种胎体，形成 3 个品种；卷材幅宽均为 1 000 mm。

（3）标号

图 9.17　APP 改性沥青防水卷材

以 10 m² 卷材的标称质量作为卷材的标号。玻纤毡胎的卷材分为 25 号、35 号和 45 号 3 种标号；麻布胎和聚酯无纺布胎的卷材分为 35 号、45 号和 55 号 3 种标号。

（4）适用范围

APP 卷材适用于工业与民用建筑的屋面和地下防水工程，以及道路、桥梁等建筑物的防水，尤其适用于较高气温环境的建筑防水。其中玻纤毡胎和聚酯无纺布胎的卷材尤其适用于地下工程防水。标号 35 号及其以下的品种多用于多叠层防水；35 号以上的品种，则适用于单层防水或高级建筑工程多叠层防水中的面层，并可采用热熔法施工。

APP 卷材的品种、规格与 SBS 卷材相同，其物理力学性能应符合表 9.11 的规定。

表 9.11　APP 卷材物理力学性能（GB 18243—2008）

序号	项目			指　标				
				I		II		
				PY	G	PY	G	PYG
1	可熔物含量/(g·m⁻²) ≥		3 mm	2 100		2 100		—
			4 mm	2 900		2 900		—
			5 mm	3 500		3 500		
2	不透水性	压力/MPa	≥	0.3	0.2	0.3		
		保持时间/min	≥	30				
3	耐热度/℃			90		105		
				无滑动、流淌、滴落				
4	拉力/(N·50 mm⁻¹)		≥	500	350	800	500	900
	次高峰拉力/(N·50 mm⁻¹)		≥	—	—	—	—	—

续表

序号	项 目		指 标				
			I		II		
			PY	G	PY	G	PYG
5	延伸率/% ≥	最大峰时延伸率/% ≥	30	—	40	—	
		第二峰时延伸率/% ≥	—	—	—	—	15
6	低温柔度/℃		−18	−25	−18		−25
			无裂纹				
7	人工气候加速老化	外观	无滑动、流淌、滴落				
		拉力保持率/% ≥	80				
		低温柔度/℃	−15		−20		
			无裂纹				

9.3.3 合成高分子防水卷材

以合成树脂、合成橡胶或其共混体为基材,加入助剂和填充料,通过压延、挤出等加工工艺而制成的无胎或加筋的塑性可卷曲的片状防水材料,大多数是宽度1~2 m的卷状材料,统称为高分子防水卷材。

高分子防水卷材具有耐高、低温性能好,拉伸强度高,延伸率大,对环境变化或基层伸缩的适应性强,同时耐腐蚀、抗老化、使用寿命长、可冷施工、减少对环境的污染等特点,是一种很有发展前途的材料,在世界各国发展很快,现已成为仅次于沥青卷材的主体防水材料之一。

1)三元乙丙橡胶(EPDM)防水卷材

三元乙丙橡胶简称EPDM,是以乙烯、丙烯和双环戊二烯等3种单体共聚合成的三元乙丙橡胶为主体,掺入适量的丁基橡胶、软化剂、补强剂、填充剂、促进剂和硫化剂等,经过配料、密炼、拉片、过滤、热炼、挤出或压延成型、硫化、检验、分卷、包装等工序加工制成的可卷曲的高弹性防水材料,如图 9.18 所示。由于它具有耐老化、使用寿命长、拉伸强度高、延伸率大、对基层伸缩或开裂变形适应性强以及质量轻、可单层施工等特点,因此在国外发展很快。

三元乙丙橡胶防水卷材的物理性能,应符合表 9.12 的要求。

图9.18 三元乙丙橡胶防水卷材(橡胶类)

表 9.12　三元乙丙橡胶防水卷材的物理性能

项　目		指　标	
		一等品	合格品
拉伸强度,常温/($N \cdot mm^{-2}$)　≥		8	7
扯断伸长率/%　≥		450	
直角形撕裂强度,常温/($N \cdot cm^{-2}$)　≥		280	245
不透水性	$0.3\ N \cdot mm^{-2} \times 30\ min$	合格	—
	$0.1\ N \cdot mm^{-2} \times 30\ min$	—	合格
脆性温度/℃　≤		−45	−40
热老化(80 ℃×168 h),伸长率 100%		无裂纹	

2)聚氯乙烯(PVC)防水卷材

聚氯乙烯防水卷材,是以聚氯乙烯树脂(PVC)为主要原料,掺入适量的改性剂、抗氧剂、紫外线吸收剂、着色剂、填充剂等,经捏合、塑化、挤出压延、整形、冷却、检验、分卷、包装等工序加工制成的可卷曲的片状防水材料,如图 9.19 所示。这种卷材具有抗拉强度较高、延伸率较大、耐高低温性能较好等特点,而且热熔性能好。卷材接缝时,既可采用冷粘法,也可采用热风焊接法,使其形成接缝黏结牢固、封闭严密的整体防水层。该品种属于聚氯乙烯防水卷材中的增塑型(P 型)。

图 9.19　聚氯乙烯防水卷材

聚氯乙烯防水卷材适用于屋面、地下室以及水坝、水渠等工程防水,其物理力学性能应符合表 9.13 的规定。

表 9.13　聚氯乙烯防水卷材的主要物理力学性能

项　目		性能指标		
		优等品	一等品	合格品
拉伸强度/MPa　≥		15.0	10.0	7.0
断裂伸长率/%　≥		250	200	150
热处理尺寸变化率/%　≤		2.0	2.0	3.0
低温弯折性		−20 ℃,无裂纹		
抗渗透性		0.3 MPa,30 min,不透水		
黏结剥离强度　≥		2.0 N/mm		
热老化保持率		拉伸强度,不小于 80%		
(80±2)℃,168 h		断裂伸长率,不小于 80%		

3) 氯化聚乙烯-橡胶共混防水卷材

氯化聚乙烯-橡胶共混防水卷材,是以氯化聚乙烯树脂和合成橡胶共混为主体,加入适量的硫化剂、促进剂、稳定剂、软化剂和填充剂等,经过素炼、混炼、过滤、压延(或挤出)成型、硫化、检验、分卷、包装等工序加工制成的高弹性防水卷材,如图9.20所示。这种防水卷材兼有塑料和橡胶的特点,它不但具有氯化聚乙烯所特有的高强度和优异的耐臭氧、耐老化性能,而且具有橡胶类材料的高弹性、高延伸性以及良好的低温柔韧性能。

图9.20 氯化聚乙烯橡胶共混防水卷材

合成高分子卷材除以上3种典型品种外,还有多种其他产品。合成高分子防水卷材适用于防水等级为Ⅰ级、Ⅱ级和Ⅲ级的屋面防水工程。常见的合成高分子防水卷材的特点和适用范围见表9.14。

表9.14 常见合成高分子防水卷材

卷材名称	特　点	适用范围	施工工艺
三元乙丙橡胶防水卷材	防水性能优异,耐候性好,耐臭氧性、耐化学腐蚀性好,弹性和抗拉强度大,对基层变形开裂的适应性强,质量轻,使用温度范围宽,寿命长,但价格高,黏结材料尚需配套完善	防水要求较高、防水层耐用年限要求长的工业与民用建筑,单层或复合使用	冷粘法或自粘法
丁基橡胶防水卷材	有良好的耐候性、耐油性、抗拉强度和延伸率,耐低温性能稍低于三元乙丙防水卷材	单层或复合使用,适用于要求较高的防水工程	冷粘法施工
氯化聚乙烯防水卷材	有良好的耐候、耐臭氧、耐热老化、耐油、耐化学腐蚀及抗撕裂的性能	单层或复合使用,宜用于紫外线强的炎热地区	冷粘法施工
氯磺化聚乙烯防水卷材	延伸率较大,弹性较好,对基层变形开裂的适应性较强,耐高温、低温性能好,耐腐蚀性能优良,难燃性好	适于有腐蚀介质影响及在寒冷地区的防水	冷粘法或热风焊接法施工
聚氯乙烯防水卷材	具有较高的拉伸和撕裂强度,延伸率较大,耐老化性能好,原料丰富,价格便宜,容易黏结	单层或复合使用,适于外露或有保护层的防水工程	冷粘法施工

续表

卷材名称	特 点	适用范围	施工工艺
氯化聚乙烯-橡胶共混防水卷材	不但具有氯化聚乙烯特有的高强度和优异的耐臭氧、耐老化性能,而且具有橡胶所特有的高弹性、高延伸性能及良好的低温柔性	单层或复合使用,尤宜用于寒冷地区或变形较大的防水工程	冷粘法施工
三元乙丙橡胶-聚乙烯共混防水卷材	是热塑性弹性材料,有良好的耐臭氧和耐老化性能,使用寿命长,低温柔性好,可在负温条件下施工	单层或复合外露防水层面,宜在寒冷地区使用	冷粘法施工

9.4 沥青防水卷材检测

9.4.1 沥青防水卷材进场检测要求

工程所采用的防水卷材应有产品合格证书和性能检测报告,材料的品种、规格、性能等应符合现行国家产品标准和设计要求。材料进场后,应按表 9.15 的规定进行抽样复验,并提出试验报告。不合格的材料,不得在防水工程中使用。

表 9.15 沥青防水卷材进场检测要求

序	材料名称	现场抽样数量	外观质量检验	物理性能检验
1	沥青防水卷材	大于 1 000 卷抽 5 卷,每 500～1 000 卷抽 4 卷,100～499 卷抽 3 卷,100 卷以下抽 2 卷,进行规格尺寸和外观质量检验;在外观质量检验合格的卷材中,任取一卷作物理性能检验	孔洞、硌伤、露胎、涂盖不匀,折纹、皱褶、裂纹、裂口、缺边,每卷卷材的接头	纵向拉力,耐热度,柔度,不透水性
2	高聚物改性沥青防水卷材		孔洞、缺边、裂口、边缘不整齐,胎体露白、未浸透,撒布材料粒度、颜色,每卷卷材的接头	拉力,最大拉力时延伸率,耐热度,低温柔度,不透水性
3	合成高分子防水卷材		折痕、杂质、胶块、凹痕,每卷卷材的接头	断裂拉伸强度,扯断伸长率,低温弯折,不透水性

表中所列的防水材料,其质量应符合下列规定:

①按表中规定的试验项目经检验后,各项物理力学性能均符合现行标准规定时,判定该批产品物理力学性能合格。若有一项指标不合格,应在该批产品中再随机抽样,对该项进行复验,达到标准规定时,则判定该批产品合格。复验后仍达不到要求,则判定该批产品物理力学性能不合格。

②总判定:外观、规格尺寸与物理力学性能均符合标准规定的全部技术要求,且包装标志符合规定时,则判定该批产品为合格。

9.4.2 沥青防水卷材检查依据

1)试验条件

送至实验室的试样在试验前,应原封放于干燥处,保持在15%~30%范围内一定时间。

2)试验温度

沥青防水卷材检测的试验温度应为(25±2)℃。

3)验收批次的划分

依据相关标准的规定,取样以同一类型、同一规格 10 000 m^2 为 1 批,不足 10 000 m^2 亦为 1 个验收批。

4)试样制备

在面积、卷重、外观、厚度都合格的卷材中,随机抽取一卷,切除距外层卷头 2 500 mm后,顺纵向切取长度为 500 mm 的全幅卷材 2 块,1 块进行物理力学性能试验,1 块备用。各项试验时的试件尺寸按相对应的规范和标准切取试件。现以《弹性体改性沥青防水卷材》(GB 18242—2008)为例,按表 9.16 的规定尺寸和数量切取。

表 9.16 试件的尺寸和试件的数量

试验项目	试件尺寸/mm	数量/个
拉力和延伸率	250×50	纵横各5
不透水性	按不透水仪的模具规格	3
耐热度	100×50	3
低温柔度	150×25	6

5)物理性能合格判定

试验后各项指标结果符合标准规定的全部技术要求,则判定该批产品合格。若有 1 项指标不符合标准规定,允许在该批产品中随机抽取 5 卷,并从中任取 1 卷对不合格项进行单项复验,达到标准规定时,则判该产品合格。若复验后仍达不到要求,则判定该产品不合格。

9.4.3 防水卷材的拉力检测

检测目的:通过试验测定沥青防水卷材的拉力,评定卷材的质量。

1)仪器设备

①拉力试验机(图 9.21):最大试验力为 2 000 N;量程为2%~100%;试验力准确度为±1%。

②量尺:精确为 0.1 cm。

图 9.21 电子万能材料试验机

2)检测步骤

①将切好的试件放置在试验温度下不少于 1 h。

②校准试验机(拉伸速度 50 mm/min),试件夹持在夹具中心,不得歪扭,上下夹具间距为 80 mm。

③开动试验机,拉伸至试件被拉断为止,记录试件被拉断时的最大拉力值和断裂时的长度。

3)计算步骤

①拉力值:分别计算纵横向试件拉力的算术平均值作为卷材纵横向拉力。

②断裂延伸率按式(9.3)计算。

$$\varepsilon_R = \frac{\Delta L}{180} \times 100\% \tag{9.3}$$

式中 ε_R——断裂延伸率,%;

$\quad\quad \Delta L$——断裂时的延伸值,mm;

$\quad\quad 180$——上下夹具间距离,mm。

4)评定

拉力及最大拉力的延伸率结果平均值达到规定时,判定为该项指标合格。

9.4.4 卷材不透水性检测

检测目的:通过试验测定沥青防水卷材的不透水性,评定卷材的质量。

1)设备

①不透水仪:具有 3 个透水盘的不透水仪,0~0.6 MPa,精度 2.5 级,如图 9.22 所示。

②定时钟(或带定时器的不透水仪)。

2)检测准备

试件尺寸、形状数量及制备规定;水温为(20±5)℃;按不透水仪使用说明书,将仪器调整至可工作状态备用。

3)检测步骤

①试验前的准备。在标准条件下将试件放置1 h,用洁净

图 9.22 不透水性试验器

的(20±2)℃的水注入不透水仪的贮水罐中,注满水后,由水罐同时向 3 个试座充水,3 个试座充满水并已接近溢出状态时,关闭试座进水阀,开启总水阀,接着加水压,使贮水罐的水流出,清除空气。

②安装试件。将 3 个试件分别放置于不透水仪上的 3 个试座上,涂盖材料薄弱的一面接触水面,上表面为砂面、矿物粒料时,下表面接触水面,并将试件压紧在试座上。

③观察在规定时间、规定压力内,试件表面有无透水现象。

4)评定

每组 3 个试件分别达到标准规定时,判定为该项指标合格,否则判定为不合格。

9.4.5 卷材吸水性检测

卷材吸水性检测有真空吸水法和常压吸水法两种方法。

1)真空吸水法

(1)仪器设备

分析天平(感量0.001 g),温度计0~50 ℃、最小刻度0.5 ℃、长300~500 mm,真空泵(30 L),真空表(0~0.1 MPa,精度0.4级),真空干燥器(φ180~220 mm),抽气阀(玻璃真空三通阀门)、注水阀(玻璃活塞三通)、调水(玻璃真空二通阀门),三角过滤瓶(2 000 mL,具下口),贮水瓶(5 000~10 000 mL细口瓶,具下口),真空耐压胶管,玻璃三通,定时钟,试验架(用以隔开和固定试件),秒表,毛刷,毛巾,滤纸,10%聚乙烯醇水溶液、真空脂和变色硅胶等。

(2)检测装置(图9.23)

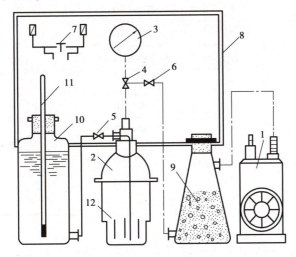

图9.23　真空吸水试验装置

1—真空泵;2—真空干燥器;3—真空表;4—抽气阀;5—贮水阀;6—调压阀;
7—真空泵电气开关;8—木架;9—三角过滤瓶;10—贮水瓶;11—温度计;12—油毡试件

各部件之间,按抽气和注水系统分别用耐压橡皮管连接,接头处用10%聚乙烯醇水溶液涂封,抽气阀的三通阀门、调压阀的三通阀门、注水阀的活塞三通和真空干燥器的接口处用真空脂涂上,以免漏气漏水。

试件置于试件架并立放在真空干燥器中,试件之间的距离应不小于2 mm。干燥器盖子上端具有抽气口和注水口,注水口应用胶管引垂至干燥器底部,以便从底部开始注水,逐渐上升浸泡试件。

试件的吸水是由注水口将贮水瓶内规定温度的清水通过注水阀抽吸注入干燥器中。贮水瓶附有温度计,以便随时调节水温。

(3)检测步骤

检测前,须预先开放抽气阀并开动真空泵,使真空干燥器内的真空度达到规定数值。此时开启注水阀,贮水瓶内调节好温度的水抽吸到真空干燥器中,以检查抽气系统是否畅通和漏气,并将注水管路中的空气排净再注水,然后将干燥器内的水倒出,内壁用干毛巾擦净。

按图 9.24、图 9.25 和表 9.17 的规定切取试件,擦净表面涂盖层,并准确称量。

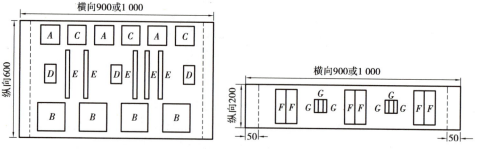

图 9.24　最低质量油毡卷上切取部位　　　图 9.25　最高质量油毡卷切取部位

表 9.17　试样的截取尺寸

检测项目	符　号	尺寸(纵向×横向)/mm	数　量
拉伸强度	A	200×200	3
热处理尺寸变化率	B	100×100	
低温弯折性	C	5×100/100×50	1/1
抗渗透性	D	ϕ100	3
抗穿孔性	E	150×150	
剪切状态下的黏合性	F	300×400	2
热化处理	G		3
人工老化处理	H	300×200	
水溶液处理	L		9

将试件放于试件架上置于真空干燥器中,接着打开抽气阀,启动真空泵;当真空度达(80±1.3)MPa 时,一面开始计算时间,一面用调压阀调节真空压力表,使真空度稳定在规定数值范围内;10 min 后,打开注水阀,使贮水瓶中的水注入干燥器中,保持干燥器内温度为(35±2)℃;当水面没过试件上端 20 mm 以上时,关闭注水阀,注水时间控制在 1~1.5 min,并将注水阀的活塞三通旋回接通大气(使胶管中残余水吸入干燥器中);关闭真空泵并按动秒表计算时间;5 min 后取出试件,迅速用干毛巾或滤纸按贴试件两面,以吸取表面水分至无水渍为宜;立即称量(m_2),试件从水中取出到称量完毕时间不超过 3 min。

(4)结果评定

吸水率 $H_{真}$ 按式(9.4)计算:

$$H_{真} = \frac{m_2 - m_1}{m_1} \times 100\% \tag{9.4}$$

式中　m_1——浸水前试件质量,g;

　　　m_2——浸水后试件质量,g。

单位面积吸水质量 $A_{真}$(g/m²)按式(9.5)计算:

$$A_{真} = (m_2 - m_1) \times 100\% \tag{9.5}$$

以 3 块试件的算术平均值作为检测结果。

2) 常压吸水法

(1) 仪器设备

同真空吸水法,另备容纳试件的广口保温瓶。

(2) 试件制备

试件制备等同真空法,但试件四边应用沥青作封边处理,以防试件侧面吸入水分。

(3) 检测步骤

将待测试件称量(m_1),然后应堆在(18 ± 2)℃的水中浸泡,每块试件相隔距离不小于 2 mm(用细玻璃棒置于试件之间),水面应高出试件上端至少 20 mm。在此条件下,浸泡 6~24 h(视卷材类别而定),取出后迅速用毛巾或滤纸按贴试件两端表面,至无水渍为宜,立即称量(m_2)。

吸水率 $H_常$ 及单位面积吸水量 $A_常$ 计算方法等与真空吸水法相同。

9.4.6 低温弯折性检测

1) 仪器设备

①低温箱(可在 0~40 ℃自动控温);

②弯折仪,如图 9.26 所示;

③放大镜(放大倍数为 6 倍)。

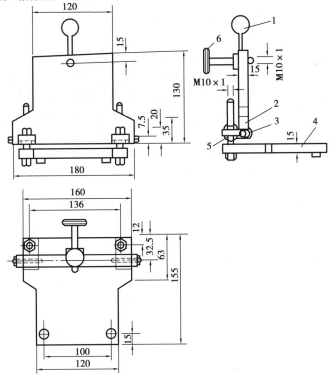

图 9.26 弯折仪

1—手柄;2—上平板;3—转轴;4—下平板;5—调节螺丝

2) 检测步骤

①在标准环境下,用测厚仪测量试样的厚度。

②试样的耐候面应无明显缺陷。

③将试样的耐候面朝外,弯曲 180°,使 50 mm 宽的边缘重合,齐平,并确保不发生错位,可用定位夹或 10 mm 宽的胶布将边缘固定。

④将弯折仪的上、下平板间距调到卷材厚度的 3 倍,检测 2 块试样。

⑤将弯折仪上平板翻开,将 2 块试样平放在弯折仪下平板上,重合的一边朝向转轴,且离转轴 20 mm,将弯折仪连同试样放入低温箱内,在规定温度下保持 1 h。

⑥在 1 s 之内观察弯折处是否断裂,或用放大镜观察试样弯折处受拉面是否有裂纹。

3) 结果评定

2 块试样均不断裂或无裂纹时评定为无裂。

9.4.7 防水卷材的耐热度检测

检测目的:通过试验测定沥青防水卷材的耐热度,评定卷材的质量。

防水卷材
性能检测

1) 仪器设备

①电热恒温箱:带有热风循环装置;

②温度计:0~150 ℃,最小刻度 0.5 ℃;

③试件挂钩:洁净无锈的细铁丝或回形针;

④容器:干燥器、表面皿等。

2) 检测步骤

①试件尺寸、形状、数量与制备按规定切取。

②在每块试件距短边一端 10 mm 处的中心打一小孔。将回形针穿挂于试件小孔中,放入已定温至标准规定温度的电热恒温箱内。试件与箱壁、试件间应留有一定距离。试件的中心与温度计的水银球应在同一水平位置上,每块试件的下端放表面皿用以接收淌下的沥青物质。

③在规定时间内,看是否有滑动、流淌现象。

3) 评定

每组 3 个试件分别达到标准规定时,判定为该项指标合格。

9.4.8 防水卷材的低温柔度检测

检测目的:通过试验测定沥青防水卷材的低温柔度,评定卷材的质量。

1) 仪器设备

①低温制冷仪:0~-40 ℃,精度为±2 ℃;

②温度计:30~-45 ℃,精度为±5 ℃;

③柔度棒或柔度弯板:半径为 15 mm 和 25 mm 两种;

④冷冻液。

2) 检测步骤

①将呈平板状卷曲试件和圆棒(或弯板)同时浸泡入已定温的水中,若试件有弯曲则可

微微加热,使其平整。

②试件经 30 min 浸泡后,自水中取出,立即沿圆棒(或弯板)在约 2 s 时间内按均匀速度弯曲折成 180°。

③用肉眼观察试件表面有无裂纹。

3)评定

每组 6 个试件中至少 5 个试件达到标准规定时,判定为该项指标合格。

9.5　防水涂料的认识

防水涂料(胶黏剂)是以高分子合成材料、沥青等为主体,在常温下呈无定型流态或半流态,经涂布能在结构物表面结成坚韧防水膜的物料的总称。而且,涂布的防水涂料同时又起黏结剂作用。

防水涂料按液态类型可分为溶剂型、水乳型和反应型 3 种;按成膜物质的主要成分分为沥青类、高聚物改性沥青类和合成高分子类。

9.5.1　沥青类防水涂料

1)冷底子油

冷底子油是用建筑石油沥青加入汽油、煤油、轻柴油,或者用软化点 50~70 ℃的煤沥青加入苯,融合而配制成的沥青溶液,如图 9.27 所示。它的黏度小,能渗入到混凝土、砂浆、木材等材料的毛细孔隙中,待溶剂挥发后,便与基面牢固结合,使基面具有一定的憎水性,为黏结同类防水材料创造了有利条件。若在这种冷底子油层上面铺热沥青胶粘贴卷材时,可使防水层与基层粘贴牢固。因它多在常温下用于防水工程的底层,故名冷底子油。该油应涂刷于干燥的基面上,通常要求水泥砂浆找平层的含水率≤10%。

图 9.27　冷底子油

冷底子油常随配随用,通常使用 30%~40%的石油沥青和 60%~70%的溶剂(汽油或煤油),首先将沥青加热至 108~200 ℃,脱水后冷却至 130~140 ℃,并加入溶剂量 10%的煤油,待温度降至约 70 ℃时,再加入余下的溶剂搅拌均匀为止。若储存时,应使用密闭容器,以防溶剂挥发。

2）沥青胶

沥青胶又称玛琋脂，用沥青材料加填充料，均匀混合制成。

填料有粉状的（如柑石粉、石灰石粉、白云石粉等），纤维状的（如木纤维等）或者最好为二者的混合物。填料的作用是提高其耐热性、增加韧性、降低低温下的脆性，也减少沥青的消耗量，加入量通常为 10%～30%，由试验决定。

沥青胶的配制和使用方法，分为热用和冷用 2 种。热用沥青胶即热沥青玛琋脂，是将 70%～90% 的沥青加热至 180～200 ℃，使其脱水后，与 10%～30% 的干燥填料（纤维状填料不超过 5%）热拌混合均匀后，热用施工。冷沥青玛琋脂是将 40%～50% 的沥青熔化脱水后，缓慢加入 25%～30% 的溶剂（如绿油、柴油、蒽油等），再掺入 10%～30% 的填料混合拌匀而制得的，在常温下使用。冷用沥青胶比热用沥青胶施工方便，涂层薄，节省沥青，但耗费溶剂。

3）水乳型沥青防水涂料

水乳型沥青防水涂料即水性沥青防水涂料，是以乳化沥青为基料的防水涂料。它是借助于乳化剂作用，在机械强力搅拌下，将熔化的沥青微粒均匀地散于溶剂中，使其形成稳定的悬浮体。

水乳型沥青基涂料分为厚质防水涂料和薄质防水涂料两大类，可以统称为水性沥青基防水涂料。厚质防水涂料常温时为膏体或黏稠液体，不具有自流平的性能，一次施工厚度可以在 3 mm 以上；薄质防水涂料常温时为液体，具有自流平的性能，一次施工不能达到很大的厚度（其厚度在 1 mm 以下），需要施工多层才能满足涂膜防水的厚度要求。

9.5.2 高聚物改性沥青防水涂料

该涂料指以沥青为基料，用合成高分子聚合物进行改性，制成的水乳型或溶剂型防水涂料，如图 9.28 所示。这类涂料在柔韧性、抗裂性、拉伸强度、耐高低温性能、使用寿命等方面比沥青基涂料有很大改善。品种有再生橡胶改性沥青防水涂料、水乳型氯丁橡胶沥青防水涂料、SBS 橡胶改性沥青防水涂料等，适用于 Ⅱ、Ⅲ、Ⅳ 级防水等级的屋面、地面、混凝土地下室和卫生间等。

1）氯丁橡胶沥青防水涂料

氯丁橡胶沥青防水涂料可分为溶剂型和水乳型两种，如图 9.29 所示。

图 9.28　高聚物改性沥青防水涂料　　图 9.29　氯丁橡胶沥青防水涂料

溶剂型氯丁橡胶沥青防水涂料(又名氯丁橡胶-沥青防水涂料),是氯丁橡胶和石油沥青溶化于甲基苯(或二甲苯)而形成的一种混合胶体溶液,其主要成膜物质是氯丁橡胶和石油沥青。其技术性能见表9.18。

水乳型氯丁橡胶沥青防水涂料(又名氯丁胶乳沥青防水涂料),由阳离子型氯丁胶乳与阳离子型沥青乳液相混合而成。它的成膜物质也是氯丁橡胶和石油沥青,但与溶剂型涂料不同的是其以水代替了甲苯等有机溶剂,使其成本降低并无毒。其技术性能见表9.19。

表 9.18　溶剂型氯丁橡胶沥青防水涂料技术性能

序　号	项　目	性能指标
1	外观	黑色黏稠液体
2	耐热度(85 ℃,5 h)	无变化
3	黏结力/MPa	>0.25
4	低温柔韧性(-40 ℃,1 h 绕 ϕ5 mm 圆棒弯曲)	无裂纹
5	不透水性(动水压 0.2 MPa,3 h)	不透水
6	抗裂性(基层裂缝≤0.8 mm)	涂膜不裂

表 9.19　水乳型氯丁橡胶沥青防水涂料技术性能

序　号	项　目		性能指标
1	外观		深棕色胶状液
2	黏度/(Pa·s)		0.25
3	含固量		≥45%
4	耐热性(80 ℃,恒温 5 h)		无变化
5	黏结力		≥0.2 MPa
6	低温柔韧性(动水压 0.1~0.2 MPa,5 h)		不断裂
7	不透水性(动水压 0.1~0.2 MPa,0.5 h)		不透水
8	耐碱性(饱和氢氧化钙溶液中浸 15 d)		表面无变化
9	耐裂性(基层裂缝宽度≤2 mm)		涂膜不裂
10	涂膜干燥时间/h	表干	≤4

2) 水乳型再生橡胶防水涂料

该涂料(简称 JG-2 防水冷胶料)是水乳型双组分(A 液、B 液)防水冷胶结料。A 液为乳化橡胶,B 液为阴离子型乳化沥青,两液分别包装,现场配制使用。涂料呈黑色,为无光泽黏稠液体,略有橡胶味,无毒。该涂料可以冷操作,加衬玻璃丝布或无纺布做防水层,抗裂性好,适用于屋面、墙体、地面、地下室、冷库的防水防潮,也可以用于嵌缝及防腐工程等。

水乳型再生橡胶沥青防水涂料技术性能,见表9.20。

表 9.20　水乳型再生橡胶沥青防水涂料技术性能

序　号	项　目	性能指标
1	外观	黏稠黑色胶液
2	含固量	≥45%
3	耐热性(80 ℃,恒温 5 h)	0.2~0.4 MPa
4	黏结力(8 字模法)	≥0.2 MPa
5	低温柔韧性(−10~−28 ℃,绕 ϕ1 mm 及 ϕ10 mm 轴棒弯曲)	无裂缝
6	不透水性(动水压 0.1 MPa,0.5 h)	不透水
7	耐碱性(饱和氢氧化钙溶液中浸 15 d)	表面无变化
8	耐裂性(基层裂缝 4 mm)	涂膜不裂

3)聚氨酯防水涂料

聚氨酯防水涂料(又称聚氨酯涂膜防水涂料)属双组分反应涂料。甲组分含有异氰酸基,乙组分含有多烃基的固化剂与增塑剂、稀释剂等。甲乙两组分混合后,经固化反应,形成均匀而富有弹性的防水涂膜,如图 9.30 所示。

图 9.30　聚氨酯防水涂料

聚氨酯涂膜防水材料有透明、彩色、墨色等品类,并兼有耐磨、装饰及阻燃等性能。由于它的防水、延伸及温度适应性能优异,施工简单,故在高级公用建筑的卫生间、水池等防水工程及地下室和有保护层的屋面防水工程中得到了广泛应用。

9.6　防水涂料性能检测*

防水涂料
性能试验

9.6.1　防水涂料性能检测方法

1)水性沥青基料防水涂料的检测

(1)检测仪器

①不透水检测仪:测试压力 0.1~0.3 MPa,试座直径 ϕ100 mm;拉力机:1~1 000 N;恒温

水浴箱:温度波动度±1 ℃。

②电动抗折(拉)试验机:单杠杆出力比1∶10,最大拉力1 000 N,1台;电热鼓风恒温烘箱:温度波动度±1 ℃,1台。

(2)附件材料

①烧杯:100 mL,2只;玻璃棒:φ7 mm,长300 mm,2根;钢筋棒:φ8 mm,长300 mm,2根;温度计:200,150,100,50 ℃各1支;坩埚:50 mL,3只;天平分度值0.001 g,0.1 g各1台;玻璃干燥器内放变色硅胶或无水氯化钙1只。

②木质试样架:45 ℃斜度,1只。柔韧性试验架:装φ10 mm圆棒和φ20 mm圆棒各1只。铝板:100 mm×50 mm×2 mm,3块;80 mm×35 mm×4 mm, 24块。抹刀:刀宽25 mm,2把。牛皮纸:100 mm×100 mm,1张。釉面砖:100 mm×100 mm,1块;150 mm×150 mm,15块。

③冰箱:可达(−20±2)℃,1台;保温桶:内径280 mm,高度280 mm,1只;8字模6只;油漆刷。

④不透钢槽板:12块;350 g油毡原纸:150 mm×150 mm,3张;铜丝网布或有机玻璃板;石棉水泥板:80 mm×35 mm×4 mm,24块;不锈钢隔条:45 mm×8 mm×1.5 mm,48条;木框:内侧100 mm×50 mm×10 mm。

⑤紫外线照射箱:600 mm×50 mm×80 mm,500 V,工作室温度45~50 ℃。

2)检测步骤

试样应预先在(20±10)℃的环境中旋转24 h,然后进行下列各项检验。

(1)外观检查

水性沥青基厚质防水涂料(AE-1)类产品外观检查:先用肉眼观察经两根钢筋棒搅匀的整桶试样色泽均匀与否,然后用一根玻璃棒取少量试样,放入盛水的烧杯中,用玻璃棒搅动试样,观察试样在水中的分散情况,记录每桶试样有无沥青丝。

水性沥青基薄质防水涂料(AE-2)类产品外观检查:先用肉眼观察经两根玻璃棒搅匀的整桶试样色泽均匀与否,然后将搅拌试样的玻璃棒取出,观察和记录每桶试样在玻璃棒上沾附颗粒的情况。

(2)固体含量检测

取3只干燥、洁净的坩埚连盖一起放入(105±5)℃烘箱内烘30 min,取出后放入干燥器中冷却至室温,分别称取每只带盖坩埚的质量,精确至0.001 g。

取两根钢筋棒(AE-2类产品可用玻璃棒)用力搅拌全部试样,直到均匀。

在每个已知质量的坩埚中(加盖)准确称取经充分搅匀的试样5~10 g,放入已调至(105±5)℃的烘箱中,鼓风恒温1 h后取出干燥器中冷却至室温,加盖称量,此后每隔30 min称量一次,直到恒量(前后两次质量差不大于0.005 g),精确到0.001 g。

3)结果评定

固体含量(X)按式(9.6)计算:

$$X = \frac{m_2 - m_1}{m} \times 100\%$$

(9.6)

式中　m_1——容器质量,g;

　　　m_2——烘干后试样的容器质量,g;

　　　m——试样质量,g。

检测结果以 3 次平行检测的平均值表示。

9.6.2　延伸性检测

1)试件制备

(1)水性沥青基厚质防水涂料(AE-1)类试件的制备

将 1 块不锈钢槽板的内侧和 4 片不锈钢隔条用机油涂刷一遍,然后取 2 块 80 mm× 35 mm×2 mm 的铝板放入不锈钢槽板内,再将 4 片不锈钢隔条插入槽板两侧的小槽中,使 2 块铝板对接成整体固定在槽板中。2 块铝板之间的缝隙不得大于 0.05 mm。然后将搅匀的试样按稠度差异分 1~2 次共称取(26±0.1)g 放入槽板内的铝板中段。每次称取试样后再用抹刀将其刮平,放入(40±2)℃烘箱中烘 8~10 h,最后一道涂层应在烘箱中烘 24 h,趁热用锋利的小刀切割试件四周,使试件与槽板和隔条内侧脱离,冷却后将试件沿槽板底面平移到 15 mm×150 mm 的釉面砖上,按此制备 12 块试件。

(2)水性沥青基薄质防水涂料(AE-2)类试件的制备

将 2 块石棉水泥放入不锈钢槽板内,再将 4 片不锈钢隔条插入槽板两侧的小槽中,使 2 块石棉板成整体固定在槽板中。2 块石棉板之间的缝隙不得大于 0.05 mm。然后称取 (2.0±0.1)g 搅匀的试样放入槽板内的石棉板中段,用抹刀刮平,放入(40±2)℃烘箱中烘 4 h,最后按样品的稠度差异再分 2~3 次共称取(6.0±0.1)g 试样。每次称取试样后,使试样与槽板和隔条一侧脱离,将试件沿槽板底面平移到 150 mm×150 mm 的釉面砖上,按此制备 12 块试件,其中 3 块用石蜡松香液(石蜡中加入 10% 松香)封住边缘和未涂试样的面,供碱处理用。

2)处理时和不同处理后的延伸性检测

(1)处理时的延伸性检测

将试件在(20±2)℃的室温中放置 2 h,检测前先调整拉力机在无负荷情况下的自动拉伸速度 AE-1 类试件为 10 mm/min,AE-2 类试件为 50 mm/min,然后将试件夹持在拉力机的夹具中心,并不得歪扭,记录此时延伸尺指针所示数值 L_1,精确到 0.1 mm。

(2)经热处理后的延伸性检测

将试件和釉面砖一起放在(70±2)℃的烘箱中,试件与烘箱壁间距不小于 50 mm,试件中心与温度计的水银球应在同一位置上,恒温 168 h 后取出,立即观察试件,记录有无流淌、起泡、塌落等异常变化。若无变化,则按上述规定进行检测。

(3)经碱处理后的延伸性检测

将涂有石蜡松香液的试件和釉面砖一起平放在(20±5)℃氢氧化钙饱和液中,液面应高出试件表面 10 mm 以上,连续浸泡 168 h 后取出,立即观察试件,记录其有无鼓泡溶胀、剥落等异常变化,若无变化,则按上述规定进行检测。

(4)经紫外线处理后的延伸性检测

将试件和釉面砖一起放入 500 W 直管高压汞灯紫外线照射箱内。灯管与箱底平行、与试件的距离为 47~50 mm，使距试件表面 50 mm 左右的空间温度为（45±2）℃。恒温照射 240 h 后，按规定进行检测。

3）结果计算

试件的延伸值（L）按式（9.7）计算：

$$L = L_1 - L_0 \qquad (9.7)$$

式中　L_0——试件拉伸前的延伸尺指针读数，mm；
　　　L_1——试件拉伸后的延伸尺指针读数，mm。

4）结果评定

以 3 个试件的算术平均值作为延伸数值。

①热处理后，若有 1 块试件出现流淌、起泡、塌落等异常现象，按不合格评定。

②碱处理后，若有 1 块试件出现鼓泡、溶胀、剥落等现象，按不合格评定。

9.6.3　不透水性检测

1）试件配备

AE-1 类试件的制备：把 3 张油毡原纸分别铺在 3 块 150 mm×150 mm 的釉面砖上，然后在每张油毡原纸上将搅匀的试样按稠度差异分 3~4 次共称取（56±0.1）g，单面涂刷。每次称取试样后再用玻璃棒刮平，并在（40±2）℃烘箱中放置 4~6 h，最后一道涂层应在烘箱中放 24~30 h 至干燥，若试件烘干后边角卷翘，应在（40±2）℃烘箱中轻轻压平。

2）检测步骤

①检测前将洁净的（20±2）℃水注入不透水的贮水罐至满溢。

②开启透水盘的进入阀，检查进水是否畅通，并使水与透水盘上口齐平。

③关闭进水阀，开启总水阀，接着连续加水压，使贮水罐的水流出来，清除空气。

④将 3 块试件涂层迎水，分别置于不透水仪的 3 个圆盘上，再在每块试件上面加 1 块铜线网布或有机玻璃板，拧紧压盖，开启进水阀。

⑤关闭总水阀，施加水压至 0.1 MPa，恒压 30 min，随时观察试件是否有渗水现象。

3）结果评定

若有 1 块试件迎水面背面的油毡原纸有水迹，即表明已渗水。

9.6.4　抗冻性检测

1）试件制备

（1）AE-1 类试件的制备

取 3 块干燥的水泥砂浆板，除去表面浮砂，擦净。在每块板上逐面涂刷 7~8 道试样，在（40±2）℃烘箱中烘干，使涂膜厚 3.5~4.0 mm。

（2）AE-2 类试件制备

取 3 块干燥洁净的水泥砂浆板。在每块板上逐面涂刮 4~5 道试样。在（40±2）℃烘箱中放置 4~6 h；最后一道试件刮平后，应在烘箱中烘干 24 h，使涂膜厚 1 mm 左右。

2)检测步骤

①将 3 块试件放在釉面砖上,一起浸入(20±10)℃水浴箱内,水面应高出试件表面 10 mm 以上,连续浸泡 24 h 后取出。

②立即将试件和釉面砖一起放入(20±2)℃冰箱内,冷冻 2 h 后取出,立即放入(20±10)℃水浴箱中 2 h。

③冷冻、浸水各 2 h 为一次循环,每次循环结束后观察试件表面涂膜是否有起泡、开裂、剥离等现象。

④若有 1 块试件出现上述现象即终止检测,并记录循环次数。

3)结果评定

检测结果以循环次数表示。

9.7 新型建筑密封材料的认识

建筑密封材料防水工程是对建筑物进行水密与气密,起到防水作用,同时也起到防尘、隔气与隔声的作用。因此,合理选用密封材料,正确进行密封防水设计与施工,是保证防水工程质量的重要内容。

9.7.1 建筑密封材料的种类及性能

密封材料分为不定型密封材料和定型密封材料两大类。前者是指膏糊状材料,如泥子、塑性密封膏、弹性和弹塑性密封膏或嵌缝膏;后者是根据密封工程的要求制成带、条、垫形状的密封材料。各种建筑密封膏的种类及性能比较见表 9.21。

表 9.21　各种建筑密封膏的种类及性能比较

种类 性能	油性嵌缝料	溶剂型密封膏	热塑型防水接缝材料	水乳型密封膏	化学反应型密封膏
密度/(g·cm⁻³)	1.5~1.69	1.0~1.4	1.3~1.45	1.3~1.4	1.0~1.5
价格	低	低~中	低	中	高
施工方式	冷施工	冷施工	冷施工	冷施工	冷施工
施工气候限制	中~优	中~优	优	差	差
储存寿命	中~优	中~优	优	中~优	差
弹性	低	低~中	中	中	高
耐久性	低~中	低~中	中	中~高	高
填充后体积收缩	大	大	中	大	小
长期使用温度/℃	−20~40	−20~50	−20~80	−30~80	−4~150
允许伸缩值/mm	±5	±10	±10	±10	±25

9.7.2　常用密封材料

1) 沥青嵌缝油膏

建筑防水沥青嵌缝油膏(简称油膏)是以石油沥青为基料,加入改性材料及填充料混合制成的冷用膏状材料。

(1)性能

建筑防水沥青嵌缝油膏的性能见表9.22。

表9.22　建筑防水沥青嵌缝油膏性能

序　号	项　目		技术指标	
1	密度/(g·cm⁻³)		规定值±0.1	
2	施工度/mm		≥22.0	≥20.0
3	耐热性	温度/℃	70	80
		下垂值/mm	≤4.0	
4	保温柔性	温度/℃	−20	−10
		黏结状况	无裂纹和剥离现象	
5	拉伸黏结性		≥125	
6	浸水后拉伸黏结性/%		≥125	
7	渗出性	渗出幅度/mm	≤5	
		渗出张数/张	≤4	
8	挥发性		≤2.8	

(2)主要用途

油膏适用于各种混凝土屋面板、墙板等建筑构件节点的防水密封。

(3)使用注意事项

①储存、操作远离明火。施工时如遇温度过低,膏体变稠而难以操作时,可以间接加热使用。

②使用时除配低涂料外,不得用汽油、煤油等稀释,以防止降低油膏黏度,亦不得戴粘有滑石粉和机油的湿手套操作。

③用料后的余料应密封,在5~25 ℃室温中存放;储存期为6~12个月。

2) 聚氨酯密封膏

(1)性能

聚氨酯密封膏是以聚氨基甲酸酯聚合物为主要成分的双组分反应固化型的建筑密封材料。

聚氨酯密封膏按流变性分为两种类型:N 型,非下垂型;L 型,自流平型。

(2)主要用途

聚氨酯建筑密封膏具有延伸率大、弹性高、黏结性好、耐低温、耐油、耐酸碱及使用年限长等优点;被广泛用于各种装配式建筑屋面板、墙、楼地面、阳台、窗杠、卫生间等部位的接缝、施工缝的密封,给排水管道、贮水池等工程的接缝密封,混凝土裂缝的修补,也可用于玻璃及金属材料的嵌缝。

3)聚氯乙烯接缝膏

(1)性能

聚氯乙烯接缝膏是以煤焦油和聚氯乙烯(PVC)树脂粉为基料,按一定比例加入增塑剂、稳定剂及填充料(滑石粉、石英粉)等,在140 ℃温度下塑化而成的膏状密封材料,简称PVC接缝膏;也可用废旧聚氯乙烯塑料代替聚氯乙烯树脂粉,其他原料和生产方法同聚氯乙烯接缝膏。

PVC接缝膏有良好的黏结性、防水性、弹塑性,耐热、耐寒、耐腐蚀和抗老化性能也较好。根据《聚氯乙烯建筑防水接缝材料》(JC/T 798—1997),其技术性能要求见表9.23。

表9.23 聚氯乙烯建筑防水接缝材料技术要求(JC/T 798—1997)

项 目			技术要求	
			801	802
密度/(g·cm^{-3})			规定值±0.1	
下垂度(80 ℃)/mm		≤	4	
低温柔性	温度/℃		−10	−20
	柔性		无裂缝	
拉伸黏结性	最大抗拉强度/MPa		0.02~0.15	
	最大延伸率/%	≥	300	
浸水拉伸未	最大抗拉强度/MPa		0.02~0.15	
	最大延伸率/%	≥	250	
恢复率/%		≤	80	
挥发率/%		≤	3	

(2)主要用途

这种密封材料可以热用,也可以冷用。热用时,将聚氯乙烯接缝膏用慢火加热,加热温度不得超过140 ℃,达塑化状态后,应立即浇灌于清洁干燥的缝隙或接头等部位。冷用时,加溶剂稀释;适用于各种屋面嵌缝或表面涂布作为防水层,也可用于水渠、管道等接缝;用于工业厂房自防水屋面嵌缝、大型墙板嵌缝等的效果也好。

4)丙烯酸酯密封膏

(1)性能

丙烯酸酯建筑密封膏是以丙烯酸酯乳液为基料,掺入增塑剂、分散剂、碳酸钙等配制而成的建筑密封膏。这种密封膏弹性好,能适应一般基层伸缩变形的需要;耐候性能优异,其使用年限在15年以上;耐高温性能好,在−20~140 ℃情况下,长期保持柔韧性;黏结强度高,耐水、耐酸碱性,并有良好的着色性。

（2）主要用途

丙烯酸酯密封膏适用于混凝土、金属、木材、天然石料、砖、瓦、玻璃之间的密封防水。

5）硅酮建筑密封膏

硅酮建筑密封膏是由有机聚硅氧烷为主剂，加入硫化剂、促进剂、增强填充料和颜料等组成的。硅酮建筑密封膏分单组分与双组分，两种密封膏的组成主剂相同，而硫化剂及其固化机理不同。

（1）性能

硅酮建筑密封膏性能指标见表9.24。

表 9.24　硅酮建筑密封膏性能指标

序　号	项　目		技术指标			
			F 类		G 类	
			优等品	合格品	优等品	合格品
1	密度/(g·cm^{-3})		规定值±0.1			
2	挤出性/(mL·min^{-1}) ≥		80			
3	适用期/h ≥		3			
4	表干时间/h ≤		24			
5	流动性	下垂度(N型)/mm ≤	3			
		流平性(L型)	自流平		—	
6	低温柔性/℃		−40			
7	定伸性能	定神黏结性	200	160	160	125
			无破坏		无	
		热-水循环后定伸黏结性	定伸200%	定伸160%	定伸160%	定伸125%
			无破坏			
		浸水光照后定伸黏结性	—		定伸160%	定伸125%
8	恢复率/% ≤		定伸200%	定伸160%	定伸160%	定伸125%
			90		90	
9	拉伸-压缩循环性能		9 030	9 020	9 030	8 020
			黏结和内聚破坏面积不大于25%			

注：F类为建筑接缝用密封膏，适用于预制混凝土墙板、水泥板、大理石板的外墙接缝，混凝土和金属框架的黏结，卫生间和公路接缝的防水密封等；G类为镶装用密封膏，主要用于镶嵌玻璃和建筑门、窗的密封。

（2）主要用途

①高模量硅酮建筑密封膏，主要用于建筑物的结构型密封部位，如高层建筑物大型玻璃幕墙、隔热玻璃黏结密封、建筑物门窗和框架周边密封。

②中模量硅酮建筑密封膏，除了具有极大伸缩性的接触不能使用之外，在其他场合都可以用。

③低模量硅酮建筑密封膏,主要用于建筑物的非结构型密封部位,如预制混凝土墙板、水泥板、大理石板、花岗石的外墙接缝,混凝土与金属框架的黏结,卫生间、高速公路接缝防水密封等。

9.8 防水堵漏材料的认识

建筑防水工程的渗漏水的主要形式分点、缝和面的渗漏,根据其渗水量又可分为慢渗、快渗、漏水和涌水。因此可根据不同工程的具体渗漏情况,采用不同的堵漏材料加以处理。所谓堵漏材料是能在短时间内速凝的材料,从而堵住水的渗出。常用的堵漏材料可分为堵漏剂和灌浆材料两种。堵漏剂有:"堵漏灵""防水宝""确保时""水不漏"等;灌浆材料有聚氨酯灌浆材料、丙凝、环氧树脂灌浆材料、水泥类灌浆材料。

9.8.1 "堵漏灵"

"堵漏灵"是一种快速堵漏的水泥混合物,具有速凝、早强、抗渗、微膨胀、无毒无害,不含氯化物、阻烯燃等特点,如图 9.31 所示。

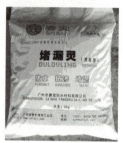

图 9.31 "堵漏灵"

1)"堵漏灵"的特点

①无毒、无害,可用于饮水工程;
②快凝快硬,瞬间止水,早强高强,抗渗抗裂;
③可带水施工、快速堵漏,迎水面、背水面均可施工;
④凝固时间可调,防水、黏结均可。

2)适用范围

①隧道涵洞渗水堵漏;
②地下室、卫生间、浴池和屋面的渗水堵漏;
③各种压力管紧急抢修;
④机械设备的应急安装;
⑤水库大坝裂缝渗水处理。

3)使用方法

①找出漏水点或裂缝,凿成"V"字形,清除泥浆、油污及碳化混凝土;
②取适量产品按粉料:水 = 1:0.35 搅拌成浆体;

③将浆体嵌入"V"形槽处,压实抹平;

④渗漏严重的坑、洞可直接用"堵漏灵"干粉投入渗水处压实,待止渗后修补平整;

⑤渗漏严重的缝隙,用引流法引出渗漏水,用"堵漏灵"浆体堵住缝隙,再堵引流孔。

4)包装与储存

①包装:5 kg/袋、1 kg/袋;

②未启封产品在阴凉干燥处保存,保存期为 12 个月。

5)注意事项

①当气温低于 15 ℃时,宜用大于 40 ℃温水搅拌;

②开包后一次性用完,或密封好存放在干燥的室内。

9.8.2　"防水宝"

"防水宝"是一种固体粉状建筑用刚性无机防水材料,无毒、无味、不燃、耐化学腐蚀,如图 9.32 所示。

图 9.32　"防水宝"

1)"防水宝"的特点

"防水宝"具有黏结力好、强度高、抗冻抗渗性好等优异性能。

2)"防水宝"的分类及适用范围

①Ⅰ型"防水宝"属水硬性无机胶凝材料,母料为白色粉末,需与石英粉以及硅酸盐水泥按一定比例混合后方可使用。适用于自来水池、游泳池、养殖池、密封污水处理系统等的防水、防潮、防渗漏,若与白水泥或彩色水泥混合,则同时可兼作表面装饰。

②Ⅱ型"防水宝"属固体粉状无机防水材料,它具有干固快、强度高、抗渗性好、黏结力强等优点,而且无毒,无味,加水调和即可使用。该材料的另一个显著特点是能在大面积渗漏的施工面施工,达到快速止水的效果;适用于一切新修建筑物的屋面、地下室、蓄水池以及隧道等的防水、防潮、防渗漏,还可用于粘瓷砖、马赛克等。

9.8.3　"确保时"

"确保时"是一种高效防水涂料,如图 9.33 所示,是引进美国专利原料,配以国产白水泥和石英砂等材料而制成的,包括"确保时"防水胶和防水粉两种。"确保时"防水胶,主要用于外墙和屋面的堵漏。对于各种水泥砖石建筑物表面,以及沥青、氯丁橡胶、镀锌铁板、铝材、石膏轻质材料与制品等均有良好的黏结性。

图 9.33　"确保时"

9.8.4　"水不漏"

"水不漏"是吸收国内外先进技术开发的高效防潮、抗渗、堵漏材料;其产品分为缓凝型(主要用于防潮、防渗)和速凝型(主要用于抗渗、堵漏)两种,均为单组分灰色粉料。

1)"水不漏"的主要特点

"水不漏"可以带水施工,方便安全,迎水面、背水面均可使用,瞬间止水;抗渗压高,黏结力强,防水和粘贴一次完成,不老化,耐水性好;涂层薄、造价低;能与外层水泥砂浆或其他黏结材料牢固结合。

2)适用范围

"水不漏"可用于各种砖、石、混凝土结构的新旧建筑物的防水,尤其适合于各种地下构筑物、沟道、水池、厕浴间等工程的防潮、抗渗、堵漏;也可作为粘贴瓷砖、马赛克、大理石等块材的材料。对于无渗水面的防水,最好选用缓凝型"水不漏";对于渗水面和漏水口的防水堵漏,最好选用速凝型"水不漏"。

工程案例 9

柔性防水层应有足够的厚度

[现象]屋面防水层具备足够的厚度,是延长防水寿命的重要条件。

[原因分析]

(1)可延长老化期

防水层的老化过程是由表及里进行的,虽然缓慢,但会逐年加剧。增加防水层厚度,可以延长防水层寿命。

(2)对防止基层裂缝有利

如果防水层满粘在基层上,基层裂缝会拉伸防水层。防水层如果很薄,受拉不易剥离,但容易断开;厚的防水层,即使底面已有裂纹,但上部还能延伸。

(3)有利于抵抗人为的破坏

防水层竣工后仍有人在上面行走、推车、搬运、堆放。薄的防水层易被破坏,厚的防水层则能够抵抗一些冲击。

(4)能够承受砂砾破坏

如果防水层较薄,很容易被扎破,而厚防水层则可承受一定的伤害。

夏季中午铺设沥青防水卷材

[现象]某住宅工程屋面防水层铺设沥青防水卷材,全安排的是夏季白天施工,后来卷材出现鼓化渗漏,请分析原因。

[原因分析]夏季中午炎热,屋顶受太阳照射,温度较高。此时铺贴沥青防水卷材,基层中的水分会蒸发,集中于铺贴的卷材内表面,并会使卷材鼓泡。此外,高温时沥青防水卷材会软化、膨胀,温度降低后卷材产生收缩甚至断裂,致使屋面出现渗漏。

单元小结

本单元主要介绍了石油沥青的主要性能指标,即黏滞性、塑性、温度稳定性、加热稳定性、最高加热温度、溶解度、大气稳定性;还介绍了防水卷材、防水涂料和防水密封材料的主要性能。防水卷材主要有普通沥青系防水卷材、高聚物改性沥青系防水卷材、合成高分子防水卷材三大系列等。防水密封材料分为不定型密封材料和定型密封材料两大类。另外,本单元还介绍了沥青防水卷材的主要技术指标检测。

职业能力训练

一、填空题

1.石油沥青的主要组分包括_____、_____和_____三种。

2.石油沥青的黏滞性,对于液态石油沥青用_____表示,对于半固体或固体石油沥青用_____表示。

3.石油沥青的塑性用_____或_____表示;该值越大,则沥青塑性越____。

4._____是石油沥青牌号的主要依据。

5.防水卷材根据其主要防水组成材料分为_____、_____和_____三大类。

6.沥青的软化点较低,表明该沥青_____。

7.针入度指数较小,表明该沥青_____。

8.石油沥青中沥青质含量较高时,会使沥青出现黏性_____,温度稳定性_____。

9.在沥青胶中增加矿粉的掺量,能使其耐热性_____。

10.石油沥青的温度敏感性是沥青的_____性和_____性随温度变化而改变的性能。当温度升高时,沥青的_____性增大,_____性减小。

二、名词解释

1.石油沥青的黏滞性

2.沥青的塑性

3.沥青的老化

4.沥青的软化点

三、判断题

1.石油沥青的牌号高,说明其温度敏感性小。　　　　　　　　　　　　　　　(　　)

2.沥青胶(玛琋脂)是沥青与胶黏剂的混合物。　　　　　　　　　　　　　　(　　)

3.当采用一种沥青不能满足配制沥青胶所要求的软化点时,可随意采用石油沥青与煤沥青掺配。　　　　　　　　　　　　　　　　　　　　　　　　　　　　　　(　　)

4.沥青本身的黏度高低直接影响着沥青混合料黏聚力的大小。　　　　　　　　(　　)

5.夏季高温时的抗剪强度不足和冬季低温时的抗变形能力过差,是引起沥青混合料铺筑的路面破坏的重要原因。　　　　　　　　　　　　　　　　　　　　　　　(　　)

四、单项选择题

1.石油沥青软化点指标反映了沥青的(　　)。

A.耐热性　　　　　　　B.温度敏感性　　　　　　　C.黏滞性　　　　　　　D.强度

2.在石油沥青的主要技术指标中,用延度表示其特性的指标是(　　)。

A.黏度　　　　　　　B.塑性　　　　　　　C.温度稳定性　　　D.大气稳定性

3.石油沥青在热、阳光、氧气和潮湿等因素的长期综合作用下,其抵抗老化的性能称为
(　　)。

A.耐久性　　　　　　B.抗老化性　　　　　C.温度敏感性　　　D.大气稳定性

4.沥青的牌号根据(　　)技术指标来划分。

A.针入度　　　　　　B.延伸度　　　　　　C.软化点　　　　　D.闪点

5.弹性体沥青防水卷材、塑性体沥青防水卷材均以(　　)划分标号。

A.每 1 m 的标称质量(kg/m)　　　　　　B.每 1 m^2 的标称质量(kg/m^2)

C.每 10 m^2 的标称质量(kg)　　　　　D.每 15 m^2 的标称质量(kg)

五、简述题

1.建筑石油沥青、道路石油沥青和普通石油沥青的应用各如何?

2.煤沥青与石油沥青相比,其性能和应用有何不同?

3.简述 SBS 改性沥青防水卷材、APP 改性沥青防水卷材的应用。

4.冷底子油在建筑防水工程中的作用是什么?

5.石油沥青的技术性质有哪些?

6.石油沥青的牌号如何划分?

7.石油沥青的主要组分及其性质是什么?

8.土木工程中,选用石油沥青牌号的原则是什么?在地下防潮工程中,如何选择石油沥青的牌号?

单元 10
绝热材料和吸声材料认识

单元导读

- **基本要求** 了解常用绝热材料的性能、作用原理及使用范围；了解各类建筑保温材料的用途；了解常用吸声材料的吸声原理、种类和性能。
- **重点** 绝热材料及吸声材料的应用。
- **难点** 常用绝热材料和吸声材料的性能及使用范围。

10.1　常用绝热材料的认识

绝热材料是用于减少结构物与环境交换的一种功能材料，在建筑物中起保温、隔热作用。绝热材料主要用于墙体及屋顶、热工设备及管道、冷藏设备及冷藏库等工程或冬季施工等，如图 10.1 所示。

10.1.1　绝热材料的作用原理

当材料的两个相对侧面间出现温度差时，热量会从高温区向低温区传导。在冬天，由于室内气温高于室外

图 10.1　绝热材料

气温，热量会从室内经围护结构材料向外传出，造成热损失；夏天，室外气温高于室内，热量经围护材料传至室内，从而室内温度随之提高。因此，为了保持室内温度，房屋的围护结构材料必须具有一定的绝热性能。

要实现绝热，材料必须要导热性低[导热系数≤0.17 W/(m·K)]、表观密度小（表观密度≤600 kg/m³）、有一定的强度（抗压强度>0.3 MPa）。在具体选用时，还要根据工程的特

点,考虑材料的耐久性、耐火性、耐侵蚀性等是否满足要求。

在热传递过程中,通常存在2种或3种传热方式。绝热材料通常是多孔的,孔壁之间的空气对流与热传导相比,所占的比例很小,主要考虑热传导。由材料的导热性得知,材料导热能力的大小用导热系数λ表示。导热系数是指单位厚度的材料,当两相对侧面温差为1 K时,在单位时间内通过单位面积的热量。导热系数受材料的组成、孔隙率及孔隙特征、所处环境的湿度、温度及热流方向等方面的影响。导热系数越小,保温隔热效果越好。

10.1.2 影响材料绝热性能的因素

1)材料的性质

不同的材料导热系数不同。一般来说,金属导热系数的最大,液体的较小,气体的最小。对于同一种材料,内部结构不同导热系数的差别也很大:结晶结构的最大,微晶体结构的次之,玻璃体结构的最小。对于多孔的绝热材料,由于孔隙率高,气体(空气)对导热系数的影响最大,而固体部分的结构无论是晶态或玻璃态对其影响都不大。

2)表观密度与孔隙特征

由于材料中固体物质的导热能力比空气的大得多,故表观密度小的材料,因其孔隙率大,所以导热系数小。在孔隙率相同的条件下,孔隙尺寸越大,导热系数越大,互相连通孔隙比封闭孔隙导热性高。对于表观密度很小的材料,特别是纤维状材料(如超细玻璃纤维),当其表观密度低于某一极限值时,导热系数反而会增大,这是由于孔隙率增大时互相连通的孔隙大大增多,而使对流作用加强的结果。因此这类材料存在最佳表观密度,即在此表观密度时导热系数最小。

3)温度、湿度

材料的导热系数随温度的升高而增大。当温度升高时,材料固体分子的热运动增强,同时材料孔隙中空气的导热和孔壁间的辐射作用也有所增加。但温度在0~50 ℃变化时这种影响并不显著,只有对处于高温或负温下的材料,才考虑温度的影响。当材料受潮后,由于孔隙中增加了水蒸气的扩散和水分子的热传导作用,致使材料的导热系数增大,这是由于水的导热系数比密闭空气的导热系数大20倍左右;当材料受冻后,水结成冰,其导热系数将更大,因为冰的导热系数是空气的80倍。因此绝热材料在应用时必须注意防潮防冻。

4)热流方向

对于各种异性材料,如木材等纤维质材料,当热流平行于纤维方向时,热流受到的阻力小;而热流垂直于纤维方向时,受到的阻力就大。如松木,当热流垂直于木纹时,$\lambda=0.175$ W/(m·K),而热流平行于木纹时,则$\lambda=0.349$ W/(m·K)。

对于常用绝热材料,上述各项因素中以表观密度和湿度的影响最大。因而在测定材料的导热系数时,必须同时测定材料的表观密度。至于湿度,对于多数绝热材料,空气相对湿度为80%~85%时材料的平衡湿度作为参考状态,应尽可能在这种湿度条件下测定材料的导热系数。

除了上述导热系数λ外,还有热阻作为评价绝热材料指标。同样温度条件下,热阻越大,通过保温材料的热量越少。导热系数越大,表示物体内部实现温度均衡一致的能力越强,材料内部温度传播的速度越快。

10.1.3　常用绝热材料及其性能

绝热材料按化学成分可以分为有机材料和无机材料两种。其无机类多为纤维或松散颗粒制成的毡、板、管套等制品,或通过发泡工艺制成的多孔散粒料及制品;有机类多为泡沫塑料、植物纤维类绝热板。

1)无机绝热材料

（1）纤维类制品

纤维类制品包括石棉及其制品、矿棉及其制品、岩棉及其制品、玻璃棉及其制品。

①天然石棉短纤维、石棉粉,以及用碳酸镁（或硅藻土）胶结成的石棉纸、毡、板等制品,具有耐火、耐热、绝热、隔音、绝缘等性能。除用作材料填充外,还可与水泥、硅酸镁等结合制成石棉制品绝热材料,用于建筑工程的高效保温及防火覆盖,如图10.2所示。

图10.2　石棉纤维

②熔融高炉矿渣经喷吹或离心制成的矿渣棉,以及用沥青或酚醛树脂胶结成的各种矿渣棉制品,具有轻质、不燃、绝热和电绝缘等性能,且原料来源丰富,成本较低;可制成矿棉板、矿棉毡及管套等,用于建筑物的墙面、屋顶、天花板及热力管道的保温材料。

③玄武岩经溶化、喷吹成的火山岩棉,以及用沥青或水玻璃胶结而成的各种岩棉制品,用于建筑物及直径较大的罐体、锅炉等的绝热。

④玻璃短棉（长度<150 mm）和超细棉（直径<1 μm）。短棉可制成沥青玻璃棉毡、板等制品,超细棉可制成普通超细棉毡、板,也可制成无碱超细玻璃棉毡等,用于房屋建筑中的保温及管道保温。

（2）松散颗粒类制品

松散颗粒类制品包括膨胀蛭石及其制品、膨胀珍珠岩。

①天然蛭石经煅烧、膨胀而得的多孔状膨胀蛭石粒料,用于填充墙壁、楼板及平屋顶等,起保温作用;也可与水泥或水玻璃作胶结剂,现浇或预制成各种制品,使用时应注意防潮。

②天然玻璃质火山喷出岩经煅烧、膨胀而得的蜂窝泡沫状膨胀珍珠岩,用于建筑工程的围护结构、低温和超低温制冷设备、热工设备等的绝热保温。

（3）多孔类制品

多孔类制品包括硅藻土、微孔硅酸钙制品、泡沫玻璃。

①硅藻土和石灰为主要原料,加少量石棉、水玻璃经成型、蒸压、烘干而成的微孔硅酸钙,用作填充料或制成硅藻土砖等。

②用硅质材料(粉煤灰或磨细砂等)加石灰,掺入发气剂(铝粉)经蒸压或蒸养而成的加气混凝土,用于建筑物的维护结构和管道保温,效果比水泥膨胀珍珠岩和水泥膨胀蛭石好。

③用碎玻璃掺发泡剂,经熔化和膨胀而成的泡沫玻璃,具有导热系数小、抗压强度高、抗冻性好、耐久性好等特点,并且可以锯切、钻孔、黏结,是一种高级绝热材料;可用于砌筑墙体,也可用于冷藏设备的保温,或用作漂浮过滤材料。

2)有机绝热材料

(1)树脂类制品

树脂类制品包括泡沫塑料和轻质钙塑板。

①泡沫塑料是以合成树脂为基料,加入一定量的发泡剂、催化剂、稳定剂等辅助材料经过加热发泡而制成的新型、保温、防震材料。目前我国生产的泡沫塑料有聚苯乙烯泡沫塑料、聚氯乙烯泡沫塑料、聚氨酯泡沫塑料及脲醛泡沫塑料等,如图 10.3 所示;用于屋面、墙面保温,冷库绝热和制成夹心复合板。

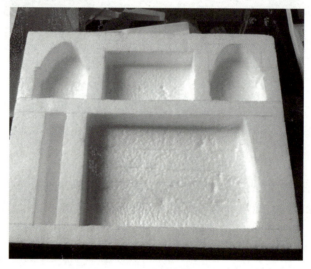

图 10.3　泡沫塑料

②在高压聚氯乙烯中加轻质碳酸钙及发泡剂,经热压制成的轻质钙塑板。

③用蜂窝芯材两面粘贴面板而制成的蜂窝板,蜂窝芯材常用牛皮纸、玻纤布或铝片加工成六角形空腹构造,再浸渍醋醛或聚酯树面板。常用浸渍过树脂的牛皮纸、玻纤布,或未经浸渍的胶合板、纤维板或石膏板等。

(2)木材类制品

木材类制品包括软木板、纤维板、蜂窝板。

①用栓皮栎、黄菠萝的树皮,经切碎脱脂热压而成的软木板,具有表观密度小、导热系数小、抗渗和防腐性能好的特点。

②用木材废料破碎、浸泡、研磨成木浆,经热压制成的纤维板。

③用蜂窝芯材两面粘贴面板而制成的蜂窝板,蜂窝芯材常用牛皮纸、玻纤布或铝片加工

成六角形空腹构造,再浸渍聚酯树面板,常用浸渍过树脂的牛皮纸、玻纤布,或未经浸渍的胶合板、纤维板或石膏板等。

此外,还有用劣等马毛、牛毛加植物纤维和糨糊制成的毛毡等,还可用木材锯末拌入消石灰的松散颗粒,直接摊铺或填充于楼板、屋面的夹层中。

10.2 常用吸声材料的认识

吸声材料是指能在一定程度上吸收由空气传递的声波能量的材料;常用于音乐厅、影剧院、大会堂、语音室等内部的地面、天棚、墙面等部位,能改善音质,获得良好的音响效果。

10.2.1 材料的吸声原理

声音源于物体的振动,它引起邻近空气的振动而形成声波,并在空气介质中向四周传播。声音在传播过程中,一部分声能随距离的增大而扩散,一部分声能因空气分子的吸收而减弱。当声波传入材料表面时,声能一部分被反射,一部分穿透材料,其余部分则被材料吸收。这些被吸收的能量(包括穿透部分的声能)与入射声能之比,其值变动于 0~1,称为吸声系数 α,吸声系数越大,材料的吸声效果越好。

$$\alpha = \frac{E_1 + E_2}{E_0} \tag{10.1}$$

式中　α——材料的吸声系数;

　　　E_1——材料吸收的声能;

　　　E_2——穿透材料的声能;

　　　E_0——入射的全部声能。

材料的吸声性能除与材料本身结构、厚度及材料的表面特征和声音的声波方向、声波的频率有密切关系。同一材料对高、中、低不同频率声波的吸声系数可能有很大差别。通常把 125,250,500,1 000,2 000,4 000 Hz 共 6 个频率的平均吸声系数大于 0.2 的材料,才称为吸声材料。

10.2.2 影响材料吸声性能的主要因素

①材料的表观密度。对于同一种多孔材料,当表观密度增大时,低频的吸声效果会有所提高,而高频的吸声效果则有所降低。

②材料的厚度。增加材料的厚度,可提高对低频的吸声效果,而对高频的吸收则没有明显影响。

③材料的孔隙特征。材料的孔隙越多、越细小,吸声效果越好。互相连通且开放的孔隙越多,材料的吸声效果越好。当多孔材料表面涂刷漆或材料吸湿受潮时,由于材料的孔隙大多被水分或涂料堵塞,吸声效果将会降低,因此多孔吸声材料应注意防潮。

④吸声材料设置的位置。悬吊在空中的吸声材料,可以控制室内的混响时间和降低噪声。多孔材料或饰物悬吊在空中的吸声效果比布置在墙面或顶棚上要好,而且使用和安置也比较方便。

10.2.3　建筑上常用的吸声材料

1)多孔吸声材料

常用的多孔吸声材料有木丝板、纤维板、玻璃棉、矿棉、珍珠岩砌块、泡沫混凝土、泡沫塑料等,如图10.4所示。这类材料是因声波进入材料内部互相贯通的孔隙,空气分子受到摩擦和阻力,使空气产生振动,从而使声能转化为机械能,最后因摩擦转变为热能被吸收。

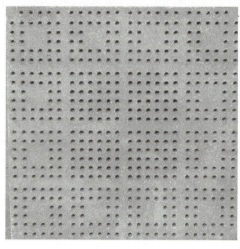

图10.4　多孔吸声材料

2)柔性吸声材料

柔性吸声材料是具有密封气孔和有一定弹性的材料,如泡沫塑料。由于气孔密闭,其吸声效果不是通过孔隙中的空气振动,而是直接通过自身振动消耗声能来实现的。

3)薄板振动吸声结构

薄板振动吸声结构常用的材料有胶合板、薄木板、硬质纤维板、石膏板、石棉水泥板、金属板等。将其周边固定在墙或顶棚的龙骨上,并在背后保留一定的空气层,即构成薄板振动吸声结构。此种结构在声波作用下,薄板和空气层的空气发生振动,在板内部和龙骨间出现摩擦损耗,将声能转化成热能,起吸声作用。该吸声结构对吸收低频声波效果较好。

4)穿孔板组合共振吸声结构

穿孔板组合共振吸声结构是用穿孔的胶合板、硬质纤维板、石奇板、石棉水泥板、铝合金板、薄钢板等,将周边固定在龙骨上,并在背后设置空气层而构成。穿孔板厚度、穿孔率、孔径、背后空气层厚度以及是否填充多孔吸声材料等,都直接影响吸声结构的吸声性能。此种结构在建筑上使用十分普遍。

5)悬挂空间吸声体

将吸声材料制成平板形、球形、圆锥形、棱锥形等多种形式,悬挂在顶棚上,即构成悬挂空间吸声体。此种结构增加了有效吸声面积,再加上声波的衍射作用,可以明显提高实际吸声效果。

6) 帘幕吸声体

将具有透气性能的纺织品,安装在离墙面或窗户面一定距离处,背后设置空气层。此种结构装卸方便,兼具装饰作用,对中、高频的声波有一定的吸声效果。

10.2.4 隔声材料

隔声是指材料阻止声波透过的能力。隔声性能的好坏用透射系数来衡量。透射系数用透过材料的声能与材料的入射总声能的比值来表示。材料的透射系数越小,说明材料的隔声性能越好。

通常,声波在材料或结构中按照传播途径可分为空气声(由于空气的振动)和固体声(由于固体的撞击或振动)两种。对于不同的声波传播途径的隔绝可采取不同的措施,选择适当的隔声材料或结构。对空气声的隔声而言,材料传声的大小主要取决于其单位面积的质量,质量越大越不易振动,隔声效果越好,故应该选择密实、沉重的材料(如烧结普通砖、钢筋混凝土、钢板等)作为隔声材料。对于隔绝固体声,最有效的措施是采用不连续的结构处理,即在墙壁和承重梁之间、房屋的框架和墙板之间加弹性衬垫,如毛毡、软木、橡皮等材料或在楼板上加弹性地毯等。

工程案例 10

绝热材料的应用

[现象]某冰库绝热采用多种绝热材料、多层隔热,以聚苯乙烯泡沫作为墙体隔热夹芯板,在内墙喷涂聚氨酯泡沫,取得了良好的效果。

[原因分析]应用于墙体、屋面或冷藏库等处的绝热材料包括:以酚醛树脂黏结岩棉,经压制而成的岩棉板;以玻璃棉、树脂胶等为原料的玻璃棉毡;以碎玻璃、发泡剂等经熔化、发泡而得的泡沫玻璃;以水泥、水玻璃等胶结膨胀而成的膨胀蛭石制品;或者以聚苯乙烯树脂、发泡剂等经发泡而得的聚苯乙烯泡沫塑料等材料。其中,岩棉板、膨胀蛭石制品和聚苯乙烯泡沫塑料等绝热材料还可应用于热力管道中。

吸声材料在工程中的应用

广州地铁坑口车站为地面站,一层为站台,二层为站厅。站厅顶部为纵向水平设置的半圆形拱顶,长 84 m,拱跨 27.5 m,离地面最高点 10 m,最低点 4.2 m,钢筋混凝土结构。在未做声学处理前,该站厅存在严重的声缺陷——低频声的多次回声现象。发一次信号枪,枪声就像轰隆的雷声,经久才停。声学处理工程完成以后,该站厅声环境大大改善,经电声广播试验后,主观听声达到听清分散式小功率扬声器播音效果。总之,声学材料需根据其所用的结构、环境选用。

单元小结

本单元主要介绍了绝热保温材料和吸声材料两种建筑功能材料。所介绍的材料非本专业学生的学习重点,对学生的要求也较低,多数属于了解性内容。

职业能力训练

一、填空题

1.隔声是指材料阻止_____的能力。

2.隔声主要是指隔绝_____声和_____声。

3.多孔吸声材料的吸声系数,一般从低频到高频逐渐增大,故其对_____声音吸收效果较好。

4.材料的吸声系数越大,材料的吸声效果越_____。

5.材料导热系数越小,保温隔热效果越_____。

6.保温隔热材料,在施工和使用过程中,应保证其经常处于_____状态。

二、名词解释

1.绝热材料

2.吸声系数

三、单项选择题

1.建筑结构中,主要起吸声作用且吸声系数不小于( )的材料称为吸声材料。

A.0.1　　　　 B.0.2　　　　 C.0.3　　　　 D.0.4

2.吸声材料的要求是6个规定频率的吸声系数的平均值应大于( )。

A.0.2　　　　 B.0.4　　　　 C.0.8　　　　 D.1.0

3.导热系数最大的是( )。

A.金属　　　　 B.木材　　　　 C.石棉　　　　 D.空气

四、简述题

1.影响建筑材料导热系数的主要因素有哪些?

2.影响吸声材料吸声效果的因素有哪些?

3.吸声材料与绝热材料的气孔特征有何差别?

4.选用何种地板会有较好的隔声效果?

5.影响材料绝热性能的因素有哪些?

6.常用的绝热材料有哪些?简述常用的绝热材料的特点和用途。

7.什么是吸声材料?材料的吸声性能用什么指标表示?

8.某绝热材料受潮后,其绝热性能明显下降。请分析原因。

单元 11
建筑装饰材料认识

单元导读

- **基本要求** 掌握各类常用装饰材料的性能和应用;熟悉常用装饰材料的技术性质、规格等;了解装饰材料的类型、成分及组成。
- **重点** 各类常用装饰材料的性能和应用。
- **难点** 各类常用装饰材料的性能和应用。

建筑工程中,把铺设、粘贴或涂刷在建筑物内、外表面,主要起装饰作用的材料称为装饰材料。建筑装饰材料按在建筑中的装饰部位可分为外墙装饰材料、内墙装饰材料、地面装饰材料及吊顶装饰材料;按主要化学成分可分为无机装饰材料和有机装饰材料两大类。常用的建筑装饰材料有木材、塑料、石膏、铝合金、铝塑等制作的装饰材料,此外还有涂料、玻璃制品、陶瓷、饰面石材等。

11.1 建筑装饰石材

建筑装饰石材包括天然石材和人造石材两大类。天然石材是从天然岩体中开采出来的毛料经过加工而成的板料或块料。天然石材结构致密,抗压强度高,耐水性、耐磨性、装饰性、耐久性均较好。人造石材是以天然石材碎料、石英砂、石渣等为骨料,树脂、聚酯树脂或水泥等为胶结料,经拌和、成型、聚合或养护后,打磨抛光切割而成。其与天然石材相比,人造石材具有质量轻、强度高、耐污耐磨、造价低廉等优点,从而被认为是很有发展前途的一种装饰材料。

岩浆岩与沉积岩

11.1.1 天然石材

1)花岗石板

花岗石为典型的火成岩,其主要的矿物成分是石英、长石和少量的云母及暗色矿物。花岗石结构致密、吸水率低、质地坚硬、强度高、耐磨性及抗冻性好、化学稳定性好、耐腐蚀及耐久性好、抗风化能力强;花岗石质感丰富,磨光后色彩斑斓,是高级的装饰材料。其缺点是:自重大,用于房屋建筑或装饰会增加建筑物的质量;硬度大,给开采和加工造成困难;质脆、耐火性差,因为石英在高温下会有晶型转变产生膨胀而破坏岩石结构;某些花岗石含有微量的放射性元素,应根据花岗石石材的放射性强度水平确定其应用范围。

花岗石经开采、锯解、切割、磨光而成;有深青、紫红、浅灰、纯墨等颜色,并有小而均匀的黑点,其耐久性和耐磨性都很好。磨光的镜面花岗石板和细面花岗岩石板可用于室内墙面及地面,经斩凿加工的粗面石板可铺设于室外墙面、勒脚及阶梯踏步等,如图 11.1 所示。

2)大理石板

大理石属变质岩,由石灰岩、白云岩等沉积岩经变质而成,主要矿物成分为方解石和白云石,是碳酸盐类岩石。大理石结构致密、吸水率小、抗压强度高但硬度不大,因此大理石相对较易雕琢和磨光加工。由于大理石的主要化学成分是 $CaCO_3$,属于碱性物质,容易被酸性物质侵蚀,除个别品种外(汉白玉、艾叶青等),一般不宜用于室外。

天然大理石板的加工工艺与花岗岩板相同。经研磨、抛光,使饰面板表面具有较高的光泽度,多具美丽花纹,有黄、绿、白、黑等颜色,多用于建筑物室内饰面,如地面、柱面、墙面、造型面、酒吧吧台侧立面与台面、服务台立面与台面、电梯间门口等,如图 11.2 所示。

图 11.1 花岗石路面　　　　　图 11.2 室内大理石板

11.1.2 人造石材

人造石材包括水磨石、人造大理石、人造花岗石和其他人造石材,其色彩和花纹均可根据设计要求制作,如仿大理石、仿花岗石、仿玛瑙石等。

人造石材具有天然石材的质感,但质量轻、强度高,耐腐蚀、耐污染,可锯切、钻孔,施工方便。它适用于门套或柱面的装饰,也可用于工厂或学校的工作台面及各种卫生洁具,还可以加工成浮雕、工艺品等。与天然石材相比,人造石材是一种比较经济的饰面材料。

1）树脂型人造石材

这种人造石材一般以不饱和树脂为胶结剂,石英砂、大理石碎粒或粉等无机材料为集料,经搅拌混合、浇注成型、固化、脱模、烘干、抛光等工艺制成。不饱和树脂的黏度低,易于成型,且可在常温下快速固化,产品光泽好,基色浅,可调制成各种鲜艳的颜色。

2）水泥型人造石材

它是以各种水泥为胶结剂,与砂和大理石或花岗石碎粒等经配料、搅拌、成型、养护、磨光、抛光等工序制成。如果采用铝酸盐水泥和表面光洁的模板,则制成的人造石材表面不用抛光即可具有较高的光泽度,这是由于铝酸盐水泥的主要矿物 $Ca(CaO \cdot Al_2O_3)$ 水化后产生大量的氢氧化铝凝胶,这些水化产物与光滑的模板相接触,形成致密结构而具有光泽。这类人造石材的耐腐蚀性能较差,且表面易出现龟裂和泛霜,不宜用于卫生洁具,也不宜用于外墙装饰。

3）复合型人造石材

这类人造石材所用的胶凝剂中,既有有机聚合物树脂,又有无机水泥。其制作工艺可采取浸渍法,即将无机材料(如水泥砂浆)成型的坯体浸渍在有机单体中,然后使单体聚合。对于板材,基层一般用性能稳定的水泥砂浆,面层用树脂和大理石碎粒或粉调制的浆体制成。这类复合型人造石板目前使用较为普遍。

4）烧结型人造石材

烧结型人造石材的生产工艺类似于陶瓷,是把高岭土、石英、斜长石等混合材料制成泥浆,成型后经 1 000 ℃左右的高温焙烧而成。该种人造石材因采用高温焙烧,所以能耗大,造价较高,实际应用得较少。

5）高温结晶型人造石材

高温结晶型人造石材采用多种高分子材料与85%天然石材混合,并经高温再结晶而成,是一种新型高分子聚合材料,具有许多优良的性能:强度高、耐污染、防水、防火、防静电、无毒、无味、无放射性,且易加工,色彩多样,质量轻、安装简便。

高温结晶型人造石材广泛用于整体餐橱柜、柜台面、卫生间和浴室洗手台、办公桌面。它又是优良的地板材料,外柔内刚,耐磨性强,防滑、脚感舒适,因而又称"石塑地板",是一种新型的环保材料。

11.2　建筑装饰陶瓷

凡以黏土、长石、石英为基本原料,经配料、制坯、干燥、焙烧而制的成品,统称为陶瓷制品。用于建筑工程的陶瓷制品,则称为建筑陶瓷。

11.2.1　建筑陶瓷的分类

1）按坯体质地和烧结程度分类

普通陶瓷制品质地按其致密程度(吸水率大小)可分为3类:陶质制品、炻质制品和瓷质制品。陶质制品烧结程度低,为多孔结构,断面粗糙无光,敲击时声音暗哑,通常吸水率大,强度低;瓷质制品烧结程度高,结构致密,呈半透明状,敲击时声音清脆,几乎不吸水,色洁白,耐酸、耐碱、耐热性能均好。介于陶质和瓷质之间的一类制品为炻质制品,其坯体多数带有颜色。

2)按建筑陶瓷的应用部位分类

建筑物不同部位的陶瓷,对其技术性能要求不同,针对不同环境和不同部位应选用相应的陶瓷制品。常用建筑陶瓷包括釉面内墙砖、外墙面砖、地面砖、陶瓷锦砖、卫生陶瓷等。

11.2.2 常用的建筑陶瓷制品

1)釉面砖

釉面砖又称为内墙砖,属于精陶类制品。它是以黏土为主要原料,经破碎、研磨、筛分、配料、成型、施釉及焙烧等工序加工而成的。釉面砖具有色泽柔和典雅、美观耐用、朴实大方、防火耐酸、易清洁等特点;主要用于厨房、浴室、卫生间、盥洗间、实验室、精密仪器车间和医院等室内墙面、台面等作饰面材料。由于釉面砖属多孔精陶,吸水率较大,且吸水后会产生湿胀,因此不宜用于室外。

2)墙地砖

墙地砖的生产工艺类似于釉面砖,其包括建筑物外墙装饰贴面用砖和室内外地面装饰铺贴用砖,由于目前这类砖的发展趋向为墙地两用,故称为墙地砖。

陶瓷墙地砖主要有彩色釉面陶瓷墙地砖和无釉陶瓷墙地砖。彩色陶瓷釉面墙地砖的色彩图案丰富多样,表面光滑,且表面可制成平面、压花浮雕面、纹点面以及各种不同的釉饰,因而具有优良的装饰性。此外,彩色釉面陶瓷墙地砖还具有坚固耐磨、易清洗、防水、耐腐蚀等特点,可用于各类建筑的外墙面及地面装饰;无釉陶瓷墙地砖的颜色品种较多,但一般以单色、色斑点为主,表面可制成平面、浮雕面、方画面等,具有坚固、抗冻、耐磨、易清洗、耐腐蚀等特点,适用于建筑物地面、道路、庭院灯的装饰。

3)陶瓷锦砖

陶瓷锦砖俗称马赛克,是以优质瓷土为主要原料,经压制烧成的片状小瓷砖。通常将不同颜色和形状的小块瓷片铺贴在牛皮纸上,可拼成织锦似的图案,故称陶瓷锦砖。

陶瓷锦砖具有耐磨、耐火、吸水率低、抗压强度高、易清洁、色泽稳定等特点,广泛使用于建筑物门厅、走廊、卫生间、厨房、化验室等内墙和地面装饰,并可作建筑物的外墙饰面与保护。施工时,可以用不同花纹、色彩和形状的陶瓷锦砖联拼成多种美丽的图案,如图 11.3 所示。

4)卫生陶瓷

卫生陶瓷用于浴室、盥洗室、厕所等处的卫生洁具,例如洗面盆、浴缸、水槽、便器等。卫生陶瓷结构形式多样,色彩也较丰富,表面光亮、不透水,易于清洁,且耐化学腐蚀。

5)建筑琉璃制品

琉璃制品是用难熔黏土经制坯、干燥、素烧、施釉、釉烧而成。建筑琉璃制品质地致密、表面光滑、不易污染、经久耐用、色彩绚丽、造型古朴，是具有我国民族传统特色的建筑材料；常用色彩有金黄、翠绿、宝蓝等色。琉璃制品有琉璃瓦、琉璃砖、琉璃兽以及琉璃花窗、栏杆等各种装饰制件；还有陈设用的建筑工艺品，如琉璃桌、绣墩、鱼缸、花盆、花瓶等。建筑琉璃制品主要用于仿古建筑、园林建筑或纪念性建筑。

图 11.3　陶瓷锦砖

11.3　建筑玻璃

玻璃是用石英砂、纯碱、石灰石为主要原料，经高温熔融、成型、退火等加工而成的非结晶透明状的无机材料。

玻璃制品的功能除了用作一般采光、挡风和保温外，还可经过深加工后使其具有可控制光线、隔热、隔声、节能、安全和艺术装饰的功能。建筑中使用的玻璃制品种类很多，主要有平板玻璃、安全玻璃、特种玻璃和其他玻璃。

11.3.1　装饰平板玻璃

装饰平板玻璃是未经再加工的表面平整光滑的板状玻璃，也可用作进一步深加工或具有特殊功能的基础材料。平板玻璃的生产方法通常分为两种，即传统的引拉法和浮法。用引拉法生产的平板玻璃称为普通平板玻璃。浮法是目前最先进的生产工艺，采用浮法生产平板玻璃，不仅产量大、功效高，而且表面平整、厚度均匀，光学等性能都优于普通平板玻璃，称为浮法玻璃。装饰平板玻璃用作建筑物的门窗，起采光、遮挡风雨、保暖和隔声的作用，也可用于橱窗及屏风等装饰。

11.3.2　安全玻璃

安全玻璃具有不易破碎以及破碎时碎片不易脱落或碎块无锐利棱角、比较安全的特点。安全玻璃包括钢化玻璃（图 11.4）、夹丝玻璃（图 11.5）和夹层玻璃。

常见的钢化玻璃是采用物理钢化制得的，即将平板玻璃加热到接近软化温度（约650 ℃），然后用冷空气喷吹使其迅速冷却,表面形成均匀的预加压应力,从而提高玻璃的强度、抗冲击性和热稳定性。钢化玻璃一旦受损破坏,便产生应力崩溃,破碎成无数带钝角的小块,不易伤人。

图 11.4　钢化玻璃　　　　　　　　　图 11.5　夹丝玻璃

钢化玻璃可用作高层建筑的门窗、幕墙、隔墙、屏蔽、桌面玻璃、炉门上的观察窗以及车船玻璃。钢化玻璃搬运时需注意保护边角不受损伤。

夹丝玻璃是在平板玻璃中嵌入金属丝或金属网的玻璃。夹丝玻璃一般采用压延法生产,在玻璃液进入压延辊的同时,经过预热处理的金属丝或金属网嵌入玻璃板中而制成。夹丝玻璃的耐冲击和耐热性好,在外力作用或温度剧变时,玻璃裂而不散,粘连在金属丝网上,避免碎片飞出伤人。发生火灾时夹丝玻璃即使受热炸裂,仍能固定在金属丝网上,起到隔绝火势的作用。夹丝玻璃常用于震动较大的工业厂房门窗、屋面、采光天窗,建筑物的防火门窗或仓库、图书库门窗。

夹层玻璃是在两片或多片玻璃之间嵌夹透明塑料膜片,经加热、加压黏合而成。夹层玻璃按形状可分为平面和曲面两类。夹层玻璃的抗冲击性能比平板玻璃高出几倍,破碎时只产生裂纹而不分离成碎片,不致伤人。

夹层玻璃适用于安全性要求高的门窗,如高层建筑或银行等建筑物的门窗、隔断,商店或展品陈列柜及橱窗等防撞部位,车、船驾驶室的挡风玻璃。

11.3.3　节能玻璃

节能玻璃包括吸热玻璃、热反射玻璃、中空玻璃。

吸热玻璃是能吸收大量红外线辐射能,并保持较高可见光透过率的平板玻璃。吸热玻璃是有色的。其生产方法有两种:一是在玻璃原料中加入一定量的有吸热性能的着色剂,如氧化铁、氧化镍、氧化钴以及硒等;另一种是在平板玻璃表面喷镀一层或多层金属氧化物镀膜而制成。

热反射玻璃是具有较强的热反射能力而又保持良好透光性的玻璃。它是采用热解法、真空蒸镀法、阴极溅射等方法,在玻璃表面镀上一层或几层金、银、铜、镍、铬、铁及上述金属的合金或金属氧化物薄膜,或采用电浮法等离子交换方法,以金属离子置换玻璃表面原有离子而形成热反射膜。热反射玻璃主要用作公共或民用建筑的门窗、门厅或幕墙等装饰部位,不仅能降低能耗,还能增加建筑物的美感,起装饰作用。

中空玻璃是将两片或多片平板玻璃相互间隔6~12 mm,四周用间隔框分开,并用密封胶或其他方法密封,使玻璃层间形成有干燥气体空间的产品。中空玻璃具有良好的保温隔热性能及隔声效果,另外还可以降低表面结露温度。中空玻璃主要用于需要采暖、空调、防止噪声、防结露及要求无直接阳光和特殊光的建筑物上,如住宅、写字楼、学校、医院、宾馆、饭店、商店、恒温恒湿的实验室等处的门窗、天窗或玻璃幕墙。

11.3.4 其他玻璃制品

1) 磨砂玻璃

磨砂玻璃又称毛玻璃,是采用机械喷砂、手工研磨或氢氟酸溶蚀等方法将普通的平板玻璃表面处理成均匀的毛面。磨砂玻璃表面粗糙,使透过光产生漫射而不能透视,灯光透过后变得柔和而不刺眼。所以这种玻璃还具有避免眩光的特点。磨砂玻璃可用于会议室、卫生间、浴室等处,安装时毛面应朝向室内或背向淋水的一侧。磨砂玻璃也可制成黑板或灯罩。

2) 花纹玻璃

根据加工方法的不同,花纹玻璃(图11.6)可分为压花玻璃、喷花玻璃和刻花玻璃3种。

压花玻璃又称滚花玻璃,是将熔融的玻璃液在急冷中通过带图案花纹的辊轴压延而成的制品。由于压花面凸凹不平,当光线通过时产生漫射而失去透视性,透过率为60%~70%,所以通过它观察物体时会模糊不清,产生透光不透视的效果。压花玻璃表面有多种图案花纹或色彩,具有一定的艺术装饰效果;它多用于办公室、会议室、卫生间、浴室及公共场所分离室的门窗或隔断等处;安装时应将花纹朝向室内。

图 11.6 花纹玻璃

喷花玻璃又称胶花玻璃,是在平板玻璃表面贴上花纹图案,抹以保护层并经喷砂处理而成,其性能和装饰效果与压花玻璃相同,适用于门窗装饰和采光;一般厚度为 6 mm,最大加工尺寸为 2 200 mm×1 000 mm。

刻花玻璃是由平板玻璃经涂漆、雕刻、围蜡与耐腐研磨而成,色彩更丰富,可实现不同风格的装饰效果。

3) 空心玻璃砖

空心玻璃砖是由两个半块玻璃砖组合而成,中间具有空腔而周边密封。空腔内有干燥空气并存在微负压。空心玻璃砖有单腔和双腔两种,形状多为正方形或长方形,外表面可制成光面或凸凹花纹面,如图11.7所示。

由于空心玻璃砖内部有密封的空腔,因而具有隔音、隔热、控光及防结露等性能。空心玻璃砖可用于写字楼、

图 11.7 空心玻璃

宾馆、饭店、别墅等门厅、屏风、立柱的贴面,楼梯栏板,隔断墙和天窗等不承重的墙体或墙体装饰,或用于必须控制透光、眩光的场所及一些外墙装饰。

4)玻璃锦砖

玻璃锦砖又称玻璃马赛克,是内部含有石英砂颗粒的乳状或半乳状彩色玻璃制品。它的规格尺寸与陶瓷锦砖相似,多为正方形,一般尺寸为 20 mm×20 mm,30 mm×30 mm,40 mm×40 mm,厚 4~6 mm;有透明、半透明、不透明的乳白、乳黄、红、黄、蓝、白、黑和各种过渡色的各种马赛克制品;背面有槽纹利于与基面黏结。

玻璃马赛克色泽柔和、颜色绚丽,可呈现辉煌豪华气派;此外,其还具有化学稳定性好、热稳定性好、抗污染强、不吸水、不积尘、经久常新、易于施工、价格便宜等优点,因而广泛用于宾馆、医院、办公楼、礼堂、住宅等建筑物外墙和内墙,也可用于壁画装饰,或通过艺术镶嵌制得立体感很强的图案、字画及广告等。

建筑装饰工程中用到的玻璃还有釉面玻璃、激光玻璃、镜面玻璃、晶质玻璃、泡沫玻璃等。

5)光致变色玻璃

光致变色玻璃在紫外线或者可见光的照射下,可产生可见光区域的光吸收,使玻璃透光度降低或者产生颜色变化,并且在光照停止后又能自动恢复到原来的透明状态。一般是在普通的玻璃成分中引入光敏剂生产光致变色玻璃。常用的普通玻璃有铝硼硅酸盐玻璃、硼硅酸盐玻璃、硼酸盐玻璃、磷酸盐玻璃等,常用的光敏剂包括卤化银、卤化铜等。通常光敏剂以微晶状态均匀地分散在玻璃中,在日光照射下分解,降低玻璃的透光度。当玻璃在暗处时,光敏剂再度化合,恢复透明度。玻璃的着色和退色是可逆和永久的。

光致变色玻璃的装饰特性使玻璃的颜色和透光度随日照强度自动变化。日照强度高,玻璃的颜色深,透光度低;反之,日照强度低,玻璃的颜色浅,透光度高。用光致变色玻璃装饰建筑,既能使得室内光线柔和、色彩多变,又能使得建筑色彩斑斓,变幻莫测,与建筑的日照环境协调一致。一般用于建筑物门窗、幕墙等。

11.4 建筑装饰涂料

建筑装饰涂料是指能涂于建筑物表面,且能与基体材料很好地黏结形成完整而坚韧的连接性涂膜,从而对建筑物起保护、装饰作用或具有某些特殊功能的材料。

11.4.1 建筑涂料基本组成与分类

1)涂料的基本组成

涂料的组成成分虽不同,但基本上由主要成膜物质、次要成膜物质、溶剂、水和助剂组成。

(1)主要成膜物质

主要成膜物质也称胶黏剂或固着剂。它是将涂料中的其他组分黏结在一起,并能牢固附着在基层表面形成连续坚韧、均匀的保护膜。主要成膜物质是涂料中最重要的部分,对形成涂膜的坚韧性、耐磨性、耐候性及化学稳定性等起决定性作用。主要成膜物质一般为高分子化合物或成膜后能形成高分子化合物的有机物质,如合成树脂或天然树脂以及动植物油等。其合成树脂生产的装饰涂料具有良好的性能,涂膜光泽好,品种较多,应用较广。

（2）次要成膜物质

次要成膜物质主要指涂料中所用的颜料和填料,本身不具有成膜能力,不能离开主要成膜物质单独构成涂膜,但它可以依靠主要成膜物质的黏结而成为涂膜的组成部分,可以改善涂膜的性质,增加涂膜质感,增加涂料的品种,如着色颜料、体质颜料和防锈颜料等。

（3）溶剂和水

涂料本身需具有一定的稠度、黏性和流动性。为了满足施工时的需求,溶剂具有挥发性液体,具有溶解、分散、乳化主要成膜物质和次要成膜物质的作用,能很好地降低涂料的黏稠度,提高其流动性,增强成膜物质向基层渗透的能力。在涂膜形成的过程中,溶剂与水是液态建筑涂料的主要成分,涂料涂刷在基层上后,溶剂和水蒸发,涂料逐渐干燥硬化,最终形成均匀、连续的涂膜。

（4）助剂

助剂是为了改善涂料的性能、提高涂膜的质量而加入的辅助材料,加入量很少,但种类很多,对改善涂料性能的作用显著。常用助剂有催干剂、增塑剂、固化剂等。

2）涂料的分类

建筑涂料的分类方法很多,常用的有以下几种:

①按涂料使用部位分为:内墙涂料、外墙涂料、地面涂料、顶棚涂料、屋面涂料。

②按涂膜层厚度分为:薄涂料、厚涂料和砂粒状涂料（彩砂涂料）。

③按主要成膜物质的化学组成分为:无机高分子涂料、有机高分子涂料和有机无机复合涂料。

④按涂料使用功能分为:防火涂料、防水涂料、防霉涂料、防虫涂料、保温涂料等。

11.4.2　常用的建筑装饰涂料

1）外墙涂料

外墙涂料的主要功能是装饰和保护建筑物的外墙面。由于其直接暴露在大气中,并且易受阳光照射、温度变化、干湿变化、外界有害介质的侵害等,因此要求外墙涂料具有良好的耐水性、耐候性、耐久性等性能。常用外墙涂料有如下几种。

①苯丙乳液涂料,是以苯乙烯-丙烯酸酯共聚物乳液为主要成膜物,分为平面薄质涂料、云母粒状薄质涂料、着色砂涂料、薄抹涂料、轻质厚层涂料和复层涂料等品种,具有耐水、耐碱、耐老化、黏结强度大等特点。

②丙烯酸弹性涂料,是以丙烯酸乳液为主要成膜物,具有涂膜柔软、弹性好、耐磨、防水、耐老化、保色性、耐候性好等优点,常用于混凝土、水泥砂浆、石膏板、加气混凝土、木材和金属等各种基层;常见的有彩砂涂料、喷塑涂料、各色有光凹凸乳胶漆和膨胀型防火涂料。

③聚氨酯系外墙涂料,是一种双组分固化型的优质外墙涂料。这种涂料形成的涂膜比较柔软,弹性变形能力大,可以随基层的变形而延伸,且具有较好的耐候性、耐污性。

④环氧、聚氨酯涂料,是以环氧树脂或聚氨酯为主的双组分溶剂型建筑涂料,有亚光、半光、全光3种;具有耐水性好、附着力强、耐酸碱、耐久性达10年以上等特点。

⑤硅溶胶无机建筑涂料,是以硅溶胶和一定量的合成树脂乳液为主要成膜物,有平面薄质涂料、复层涂料、云母粒状薄质涂料等多种品种,具有涂膜致密、坚硬、耐污染等特点。

2)内墙涂料

内墙涂料的主要功能是用来装饰及保护室内墙面。其性能要求有:便于涂刷,涂层应质地平滑、色彩丰富,且具有良好的透气性、耐碱、耐水、耐污染等。主要品种有:

①醋酸乙烯乳液涂料,是以醋酸乙烯为主要成膜物。其耐水、耐碱、耐候性较差,适用于内墙,不适用于厨房及卫生间。

②苯丙-环氧乳液涂料,是以苯丙乳液和环氧乳液为主要成膜物。其具有良好的耐水性、防潮、耐温等特点,适用于厨房及卫生间。

③聚乙烯醇水玻璃内墙涂料和聚乙烯醇缩甲醛胶内墙涂料,两者均具有黏结力强、耐热、施工方便、价格低廉等特点。而前者涂膜表面较光滑,但耐水洗性较差,易产生脱粉现象;后者耐水性较好,但施工温度要在10℃以上,易粉化。

④乙-丙乳胶漆,是以聚醋酸乙烯与丙烯酸醋共聚乳液为成膜物质,掺入适量的填料,少量的颜料及助剂,经加工后配制成亚光或有光的内墙涂料;其具有耐水、耐洗刷、耐腐蚀、耐久性好等特点。

3)地面涂料

地面涂料的主要功能是保护地面,使地面清洁、美观。其功能要求有:具有良好的耐碱性、耐水性、耐磨性等。其品种有:

(1)聚氨酯地面涂料

聚氨酯地面涂料分为薄质罩面涂料与薄质弹性地面涂料两类,是甲、乙两组分常温固化型的橡胶类涂料。甲组分是聚氨酯预聚体;乙组分是由固化剂、颜料、填料及助剂按一定比例混合,研磨均匀制成。两组分在施工时按一定比例搅拌均匀后,即可在地面上涂刷。该涂料与水泥、木材、金属、陶瓷等地面的黏结力强,整体性好,且弹性变形性能大,不会因地基开裂而导致涂层的开裂,且脚感舒适、耐磨性好、色彩丰富等;适用于高级住宅、会议室、手术室等地面,但价格较高,施工较复杂。

(2)环氧树脂地面涂料

①环氧树脂厚质地面涂料,是以环氧树脂为基料的双组分溶剂型涂料。环氧树脂厚质地面涂料具有良好的耐化学腐蚀性、耐油性、耐水性和耐久性,涂膜与水泥混凝土等基层材料的黏结力强、坚硬、耐磨,具有一定的韧性,色彩多样,装饰性好,但其价格高、原材料有毒。环氧树脂厚质地面涂料主要用于高级住宅、手术室、实验室、公用建筑、工业厂房车间等的地面装饰、防腐、防水等。

②环氧树脂薄质地面涂料,与环氧树脂厚质地面涂料相比,涂膜较薄、韧性较差,其他性能基本相同。环氧树脂薄质地面涂料主要用于水泥砂浆、水泥混凝土地面,也可用于木质地板。

11.5 建筑装饰木材

木材是国民经济建设中的重要资源,是建筑工程的主要材料之一,在水利、房屋、桥梁等工程中应用很广。木材具有许多优良特点:质轻而强度高,有较高的弹性和韧性;导热性低;具有良好的装饰性,易加工;在干燥的空气中或长期置于水中有很高的耐久性等。木材的缺点是:构造不均匀、各向异性、容易吸收或散发水分,导致尺寸、形状及强度的变化,甚至引起裂缝和翘曲;保护不善,容易腐蚀虫蛀;天生缺陷较多,影响材质;耐火性差,容易燃烧等。木材是纤维结构材料,具有明显的各向异性。

11.5.1 木材的分类

树木的种类很多,常分为针叶树和阔叶树两类。针叶树,又称软木材,树干通直而高大,材质轻软,易于加工,其表观密度和胀缩变形较小,且有一定强度,是常用的主要承重结构木材,如松、杉等。阔叶树,又称硬木材,大多数树种的材质强度较高,表观密度较大,材质紧硬,加工较难,且胀缩、翘曲、裂缝等较针叶树显著,如榆木、栎、槐木等,适于做连接木结构构件的各种配件,如木键、木梢或木垫块等,以及做建筑装饰和家具用材。

11.5.2 木材的构造

木材的构造是决定木材性能的重要因素。木材的性质和应用与木材的构造有着密切关系,根据不同的分析层次,可从宏观和微观两个方面来观察。

1) 木材的宏观构造

木材的宏观构造是指用肉眼或借助放大镜能观察到的构造特征。木材在各个方向上的构造是不一致的,因此要了解木材构造必须从横切面、径切面和弦切面进行观察,如图11.8所示。

与树干主轴或木纹相垂直的切面称为横切面,在这个面上可观察树木的树皮、木质部、年轮和髓心,有的木材还

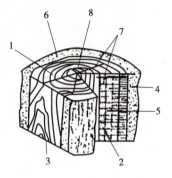

图 11.8   木材的 3 个切面
1—横切面;2—径切面;3—弦切面;
4—树皮;5—木质部;6—年轮;
7—髓线;8—髓心

可看到放射状的髓线。树皮是覆盖在木质部的外表面,起保护树木的作用。厚的树皮有内外两层,外层即为外皮,内层为韧皮,紧裹着木质部;木质部是髓心到树皮的部分,是工程使用的主要部分。靠近树皮的部分,材色较浅,水分较多,称为边材;在髓心周围部分,材色较深、水分较少,称为芯材。芯材材质较硬,密度增大,渗透性降低,耐久性、耐腐蚀性均较边材高。年轮是在横切面上所显示的深浅相间的同心圈。一般在一个年轮内,春天生长的部分,颜色较浅,材质较软,称为春材(早材);夏秋两季生长的部分,颜色较深,材质坚硬,称为夏材(晚材)。在木材年轮内,夏材所占比例的多少对其表观密度和强度有重要影响。

髓心是形如管状,纵贯整个树木的干和枝的中心,是最早生成的木质部分,质松软、强度低、易腐朽;髓线是以髓心为中心,呈放射状分布。髓线的细胞壁薄而软,它与周围细胞的结合力弱,木材干燥时易沿髓线开裂。

通过树轴的纵切面称为径切面,年轮在这个面上呈互相平行的带状;平行于树轴的切面称为弦切面。年轮在这个面上呈"V"字形。

2)木材的显微构造

在显微镜下可以看到木材是由各种细胞紧密结合而成的,每一细胞分为细胞壁与细胞腔两部分。木材的显微构造随树种而异。

针叶树的主要组成部分是管胞和髓线。针叶树类的树种,管胞间有树脂的孔道,髓线比较细小。阔叶树树种的主要组成部分是木纤维、导管及髓线。阔叶树可分为环孔材与散孔材两种。在阔叶树中,肉眼能看见较粗的髓线和较大的导管。就木纤维或管胞而言,细胞壁厚的木材,其表观密度大、强度高,但这种木材不易干燥、胀缩性大、容易开裂。

11.5.3 木材的品种及性能

木材根据加工程度和用途的不同分为原条、原木、锯材和枕木 4 类,如表 11.1、图 11.9、图 11.10 所示。

表 11.1 常用木材的主要特性

分类名称	说 明	主要应用
原条	指去皮、根、树梢的木材,但尚未按一定尺寸加工成规定直径和长度的材料	建筑工程的脚手架、建筑用材、家具制作
原木	已经去皮、根、树梢的木材,且按一定尺寸加工成规定直径和长度的材料	直接使用的原木和加工原木
锯材	指已经加工锯解成材的木料	建筑工程、桥梁、家具、造船、车辆、包装箱板等
枕木	指按枕木断面和长度加工而成的成材	铁道工程中铁轨的铺设

图 11.9 原木

图 11.10 锯条

11.5.4 人造板及改性木材

人造板是指利用木材或含有一定量纤维的其他植物做原料,采用物理和化学方法加工制成的板材。它的种类很多,主要有纤维板、胶合板和刨花板等。改良木材,是将木材通过树脂的浸渍或高温高压处理的方法,提高木材的性能,如木材层积塑料及压缩木等。

1) 纤维板

纤维板是经过原料打碎、纤维分离(成为木浆)、成型加压、干燥处理等工序制成。纤维板因做过防水处理,其吸湿性比木材小,形状稳定性、抗菌性都较好。纤维板构造均匀,克服了木材各向异性和有天然瑕疵的缺陷,不易翘曲和开裂,表面适用于粉刷各种涂料或粘帖装裱。

纤维板按原料分为木质纤维板和非木质纤维板;按成型时不同的温度和压力分为硬质纤维板和软质纤维板;按处理方式分为特硬质纤维板和普通硬质纤维板;按容重还可分为硬质纤维板、半硬质纤维板和软质纤维板。经过加工处理后,硬质纤维版具有防水、防火、防腐、耐酸等性能,主要用于房屋建筑、车船内部装修等;软质纤维板具有不导电、隔热、隔音、保温等性能,多用于电器绝缘和冷藏室、剧场等的装修工程。

2) 胶合板

胶合板(图 11.11)是将沿年轮切下的薄层木片用胶粘合、压制而成。木片层数应成奇数,一般为3~13层。一般胶合板在结构上都要遵守两个基本原则:一是对称,二是相邻层单板纤维相互垂直。对称原则就是要求胶合板对称中心平面两侧的单板,无论木材性质、单板厚度、层数、纤维方向、含水率等,都应该互相对称。在同一张胶合板中,可以使用单一树种和厚度的单板,也可以使用不同树种和厚度的单板,但对称中心平面两侧任何两层互相对称的单板树种和厚度要一样。

胶合板各层的名称是:表层单板称为表板,里层单板称为芯板;正面的表板叫面板,背面的表板叫背板;芯板中,纤维方向与表板平行的叫长芯板或中板。在组成胶合板板坯时,面板和背板必须紧面朝外。

3) 刨花板

刨花板(图 11.12)是利用木材或木材加工剩余物作原料,加工成刨花(或碎料),再加入一定数量的胶黏剂,在一定温度和压力作用下压制而成的一种人造板材,简称刨花板,又称碎料板。刨花板中间层为木质长纤维,两边为组织细密的木质纤维,经压制成板。

图 11.11　胶合板　　　　　　　　　图 11.12　刨花板

刨花板加工性能好、结构均匀、吸声和隔声性能好,可按照需要加工成较大幅面的板件,刨花板表面平整,纹理逼真、耐污染、耐老化、美观,可进行油漆和各种贴面;不需经干燥,可以直接使用。但其具有密度较重、边缘粗糙、容易吸湿、强度较低等缺点,一般主要用作绝热、吸声材料,用于地板的基层、吊顶、隔墙、家具等。

4)细木工板

细木工板俗称大芯板,是由两片单板中间粘压拼接木板而成。其竖向(以芯材走向区分)抗弯压强度差,但横向抗弯压强度较高。

细木工板按结构分为实芯和空芯两类。实芯细木工板,所用的树种以针叶树材及软阔叶树材为主,南方常用松木、杉木及一些软木等,小批量生产时,可利用木材加工厂加工剩余物作芯板。同用木条胶拼制成的细木工板相比,实芯细木工板强度高。

空芯细木工板是用两张约 3 mm 厚胶合板作表板和背板,中间夹着一块较厚的轻质芯板,芯板材料有木质空芯木框、轻木等。

由于芯板是用已处理过的小木条拼成,因此,它的特点是结构稳定,不像整板那样易翘曲变形,上下面覆以单板或胶合板,所以强度高。与同厚度的胶合板相比,耗胶量少、质量轻、成本低等,可利用木材加工厂内的加工剩余物或小规格材作芯板原料,节省了材料,提高了木材利用率。

5)木丝板、木屑板

木丝板、木屑板是分别以刨花渣、短小废料刨制的木丝、木屑等为原料,经干燥后拌入胶凝材料,再经热压而制成的人造板材,如图 11.13 所示。所用胶凝材料可以是合成树脂,也可为水泥、菱苦土等无机胶凝材料。

这类板材一般体积密度小,强度低,主要用作绝热和吸声材料,也可作隔墙。其中热压树脂刨花板和木屑板,其表面可粘贴塑料贴面或胶合板做饰面层,这样既增加了板材的强度,又使板材具有装饰性,可用作吊顶、隔墙、家具等材料。

图 11.13　木丝板

11.5.5　木材的腐蚀及防护

木材易腐蚀及易燃是其主要缺点,因此木材在加工与应用时,应该考虑防腐和防火问题。

1)木材的腐朽

木材变色以至于腐朽,一般为真菌侵入所形成。真菌的特点是它的细胞没有叶绿素,因此不能制造自己所需的有机物,而要依靠其他植物来汲取养料。真菌分变色菌、霉菌和腐朽菌,其中变色菌和霉菌对木材的危害较小,而腐朽菌寄生在木材的细胞壁中,它能分泌出一种酵素,把细胞壁物质分解成简单的养料供自身在木材中生长繁殖,从而使木材产生腐朽,并逐渐破坏。真菌在木材中生存和繁殖,需同时具备 3 个条件:

①温度。一般真菌能够生长的温度为 3~38 ℃,最适宜的温度为 25~30 ℃。当温度低于 5 ℃时,真菌停止繁殖;而高于 60 ℃时,细菌不能生存。

②水分。木材的含水率在 20%～30% 时最适宜真菌繁殖生存,含水率若低于 20% 或高于纤维饱和点,不利于真菌的生长。

③空气。真菌生殖和繁殖需要氧气,所以完全浸入水中或深埋在泥土中的木材则会因缺氧而不易腐朽。

2) 木材的防腐措施

防止木材腐朽的措施主要有以下两种:

（1）对木材进行干燥处理

木材加工使用之前,为提高木材的耐久性,必须进行干燥,将其含水率降至 20% 以下。木制品和木结构在使用和储存中必须注意通风、排湿,使其经常处于干燥状态。对木结构和木制品表面进行油漆处理,油漆涂层既使木材隔绝了空气和水分,又增添了美观。

（2）对木材进行防腐剂处理

用化学防腐剂对木材进行处理,使木材变为有毒的物质而使真菌无法寄生。木材防腐剂种类很多,一般分为水溶性、油质和膏状 3 类。水溶性防腐剂常用品种有氟化钠、氯化锌、硅氟酸钙、氟砷铬合剂等,这类防腐剂主要用于室内木结构的防腐处理。油质防腐剂常用品种有煤焦油、强化防腐油等,这类防腐剂毒杀伤效力强,毒性持久,有刺激性臭味,处理后木材变黑,常用于室外、地下或水下木构件,如枕木、木桩等。膏状防腐剂有粉状防腐剂、油质防腐剂,填料和胶结料按一定比例配制而成,用于室外木结构防腐。

对木材进行防腐处理的方法很多,主要有涂刷或喷涂法、压力渗透法、常压浸渍法、冷热槽浸透法等。其中表面涂刷或喷涂法简单易行,但防腐剂不能渗入木材内部,故防腐效果较差。

3) 木材的燃烧及防火

木材易燃是其主要缺点之一。木材的防火,是指用具有阻燃性能的化学物质对木材进行的一种处理,经处理后的木材变成难燃的材料,以达到遇小火时能自熄,遇大火时能延缓或阻止燃烧蔓延,从而赢得补救时间。阻止和延缓木材燃烧,可有以下几种措施:

①抑制木材在高温下的热分解。实践证明,某些含磷化合物能降低木材的热稳定性,使其在较低温度下即发生分解,从而减少可燃气体的生成,抑制气相燃烧。

②阻止热传递。实践证明,一些盐类,特别是含有结晶水的盐类,具有阻燃作用。例如含结晶水的硼化物、氢氧化钙等,遇热后则吸收热量而放出蒸汽,从而减少了热量传递。

③增加隔氧作用。稀释木材燃烧面周围空气中的氧气和热分解产生的可燃气体,增加隔氧作用。如采用含结晶水的硼化物和含水氧化铝等,遇热放出水蒸气,能稀释氧气及可燃气体的浓度,从而抑制木材的气相燃烧。

一般情况下,木材阻燃措施不单独采用,而是多种措施并用,亦即在配制木材阻燃剂时,通常选用两种以上的成分复合使用,使其互相补充,增强阻燃效果,以达到一种阻燃剂可同时具有几种阻燃作用。

11.6　金属装饰材料

金属是建筑装饰装修中不可缺少的重要材料之一。金属装饰板材易于成型,能够满足造型方面的要求,同时又有防火、耐磨、耐腐蚀等优点,还有独特的金属质感、丰富多彩的色彩与图案,因而得到了广泛的应用。

11.6.1　建筑装饰用钢板

装饰用钢板有不锈钢钢板、彩色不锈钢板、彩色涂层钢板、彩色压型钢板及轻钢龙骨等。

1)不锈钢钢板

装饰用不锈钢钢板主要是厚度小于 4 mm 的薄板,用量最多的是厚度小于 2 mm 的板材。常用的有平面钢板和凸凹钢板两类。前者通常是经研磨、抛光等工序制成,后者是在正常的研磨、抛光之后再经辊压、雕刻、特殊研磨等工序制成。平面钢板又分为镜面板、有光板、亚光板 3 类。凸凹钢板也有浮雕板、浅浮雕花纹板和网纹板 3 类。不锈钢薄板也可作内外墙饰面、幕墙、隔墙、屋面等面层。

2)彩色不锈钢板

彩色不锈钢板是在不锈钢板上再进行技术和艺术加工,使其成为各种色彩绚丽的装饰板。其颜色有蓝、灰、紫、红、青、绿、金黄、茶色等。彩色不锈钢板不仅具有良好的抗腐蚀性、耐磨、耐高温等特点,而且其色彩面层经久不褪色,并且色泽随着光照角度不同会产生色调变幻,增强装饰效果。它常用作厅堂墙板、顶棚、电梯厢板、外墙饰面等。

3)彩色涂层钢板

彩色涂层钢板是以冷轧钢板、电镀锌钢板、热镀锌钢板或镀铝锌钢板为基板经过表面脱脂、磷化处理后,涂上有机涂料经烘烤而制成的产品,如图 11.14 所示。彩色涂层钢板大体上可分为基材、镀层、化学转化膜和有机涂层 4 部分。彩色涂层钢板具有耐污染性强、洗涤后表面光泽、色差不变,热稳定性好、装饰效果好、易加工、耐久性好等优点,可用作外墙板、壁板、屋面板等。

4)彩色压型钢板

彩色压型钢板是采用彩色涂层钢板,经辊压冷弯成各种薄型的压型板,它适用于工业和民用建筑、仓库、特种建筑、大跨度钢结构房屋的屋面、墙面以及内外墙装饰等,具有质轻、高强、色泽丰富、施工方便快捷、抗震、防火、防雨、寿命长、免维护等特点,现已被广泛应用。

5)轻钢龙骨

轻钢龙骨是用冷轧钢板(带)、镀锌钢板(带)或彩色涂层钢板(带)经轧制而成的薄壁型钢,如图 11.15 所示。轻钢龙骨按断面形状分有 U 形、C 形和 T 形;按用途分有隔断龙骨和吊顶龙骨。吊顶龙骨又分为主龙骨(承重龙骨)、次龙骨(覆面龙骨);隔断龙骨又分为竖龙骨、横龙骨和通贯龙骨等。

　　轻钢龙骨主要用于装配各种类型的石膏板、钙塑板、吸声板等,用作室内隔断和吊顶的龙骨支架。与木龙骨相比,具有强度高、防火、耐潮,便于施工安装等特点。与轻钢龙骨配套使用的还有各种配件,如吊挂件、连接件等,可在施工时选用。

图11.14　彩色涂层钢板

图11.15　轻钢龙骨

11.6.2　建筑装饰用铝合金制品

　　建筑装饰工程中常用的铝合金制品主要有铝合金门窗、各种装饰板等。

1)铝合金门窗

　　铝合金门窗是将经表面处理的铝合金门窗框料,经下料、钻孔、铣槽、攻丝、配制等一系列工艺装配而成。

　　铝合金门窗按结构与开闭方式分推拉式、平开式、回旋式、固定窗、悬挂窗、纱窗等。铝合金门窗根据风压强度、气密性、水密性3项性能指标,分为A,B,C 3类,每类又分为优等品、一等品和合格品。铝合金门窗造价较高,但因其长期维修费用低,并且在造型、色彩、玻璃镶嵌、密封和耐久性方面均比钢、木门窗有着明显优势,所以在高层建筑及家庭装修中应用广泛,如图11.16所示。

图11.16　铝合金门窗

2)铝合金装饰板材

　　铝合金装饰板材具有价格便宜、加工方便、色彩丰富、质量轻、刚度好、耐大气腐蚀、经久耐用等特点,适用于宾馆、商城、体育馆、办公楼等建筑的墙面及屋面装饰。建筑中常用的铝合金装饰板材主要有:

　　(1)铝合金花纹板

　　铝合金花纹板是采用防锈铝合金坯料,用特殊的花纹压辊压轧而成。花纹美观大方、筋高适中,不易磨损、防滑性好、防腐蚀性能强、便于冲洗,通过表面处理可以获得各种美丽的色彩。花纹板板材平整,裁剪尺寸精确,便于安装,广泛应用于现代建筑的墙面装饰及楼梯踏板等处。

铝合金浅花纹板花纹精巧别致,色泽美观大方,除具有普通铝合金板的优点外,刚度提高了20%,抗污垢、抗划伤、抗擦伤能力均有提高。

铝合金浅花纹板对白光反射率达75%~90%,热反射率达85%~95%,对酸的耐腐蚀性良好,通过表面处理可得到不同色彩和立体图案的浅花纹板,如图11.17所示。

(2)铝合金波纹板

铝合金波纹板有多种颜色,自重轻,有很强的反光能力,防火、防潮、防腐,在大气中可使用20年以上,主要用于建筑墙面和屋面装饰,如图11.18所示。

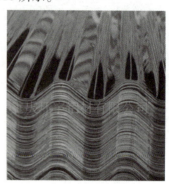

图11.17 铝合金浅花纹板　　　图11.18 铝合金波纹板

(3)铝合金压型板

铝合金压型板质量轻、外形美、耐腐蚀、经久耐用,经表面处理可得到各种优美的色彩,主要用作墙面和屋面,如图11.19所示。

(4)铝合金冲孔平板

铝合金冲孔平板是用各种铝合金平板经机械冲孔而成,如图11.20所示。孔形根据需要有圆孔、方孔、长圆孔、长方孔、三角孔、大小组合孔等,是一种降低噪声并兼具装饰作用的新产品。铝合金冲孔板材质轻、耐高温、耐高压、耐腐蚀、防火、防潮、防震、化学稳定性好、造型美观、立体感强、装饰效果好、组装简单,可用于大中型公共建筑及中、高级民用建筑中以改善音质条件,也可作为各类车间厂房等的降噪措施。

图11.19 铝合金压型板　　　图11.20 铝合金冲孔平板

11.7　建筑塑料装饰制品

塑料是以合成树脂为主要成分,加入其他添加剂的材料,这种材料在一定高温和高压下具有流动性,可塑制成各种制品,并且在常温、常压下制品能保持形态不变。塑料具有不同于一般常用建筑材料的优异性能,因而在建筑上得到广泛应用。

11.7.1　塑料的基本组成

1) 合成树脂

合成树脂是由低分子化合物聚合而成的高分子化合物,是塑料的基本组成材料,在制品的成型阶段为具有可塑性的黏稠状液体,在制品的使用阶段则为固体。在塑料中起着黏结作用,占塑料质量的40%~100%。塑料的性质主要取决于合成树脂的种类、性质和数量。因此,塑料的名称常用其原料树脂的名称来命名,如聚氯乙烯塑料、酚醛塑料等。

2) 填充料

填充料又称填料或增强材料。填充料的作用是调整塑料的物理化学性能、提高材料强度、扩大使用范围,以及减少合成树脂的用量、降低塑料成本。对填充料的要求是:易被树脂润湿,与树脂有很好的黏附性,性质稳定,价格便宜,来源广泛。

填充料的种类很多,按化学成分可分为有机填充料(如木粉、棉布、纸屑等)和无机填充料(如石棉、云母、滑石粉、玻璃纤维)等;按形状可分为粉状填充料(如木粉、滑石粉、石灰石粉、炭黑等)和纤维状填充料(如玻璃纤维)。

3) 增塑剂

增塑剂是一种能使高分子材料增加塑性的化合物。它可提高塑料在高温加工条件下的可塑性,有利于塑料的加工;并能降低塑料的硬度和脆性,使塑料制品在使用条件下具有较好的韧性和弹性;还有改善塑料低温脆性的作用。

4) 稳定剂

在高聚物的加工及其制品的使用过程中,因受热、氧气或光的作用,会发生降解或交联等现象,造成颜色变深、性能降低。加入稳定剂,可提高塑料制品的质量,延长使用寿命。常用的稳定剂有:抗氧化剂,能防止塑料在加工和使用过程中的氧化、老化现象;光稳定剂,能阻止紫外光对高聚物的老化作用;热稳定剂,主要用于聚氯乙烯和其他含氯聚合物,使塑料在加工和使用过程中提高其热稳定性。

5) 固化剂

固化剂又称硬化剂,其主要作用是使线型高聚物交联成体型高聚物,使树脂具有热固性。

6) 着色剂

着色剂可使塑料具有鲜艳的颜色,改善塑料制品的装饰性。着色剂应该色泽鲜艳、着色力强,与聚合物相融、稳定、耐温度和耐光性好。常用的着色剂是一些有机和无机颜料。除此之外,为使塑料制品适合各种使用要求和具有各种特殊性能,常常还加入一定量的其他添加剂,如使用发泡剂可以获得泡沫塑料,使用阻燃剂可以获得阻燃塑料。

11.7.2 塑料的性能

1) 塑料的性能

塑料与其他传统建筑材料相比,具有很多性能。

①优良的加工性能。塑料可以用各种方法加工成各种形状的制品,如板材、管材、中空异形材等。

②密度小、比强度高。塑料密度一般在 0.9 ~ 2.2 g/cm³ 范围内,平均密度约为铝的1/2,钢的 1/5,混凝土的 1/3,而比强度却高于钢材和混凝土,减轻了建筑物的自重。

③耐化学腐蚀性能良好。一般塑料对酸、碱、盐等化学药品均有较好的耐腐蚀性能。

④电绝缘性好。

⑤耐水性、耐水蒸气性能好。塑料制品吸水性和透水蒸气性很低,故适用于防水、防潮、给排水管道等。

⑥装饰性、耐磨性好。掺入不同的颜料,可以得到各种不同鲜艳色泽的塑料制品,而且色泽是永久性的,表面还可以进行压花、印花处理;耐磨性优异,适用于地面、墙面装饰材料。

有些塑料还具有耐光、隔声、隔热等性能,有些塑料还具有弹性。

塑料的主要缺点是:刚度差、易老化、易燃烧,膨胀系数比传统建筑材料高 3 ~ 4 倍。但这些缺点,可以通过改性或改变配方而得到改善。

2) 塑料的分类

塑料按合成树脂不同,可分为热塑性塑料和热固性塑料。热塑性塑料加热呈现软化,逐渐熔融,冷却后又凝结硬化,这种过程能多次重复进行,因此热塑性塑料制品可以再生利用。常用的热塑性塑料由聚氯乙烯、聚苯乙烯、聚丙乙烯等树脂制成。热固性塑料一经固化成型,受热也不会变软改变形状,所以只能塑制一次,如由酚醛树脂、环氧树脂、不饱和聚酯、聚硅醚树脂等制成的塑料。

11.7.3 建筑上常用的塑料制品

1) 塑料门窗

随着建筑塑料工业的发展,全塑料门窗、喷塑钢门窗和钢塑门窗将逐渐取代木门窗、金属门窗,得到越来越广泛的应用。与其他门窗相比,塑料门窗具有耐水性、耐腐蚀性、气密性、水密性、绝热性、隔热性、耐燃性、尺寸稳定性、装饰性好,而且不需要粉刷油漆,维修保养方便,节能效果显著,节约木材、钢材、铝材等优点。

2) 塑料管材及管件

建筑塑料管材(图 11.21)、管件制品应用极为广泛,正在逐步取代陶瓷管和金属管。塑料管材与金属管材相比,具有生产成本低,容易模制;质量轻,运输与施工方便;表面光滑,流体阻力小;不生锈,耐腐蚀,适应性强;韧性好,强度高,使用寿命长,能回收加工再利用等优点。

塑料管材按用途可分为受压管和无压管；按主要原料可分为聚氯乙烯管、聚乙烯管、聚丙烯管、SBS管、聚丁烯管、玻璃钢管等；还可分为软管和硬管等。塑料管材的品种有建筑排水管、雨水管、给水管、波纹管、电线穿线管、天然气输送管等。

图 11.21　塑料管材

3) 其他常用塑料制品

塑料壁纸是目前发展迅速、应用最广泛的壁纸。塑料壁纸可分为普通壁纸、发泡壁纸和特种壁纸 3 大类，如图 11.22 所示。

(a) 壁纸

(b) 壁布

图 11.22　塑料壁纸、壁布

塑料地板和传统的地面材料相比，具有质轻、美观、耐磨、耐腐蚀、防潮、防火、吸声、绝热、有弹性、施工简便、易于清洗与保养等特点，近年来，已成为主要的地面装饰材料之一。

其他塑料制品还有塑料饰面板、塑料薄膜等，也广泛用于建筑工程及装饰工程中。

工程案例 11

外墙乳胶出现较多的裂纹

[现象] 北方某住宅工地因抢工期，在 12 月涂外墙乳胶。后来发现有较多的裂纹，请分析原因。

[原因分析] 每种乳胶都有相应的最低成膜温度。若环境温度达不到乳胶的成膜温度，乳胶不能形成连续涂膜，导致外墙乳胶涂料出现裂纹。一般宜避免在 10 ℃以下施工，若必须于较低温度下施工，应提高乳胶成膜助剂的用量。此外，若涂料或第一道涂层施涂过厚，又未完全干燥，由于内外干燥速度不同，易造成涂膜开裂。

红的大理石变色、褪色

[现象] 色彩绚丽的大理石（特别是红色的大理石）用作室外墙柱装饰，过一段时间后会逐渐变色、褪色。

[原因分析] 大理石主要成分是碳酸钙，其与大气中的二氧化硫接触会生成硫酸钙，使大理石变色，特别是红色大理石最不稳定，更容易发生反应从而更快变色。

单元小结

本单元主要介绍了各类建筑装饰材料的主要类型、组成、性能特点和用途。通过学习使学生具备合理使用各种建筑装饰材料的能力,能深入理解理论知识及其内在含义,同时注重与实际工程密切相关的能力的培养和锻炼。

职业能力训练

一、填空题

1.建筑装饰材料按在建筑中的装饰部位分为＿＿＿＿＿＿、＿＿＿＿＿＿、＿＿＿＿＿＿及吊顶装饰材料。

2.建筑装修所用的天然石材主要有＿＿＿＿＿＿和＿＿＿＿＿＿。

3.安全玻璃包括＿＿＿＿＿＿、＿＿＿＿＿＿和＿＿＿＿＿＿。

4.热反射玻璃具有＿＿＿＿＿＿和＿＿＿＿＿＿的性能。

5.大理石属于＿＿＿＿＿＿岩石,＿＿＿＿＿＿用于室外。

6.釉面砖常用于＿＿＿＿＿＿。

7.建筑涂料主要由＿＿＿＿＿＿、＿＿＿＿＿＿和＿＿＿＿＿＿组成。＿＿＿＿＿＿又称基料,俗称胶黏剂,是涂料的主要组成物质。

8.木材按树种分为＿＿＿＿＿＿和＿＿＿＿＿＿两大类。

9.塑料的性质主要取决于＿＿＿＿＿＿。

10.木材的防腐处理的措施一般有＿＿＿＿＿＿和＿＿＿＿＿＿。

二、名词解释

1.花岗岩

2.建筑涂料

3.钢化玻璃

4.髓心

5.不锈钢

三、判断题

1.用于浴室、卫生间门窗的压花玻璃,要将其压花面朝外。 （   ）

2.釉面砖在铺贴时不能保持湿润,一定要充分干燥,才可使用。 （   ）

3.玻璃琉璃制品是一种带釉面的玻璃,颜色艳丽,在我国历史悠久。 （   ）

4.大理石既可用于室内,也可用于室外。 （   ）

5.陶瓷墙地砖只能用于室内装饰,不能用于室外装饰。 （   ）

6.花岗岩是一种高档饰面材料,但某些花岗岩含有微量的放射性元素,对这种花岗岩应避免使用在室内。 （   ）

7.夹丝玻璃具有防火作用。 （   ）

8.钢化玻璃弹性好,抗冲击强度高,抗弯强度也高。 （   ）

9.真菌在木材中生存和繁殖,必须具备适当的水分、空气和温度等条件。　　　(　　)

10.玻璃的化学稳定性较好,一般的酸、碱、盐都不能腐蚀它。　　　(　　)

四、多项选择题

1.水泥型人造石材中通常用(　　)作为胶凝材料。

A.硅酸盐水泥　　　　　　B.铝酸盐水泥　　　　　　C.粉煤灰水泥

D.普通水泥　　　　　　　E.火山灰水泥

2.以下对乳胶漆的描述不正确的是(　　)。

A.是一种水溶性的涂料　　B.涂膜具有透气性,可在潮湿基础上施工

C.成本较低不易发生火灾　D.对施工现场温度没有要求

E.施工工具可用水洗

3.建筑涂料按涂装使用部位分类,其中最常用的是(　　)。

A.内墙涂料　　　　　　　B.外墙涂料　　　　　　　C.防火涂料

D.喷塑涂料　　　　　　　E.地面涂料

4.建筑涂料可分为(　　)。

A.水溶型　　　　　　　　B.水乳型　　　　　　　　C.反应型

D.水化型　　　　　　　　E.溶剂型

5.下列属于安全玻璃的有(　　)。

A.夹层玻璃　　　　　　　B.夹丝玻璃　　　　　　　C.钢化玻璃

D.防火玻璃　　　　　　　E.中空玻璃

五、简述题

1.花岗岩石材有何特点?大理石板材有何特点?

2.建筑中常用的陶瓷制品有哪些?各自有什么特点?有什么用途?

3.什么是玻璃?列举常见的建筑玻璃及玻璃制品。

4.建筑涂料的基本组成有哪些?外墙涂料、内墙涂料、地面涂料的功能和功能要求是什么?

5.人造板材有哪几种?木材如何防腐和防火?

6.简述常用的建筑装饰用钢板及应用。

7.什么是塑料?建筑塑料与传统材料相比有哪些优缺点?

8.建筑上常用的塑料制品有哪些?

参考文献

［1］魏鸿汉.建筑材料［M］.4 版.北京:中国建筑工业出版社,2022.

［2］宋岩丽,周仲景.建筑材料与检测［M］.2 版.北京:人民交通出版社,2013.

［3］王伯林,刘晓敏.建筑材料［M］.北京:科学出版社,2004.

［4］申淑荣,李颖颖,张培,等.建筑材料检测实训［M］.北京:北京大学出版社,2013.

［5］张健.建筑材料与检测［M］.2 版.北京:化学工业出版社,2007.

［6］高琼英.建筑材料［M］.武汉:武汉理工大学出版社,2006.

［7］张海梅.建筑材料［M］.北京:科学出版社,2020.

［8］范文昭.建筑材料［M］.北京:中国建筑工业出版社,2013.

［9］建设部人事教育司.试验工［M］.北京:中国建筑工业出版社,2003.

［10］建设部人事教育司.土木建筑职业技能岗位培训计划大纲［M］.北京:中国建筑工业出版社,2003.

［11］现行建筑材料规范大全:增补本［M］.北京:中国建筑工业出版社,2000.

［12］本书编委会.建筑工程检测标准大全［M］.北京:中国建筑工业出版社,2000.

配套数字资源列表

序号	资源名称	序号	资源名称
1	课程介绍	34	混凝土的取样方法
2	砖的密度测定	35	混凝土拌合物和易性试验
3	砖的表观密度测定	36	混凝土拌合物的拌制
4	砂的堆积密度测定	37	坍落度试验
5	砂的含水量试验（标准法）	38	扩展度试验
6	通用硅酸盐水泥介绍	39	混凝土立方体抗压强度试验
7	水泥的凝结硬化	40	混凝土劈裂抗拉强度试验
8	水泥标准稠度用水量试验	41	混凝土试件的成型与养护
9	水泥凝结时间试验	42	建筑砂浆介绍
10	水泥强度试验	43	砂浆的取样方法及试样制备
11	水泥体积安定性试验	44	砂浆稠度试验
12	水泥体积安定性介绍	45	砂浆分层度试验
13	水泥细度试验（筛析法）	46	水泥砂浆立方体抗压强度试验
14	水泥细度试验（勃氏法）	47	砌墙砖的尺寸测量和外观质量检查
15	水泥的取样、验收和保管	48	砌墙砖（实心砖）抗压强度试验
16	水泥的取样方法	49	建筑钢材的分类
17	混凝土基本组成材料	50	低碳钢拉伸试验
18	砂的粗细程度与颗粒级配	51	钢筋的取样规定和检测方法
19	砂的颗粒级配	52	钢材的拉伸性能试验
20	砂子的含泥量试验	53	钢材的洛氏硬度试验
21	砂子的泥块含量试验	54	钢材的冷弯性能试验
22	石子的颗粒级配与最大粒径	55	冷拔钢筋的制作
23	砂的取样与缩分方法	56	防水材料的应用
24	砂的筛分试验	57	石油沥青针入度试验
25	石子的取样与缩分方法	58	石油沥青延伸度试验
26	石子的筛分试验	59	石油沥青软化点试验（环球法）
27	石子的含泥量试验	60	沥青混合料试件制作方法（击实法）
28	石子的泥块含量试验	61	压实沥青混合料密度试验（表干法）
29	石子的针、片状含量试验	62	沥青混合料马歇尔稳定度试验
30	混凝土拌合物的和易性	63	沥青混合料车辙试验
31	混凝土坍落度试验	64	防水卷材性能检测
32	混凝土的强度	65	防水涂料性能试验
33	混凝土受压破坏过程		